实用数量生态学

马寨璞　刘桂霞　编著

科学出版社

北京

内 容 简 介

数量生态学是指利用数学分析方法定量研究和解决生态问题的一门课程，是生态学方向研究生的一门专业必修课。针对生态学研究中常用的方法，本书进行了详细介绍，并给出了极其详细的案例计算。全书分为七个章节，包括数据整理与准备、多样性指数计算、种间关系分析、生态位、空间格局分析、排序、群落数量分类方法等。在介绍完具体计算原理与实例后，还为分析方法提供了标准化的通用 MATLAB 语言源程序，供探究细节的读者研习使用。

本书可作为生态学、生物学、环境科学等专业研究生的教材和参考书，也适合爱好生物数学、爱好 MATLAB 编程的科技工作者及相关专业师生参考。

图书在版编目(CIP)数据

实用数量生态学/马寨璞，刘桂霞编著. —北京：科学出版社，2020.3

ISBN 978-7-03-064523-4

Ⅰ. ①实… Ⅱ. ①马… ②刘… Ⅲ. ①生态学-数量化理论 Ⅳ. ①Q14

中国版本图书馆 CIP 数据核字(2020)第 032452 号

责任编辑：席 慧/责任校对：郭瑞芝
责任印制：张 伟/封面设计：铭轩堂

科 学 出 版 社 出版

北京东黄城根北街 16 号

邮政编码：100717

http://www.sciencep.com

北京厚诚则铭印刷科技有限公司 印刷

科学出版社发行 各地新华书店经销

*

2020 年 3 月第 一 版 开本：787×1092 1/16

2022 年10月第四次印刷 印张：17 1/2

字数：448 000

定价：68.00 元

(如有印装质量问题，我社负责调换)

前　言

生态学研究中，往往涉及大量观测数据的处理，对这些观测数据进行定量分析，以期找出隐藏在数据中的生态学规律，离不开各种分析方法的应用。数量生态学就是从一组原始数据出发，通过一系列计算分析，得到科学解释、科学结论的一门生态学数据处理课程。

国内已有介绍数量生态学原理的教材和专著，这些教材或专著在介绍生态学数据分析原理与方法后，多数只是简单地给出了样例计算，或者粗略的软件使用过程。对于生物学专业的研究生来讲，有软件的帮助，将数据调入软件，从而得到计算结果，是可行的数据处理过程，但目前已经进入大数据时代，单纯借助已有的软件与固定的计算方法，并不能满足新的不同类型的数据处理要求。对新时代研究生的要求，不仅要知晓数据处理方法的基本原理，最好能够结合生物学研究中特定的要求，推陈出新，推导出更好的生物学数据处理方法。

这种推陈出新的时代需要，就要求研究生们首先做到"温故"，做到非常详细地了解各种处理方法的适用条件、使用要求，在此基础上，结合自己的创新研究，推导出新的处理方法。为了让研究生们熟悉各种处理方法的原理与计算，本书针对已有的常用分析方法，在介绍某方法的基本原理后，又给出了详细的案例计算，为了更好地理解每一步的计算，本书还提供了使用 MATLAB 语言编写的典型案例通用计算程序，借助这些源码程序，可让每一步计算结果展示在读者面前，真正做到操控计算的每一步。

本书第一章主要介绍了数据整理与准备，包括数据的性质、特点、数据转换与标准化方法、数据的常规布置等。第二章主要介绍了多样性指数计算，包括物种多样性指数、系统发育多样性和功能多样性指数等。第三章介绍了种间关系分析，包括种间关联、种间相关、种间分离及种间竞争等。第四章介绍了生态位的测度计算，包括生态位宽度计算、生态位重叠、生态位分离等。第五章介绍了空间格局分析，包括单种群格局规模分析、纹理分析及大尺度格局分析等。第六章介绍了排序方法，包括 PCA 方法、CPCA 方法、PCoA 方法、CA/RA 方法、CCA 方法、DCCA 方法等。第七章介绍了群落数量分类方法，包括等级聚类法、关联分析法等。各章均有配套的通用源码程序，供读者研习计算，探究每一步计算的具体实现。

本书的出版得到了河北大学 2019 年双一流建设经费——生物学一流学科建设经费(编号：050001—511000104)资金的支持，河北省现代农业产业体系草业创新团队项目(编号：HBCT2018050204)也为本书的出版提供了支持，对此表示衷心的感谢。科学出版社的编辑在本书的出版过程中付出了辛勤的工作，在此一并表示深深的感谢。

由于作者水平有限，书中难免存在疏漏和不足之处，敬请读者批评指正。

马寨璞

2019 年 8 月于河北大学

目　　录

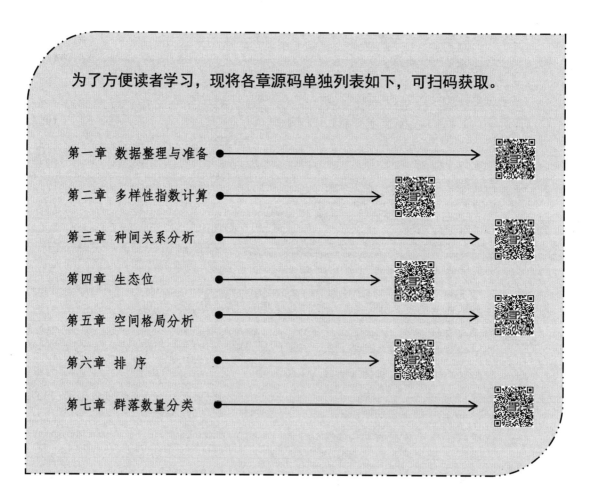

为了方便读者学习，现将各章源码单独列表如下，可扫码获取。

第一章　数据整理与准备

第二章　多样性指数计算

第三章　种间关系分析

第四章　生态位

第五章　空间格局分析

第六章　排　序

第七章　群落数量分类

第一章 数据整理与准备

实验观测数据是进行科学分析的基础，在对数据进行分析之前，研究人员应该首先了解数据的类型和特点，再针对不同类型的数据，选择合理的处理方法，这有助于做到分类处理、更好地利用数据、更快地得到结果、更深地挖掘信息。本章首先介绍了生态学中常遇到的数据类型，包括数据的性质、特点和常规布置等，然后介绍了数据转换与标准化预处理方法，最后为了便于理解和使用，还给出了完整的标准化 MATLAB 实现代码。

第一节 数据的类型

根据不同的标准，数据可以划分为不同的类型。例如，依数据的不同性质，可划分为三种不同的基本类型：①名称数据；②顺序属性数据；③数量属性数据。若依生态学意义，则数据可划分为三种生态型数据：①数量生态数据；②二元生态数据；③环境因子数据。本节只介绍基本类型的数据。

一、名称数据

当使用数值数字来表示属性的不同状态时，则此时的数据类型就为名称数据。例如，5种不同的草地类型，可以使用 1，2，3，4，5 数字表示。这类数据的特点是：在分析属性的数量时，各状态之间的地位等同，状态之间没有顺序性，名称数字的大小与属性的数量之间没有关系。根据属性状态的数目，名称数据可再细分为：①二元数据；②无序多态数据；③One-Hot 编码。

(一) 二元数据

二元数据是具有两个状态的名称数据，常用数字 1 和 0 表示，1 表示某个性质的存在，0表示不存在。例如，植物物种在样方中的存在与否，植物具有刺与否等。这类数据的取值，取决于某种属性的有无，故此也称为定性数据(qualitative data)。二元数据广泛地应用于数量分析中，如种间的关联分析等。

(二) 无序多态数据

无序多态数据也叫无序多状态数据，是指含有两个以上状态的名称数据。例如，4 个土壤母质的类型，表示为数字 1，2，3，4。这类数据不反映状态之间在量上的差异，只表明状态的不同，在数量分析中使用较少，偶尔用于表示分析结果。

(三) One-Hot 编码

随着大数据时代的到来，对于无序多态数据使用数字编码可能会带来一些问题。例如，使用"母质类型"={1，2，3，4，5}来表示 5 个土壤母质的类型。在使用编码后的数据进行分析时，相当于给原本不存在次序关系的"母质类型"引入了次序关系，这可能会导致后续错误的建模分析结果，如要计算母质类型间的距离，则母质 1 和母质 2 之间的距离，要比母质 1 和母质 4 之间的距离小，因为母质 1 编码为 1，母质 2 编码为 2，母质 4 编码为 4。很显然，这种误导性的结果应该尽量避免，为此，一个更好的编码建议是使用 One-Hot 编码。

One-Hot 编码是将包含 K 个取值的离散型特征转换为 K 个二元特征(取值为 0 或 1)。例如，对于上述的"母质类型"，共包含 5 个不同的值，将其编码为 5 个特征 f_1, f_2, f_3, f_4 和 f_5，这 5 个特征与原始"母质类型"的取值一一对应，当原始特征取不同值时，转换后的特征取值如表 1-1 所示。

表 1-1 One-Hot 编码

原始类型	f_1	f_2	f_3	f_4	f_5
母质 1	1	0	0	0	0
母质 2	0	1	0	0	0
母质 3	0	0	1	0	0
母质 4	0	0	0	1	0
母质 5	0	0	0	0	1

One-Hot 编码不会人为地给名义型特征取值引入次序关系。例如，母质 1([1, 0, 0, 0, 0])与母质 2([0, 1, 0, 0, 0])之间的距离，不会比与母质 5([0, 0, 0, 0, 1])之间的距离小。实际上，经过 One-Hot 编码之后，不同的原始特征取值之间拥有相同的距离，这种好处也体现在线性回归模型中。

但 One-Hot 编码也有缺点。首先，它会使特征维度显著增多，对于上述的例子，若使用数字编码，则 1，2，3，4，5 五个数字足够，但使用 One-Hot 编码，数据中含有 25 个数据。其次，这种编码会增加特征之间的相关性，观察表 1-1 可知，5 个特征存在如下的线性关系：

$$f_1 + f_2 + f_3 + f_4 + f_5 = 1 \qquad (1\text{-}1)$$

特征之间存在线性关系，会影响线性回归等模型的效果，因此有必要对 One-Hot 编码进行局部的改变，即采用一种叫做哑变量编码的方法，具体来说，对于一个包含 K 个取值的离散型特征，将其转换成 K–1 个二元特征。例如，对于上述例子中的 4 个母质进行编码，则上述转为表 1-2 所示的形式。

表 1-2 哑变量编码

原始类型	f_1	f_2	f_3	f_4
母质 1	1	0	0	0
母质 2	0	1	0	0
母质 3	0	0	1	0
母质 4	0	0	0	1
母质 5	0	0	0	0

二、顺序属性数据

顺序属性数据属于多态数据，但和无序多态数据不同，这类数据的各状态有大小顺序，属性序号值在一定程度上反映了数量的大小。例如，植物物种覆盖度可划分为 5 个等级：1=0～

20%，2=21%～40%，3=41%～60%，4=61%～80%，5=81%～100%。5 个状态有顺序性且表示了盖度的大小关系。

在使用顺序属性数据时，需要注意各级之间的差异并不相等。例如，5 级盖度明显大于 1 级盖度。但盖度值为 80%和 81%的两个物种，虽然盖度数据仅差 1%，但它们却分属于 4 和 5 两个等级；而盖度值为 41%和 60%的两个物种，虽然盖度数据相差 19%，但却属于同一等级。

顺序属性数据作为数量数据应用时，序号值提供的信息量远不如观测数据本身丰富，因此应尽量避免使用等级值作为数量数据使用。

三、数量属性数据

数量属性数据简称为数量数据(quantitative data)，它是实际观测得到的属性数值。根据数据的数学来源不同，又可以分为连续数据(continuous data)和离散数据(discrete data)。

连续数据是指与规定单位量值做比较测量得到的数据，如植物的高度，记录为 5.21m，该数据可理解为植物的高度包含 5.21 个基本测量单位(m)。离散数据是指记录某种不可分割的个体数目的枚举数值，如某样地有 6 棵特别关注的树。从形式上看，连续数据可以是任何数值，可以是小数形式，但离散数据只包括 0 和正整数，如植物个体的数目。连续数据和离散数据一般在数量分析中等同对待，二者也很容易相互转换。

生态数据一般是在 n 个样方中调查 m 个属性的定量或定性指标，因此，可以用一个 $m \times n$ 维的矩阵表示，矩阵的列代表 n 个样方(实体)，行代表 m 个物种或环境因子(属性)，这样布置数据的矩阵叫做数据矩阵(data matrix)，以 X 标记，表示为

$$X = \left\{ x_{ij} \right\} = \begin{pmatrix} x_{11} & x_{12} & \cdots & x_{1n} \\ x_{21} & x_{22} & \cdots & x_{2n} \\ \vdots & \vdots & x_{ij} & \vdots \\ x_{m1} & x_{m2} & \cdots & x_{mn} \end{pmatrix}, \quad (i = 1, 2, \cdots, m; \quad j = 1, 2, \cdots, n) \qquad (1\text{-}2)$$

其中，x_{ij} 为第 i 个物种或环境因子在第 j 个样方中的观测值。矩阵每一行称为一个行向量(row vector)或属性向量(attribute vector)；每一列称为一个列向量(column vector)或实体向量(entity vector)，数据矩阵 X 共有 m 个行向量，n 个列向量。

本书所有数据的处理均以 MATLAB 编程实现，除非特殊声明，所有原始数据矩阵的布置均以行向量对应属性，列向量对应样方为数据默认布置格式。

第二节　数据预处理

数据预处理(data preprocessing)是指在进行数量分析之前对原始数据先进行简缩、转换和标准化等处理，以期达到简化计算、满足数学处理方法的应用条件等要求。本书中，这些预处理过程仅限于生态学意义上。数据简缩(data reduction)是指在不损失生态信息或较少损失的前提下，删除一些数据，以简化计算分析过程；数据转换(data transformation)是指通过某一运算规则将原始数据转换为新数据的过程，目的是为了满足某些处理方法的应用要求，如保持数据的方差齐性等；数据标准化(data standardization)是指通过某种运算将原始数据转换成新

值，以消除数据属性的差异影响，或者将数据限定在特定的范围内的变换过程。

一、数据简缩

数据简缩要考虑研究的目的和使用的方法，在多元统计分析中一般是减少种类，即删除两个极端的物种，即极端多种和极端少种。在二元数据中，存在于所有样方中的种对分类和排序不能提供有用信息，应该删去；与此相反，仅出现在一个样方中的"孤种"对群落关系提供的信息非常少，也可以淘汰。在实际工作中，可以用概率来确定极端种，在95%及以上样方中出现的物种可看作是极端多种，在5%以下样方中出现的物种可看作是极端少种。

对样方也可以进行简缩，一是删除代表性较差的样方；二是删除数据记录完全相同的两个或多个样方中的一个。但在格局分析中，不允许对数据进行简缩处理。

二、数据转换

数据转换的目的有三个：一是为了改变数据的结构，使其能更好地反映生态关系，或者更好地适合某些特殊分析方法。二是为了缩小属性间的差异，便于分析或有益于图形表现。三是为了满足某些统计方法的使用条件，如保持数据的方差齐性等。在数据转换的各种要求中，保持数据方差齐性常为最重要的一个约束，下面以此为例，具体解释各种变换方法的来源。

很多时候，数据的方差不满足齐性要求，这就需要进行数据变换，使方差变得稳定。若原始数据的方差随着均值的变化而变化，则建立两者之间的关系式为

$$D(x) = cf(\mu) \tag{1-3}$$

其中，c 为取正值的常数；μ 为理论均值；$f(\mu)$ 为函数；$D(x)$ 为数学方差计算公式。

要想变换后的数据具有方差齐性，则需要找一个变换函数 T，使得 $T(x)$ 方差保持不变，为了确定变换函数 T，可用函数在点 μ 的一阶 Taylor 级数来近似所要的函数。

$$T(x) = T(\mu) + T'(\mu)(x - \mu) + R_n(x) \tag{1-4}$$

其中，$T'(\mu)$ 是 $T(x)$ 的一阶导数在点 μ 的取值；$R_n(x)$ 是展开余项。舍去高阶项，则有

$$T(x) \cong T(\mu) + T'(\mu)(x - \mu) \tag{1-5}$$

根据方差的计算性质，得

$$D[T(x)] \cong [T'(\mu)]^2 D(x) = c[T'(\mu)]^2 f(\mu) \tag{1-6}$$

要使得变换后数据的方差为常数，则方差稳定变换 $T(x)$ 必须满足

$$[T'(\mu)]^2 f(\mu) = 1 \tag{1-7}$$

即

$$T'(\mu) = \frac{1}{\sqrt{f(\mu)}} \tag{1-8}$$

这也就意味着

$$T(\mu) = \int \frac{1}{\sqrt{f(\mu)}} d\mu \tag{1-9}$$

当数据的标准差与其均值水平呈比例时，即满足 $D(x) = c\mu^2$ 时，那么就有

$$T(\mu) = \int \frac{1}{\sqrt{f(\mu)}} d\mu = \int \frac{1}{\sqrt{c\mu^2}} d\mu = \frac{1}{\sqrt{c}} \int \frac{1}{\mu} d\mu = c' \ln(\mu) \tag{1-10}$$

忽略常数的影响，则有

$$T(\mu) = \ln(\mu) \tag{1-11}$$

对于这种样本数据，$\ln(\mu)$ 将拥有恒定不变的方差。

当数据的方差与其均值水平呈比例时，即满足 $D(x) = c\mu$ 时，那么就有

$$T(\mu) = \int \frac{1}{\sqrt{c\mu}} d\mu = \frac{1}{\sqrt{c}} \int \frac{1}{\sqrt{\mu}} d\mu = 2c' \sqrt{\mu} \tag{1-12}$$

忽略常数的影响，则有

$$T(\mu) = \sqrt{\mu} \tag{1-13}$$

对于这种样本数据，$\sqrt{\mu}$ 将拥有恒定不变的方差。

类似地，若数据的标准差与其均值水平的平方呈比例，即满足 $D(x) = c\mu^4$ 时，那么就有

$$T(\mu) = \int \frac{1}{\sqrt{c\mu^4}} d\mu = \frac{1}{\sqrt{c}} \int \frac{1}{\mu^2} d\mu = -\frac{c'}{\mu} \tag{1-14}$$

忽略常数的影响，则有

$$T(\mu) = -\frac{1}{\mu} \tag{1-15}$$

对于这种样本数据，数据取倒数则满足方差不变。

前边讨论的三个变换，实际上是 Box-Cox 引入的指数变换的特例，当 $\lambda \neq 0$ 时，Box-Cox 指数变换为

$$T(x) = \frac{x^\lambda - 1}{\lambda} \tag{1-16}$$

取 λ 为不同值，则得到表 1-3 中对应的变换。

表 1-3　Box-Cox 指数变换的几个特例

序号	λ 值	变换式
1	−1.0	$y = 1/x$
2	−0.5	$y = 1/\sqrt{x}$
3	0.0	$y = \ln(x)$
4	0.5	$y = \sqrt{x}$
5	1.0	$y = x$ (无变换)

需要提醒的是，上述实施的数据变换，只是针对正值数据，但这一点并不影响负值数据的变换处理，因为对于数据 x，其方差的计算性质 $D(x + C) = D(x)$ 表明，只要给数据加一个常数 C，就能使负值变为正值，但其方差并不会受到常数 C 的影响而发生变化。还需要指出，如果需要做稳定方差的变换，这种变换必须在其他的分析之前进行。

由上述可知，数据转换通过一定的运算规则实现，依运算规则的不同，可分为以下几类。

(一) 对数转换

对数转换，即取原始数据的对数值作为新数据以便后续处理。对数类型可以是自然对数 $\ln(x)$，也可以是以 10 为底的对数 $\lg(x)$，当原始数据较小时，比如在接近 0 值的情况下，可先将原始数据全部加上 1，或者一个不大的正数 k，再进行转换，如 $\ln(x+1)$ 或 $\lg(x+1)$，这种加值对结果影响不大。对数据转换最为常用，它可以缩小不同属性间的差异，在群落学中能够让实验结果趋势变得更加明显。

(二) 平方根和立方根转换

平方根和立方根转换也是最常用的转换方法之一，将原始数据开平方或三次方作为新数据以便后续处理。①平方根 $y=\sqrt{x}$，它使具有二次关系的数据结构趋向于线性化；或②立方根 $y=\sqrt[3]{x}$，它将原始数据之间的差值缩小，趋向一致。

(三) 倒数转换

倒数转换，即取原始数据之倒数为新数据，即 $y=\dfrac{1}{x}$，它同样可以使属性间的差异缩小。

除了上述的转换方法外，还有其他转换方法，如 $y=\arcsin\left(\sqrt{x}\right)$ 等，究竟采取何种变换，以及需要不需要转换，研究人员需要根据自己实测数据的数据类型和变化幅度再具体确定，也可根据上述原理，按照自己实测数据的特点，开发试用其他不同的变换方法，比较它们的结果后再做决定。

三、数据标准化

数据标准化是统计学上常用的数据预处理方法，目的是为了：①消除不同属性或样方间的不齐性，或者使同一样方内的不同属性间或同一属性在不同样方内的方差减小；②将数据按比例缩放，限制数据在特定的取值范围内，如[0, 1]闭区间等；③去除数据的单位限制，将其转换为无量纲的纯数值，便于不同单位或量级的指标能够进行比较和加权；④满足特定数据分析方法的要求，如主成分分析法(principal component analysis，PCA)在数据分析之前，一般要求对数据进行中心化，而对应分析法(correspondence analysis，CA)则要求对排序坐标进行标准化等。

目前数据标准化方法有多种，归结起来可以分为：①直线型方法，如极值法、标准差法；②折线型方法，如三折线法；③曲线型方法，如半正态分布等。不同的标准化方法，对分析结果会产生不同的影响，但在数据标准化方法的选择上，尚未有通用的法则可以遵循，一个较为合理的选择是，尽量参考具有类似数据的科研文献中的处理方法，然后再确定是否选用。

(一) 总和标准化

在按照式(1-2)布置好原始数据后，对于物种和样方，可分别进行总和标准化(sum standardization)。当处理对象为物种时，使用

$$x_{ij}=\frac{x_{ij}}{\sum\limits_{j=1}^{n}x_{ij}},\quad (i=1,2,\cdots,m) \tag{1-17}$$

即数据矩阵 X 某行中的每个值除以该行各值之和。当处理对象为样方时，使用

$$x_{ij} = \frac{x_{ij}}{\sum\limits_{i=1}^{m} x_{ij}}, \quad (j=1,2,\cdots,n) \tag{1-18}$$

即数据矩阵 X 某列中的每个值除以该列各值之和。例如，若有如表 1-4 所示的观测数据，

表 1-4　一个包含 5 个物种 8 个样方的模拟数据

物种	样方							
	X_1	X_2	X_3	X_4	X_5	X_6	X_7	X_8
S_1	7	10	3	2	4	10	6	2
S_2	4	9	4	3	10	5	3	3
S_3	9	6	5	2	5	2	7	4
S_4	6	7	3	3	2	3	8	5
S_5	4	6	9	5	10	5	3	6

则对于物种 S_1，有

$$x_{11} = \frac{x_{11}}{\sum\limits_{j=1}^{n} x_{1j}} = \frac{7}{44} = 0.1591, \quad x_{12} = \frac{x_{12}}{\sum\limits_{j=1}^{n} x_{1j}} = \frac{10}{44} = 0.2273, \cdots$$

全部处理完成如表 1-5 所示。

表 1-5　模拟数据对物种进行总和标准化

物种	样方							
	X_1	X_2	X_3	X_4	X_5	X_6	X_7	X_8
S_1	0.1591	0.2273	0.0682	0.0455	0.0909	0.2273	0.1364	0.0455
S_2	0.0976	0.2195	0.0976	0.0732	0.2439	0.1220	0.0732	0.0732
S_3	0.2250	0.1500	0.1250	0.0500	0.1250	0.0500	0.1750	0.1000
S_4	0.1622	0.1892	0.0811	0.0811	0.0541	0.0811	0.2162	0.1351
S_5	0.0833	0.1250	0.1875	0.1042	0.2083	0.1042	0.0625	0.1250

对于样方，如样方 X_4，有

$$x_{14} = \frac{x_{14}}{\sum\limits_{i=1}^{m} x_{i4}} = \frac{2}{15} = 0.1333, \quad x_{24} = \frac{x_{24}}{\sum\limits_{i=1}^{m} x_{i4}} = \frac{3}{15} = 0.2000, \cdots$$

全部处理完成如表 1-6 所示。

（二）最大值标准化

最大值标准化(maximum standardization)即以最大值作为标准对数据进行变换。当处理对象为物种时，使用

表 1-6　模拟数据对样方进行总和标准化

物种	样方							
	X_1	X_2	X_3	X_4	X_5	X_6	X_7	X_8
S_1	0.2333	0.2632	0.1250	0.1333	0.1290	0.4000	0.2222	0.1000
S_2	0.1333	0.2368	0.1667	0.2000	0.3226	0.2000	0.1111	0.1500
S_3	0.3000	0.1579	0.2083	0.1333	0.1613	0.0800	0.2593	0.2000
S_4	0.2000	0.1842	0.1250	0.2000	0.0645	0.1200	0.2963	0.2500
S_5	0.1333	0.1579	0.3750	0.3333	0.3226	0.2000	0.1111	0.3000

$$x_{ij} = \frac{x_{ij}}{\max\limits_{1 \leqslant j \leqslant n}\left(x_{ij}\right)}, \quad \left(i = 1, 2, \cdots, m\right) \tag{1-19}$$

即在数据矩阵 X 中，某行的各个观测值除以该行的最大值。当处理对象为样方时，使用

$$x_{ij} = \frac{x_{ij}}{\max\limits_{1 \leqslant i \leqslant m}\left(x_{ij}\right)}, \quad \left(j = 1, 2, \cdots, n\right) \tag{1-20}$$

即在数据矩阵 X 中，某列的各个观测值除以该列的最大值。例如，对于表 1-4 的模拟数据，对于物种进行最大值标准化，则物种 S_1 的标准化为

$$x_{11} = \frac{x_{11}}{\max\limits_{1 \leqslant j \leqslant n}\left(x_{1j}\right)} = \frac{7}{10} = 0.7000, \quad x_{12} = \frac{x_{12}}{\max\limits_{1 \leqslant j \leqslant n}\left(x_{1j}\right)} = \frac{10}{10} = 1.0000, \cdots$$

全部物种处理完成如表 1-7 所示。

表 1-7　模拟数据对物种进行最大值标准化

物种	样方							
	X_1	X_2	X_3	X_4	X_5	X_6	X_7	X_8
S_1	0.7000	1.0000	0.3000	0.2000	0.4000	1.0000	0.6000	0.2000
S_2	0.4000	0.9000	0.4000	0.3000	1.0000	0.5000	0.3000	0.3000
S_3	1.0000	0.6667	0.5556	0.2222	0.5556	0.2222	0.7778	0.4444
S_4	0.7500	0.8750	0.3750	0.3750	0.2500	0.3750	1.0000	0.6250
S_5	0.4000	0.6000	0.9000	0.5000	1.0000	0.5000	0.3000	0.6000

若对样方进行最大值标准化，则以样方 X_3 为例，其标准化为

$$x_{13} = \frac{x_{13}}{\max\limits_{1 \leqslant i \leqslant m}\left(x_{i3}\right)} = \frac{3}{9} = 0.3333, \quad x_{23} = \frac{x_{23}}{\max\limits_{1 \leqslant i \leqslant m}\left(x_{i3}\right)} = \frac{4}{9} = 0.4444, \cdots$$

全部样方处理完成如表 1-8 所示。

表 1-8　模拟数据对样方进行最大值标准化

物种	样方							
	X_1	X_2	X_3	X_4	X_5	X_6	X_7	X_8
S_1	0.7778	1.0000	0.3333	0.4000	0.4000	1.0000	0.7500	0.3333
S_2	0.4444	0.9000	0.4444	0.6000	1.0000	0.5000	0.3750	0.5000

续表

物种	样方							
	X_1	X_2	X_3	X_4	X_5	X_6	X_7	X_8
S_3	1.0000	0.6000	0.5556	0.4000	0.5000	0.2000	0.8750	0.6667
S_4	0.6667	0.7000	0.3333	0.6000	0.2000	0.3000	1.0000	0.8333
S_5	0.4444	0.6000	1.0000	1.0000	1.0000	0.5000	0.3750	1.0000

(三) 极差标准化

极差标准化(range standardization)是指在进行标准化时,以各物种(或样方)自身的极大值与极小值之差作为转换标准。当处理对象为物种时,使用

$$x_{ij} = \frac{x_{ij} - \min_{1 \leqslant j \leqslant n}\left(x_{ij}\right)}{\max_{1 \leqslant j \leqslant n}\left(x_{ij}\right) - \min_{1 \leqslant j \leqslant n}\left(x_{ij}\right)}, \quad \left(i = 1, 2, \cdots, m\right) \tag{1-21}$$

即在数据矩阵 X 中,先找出某行的极大值与极小值,计算其极差 $R_i = \max\left(x_{ij}\right) - \min\left(x_{ij}\right)$,再计算该行中各数据与极小值的差值 $d_j = x_{ij} - \min\left(x_{ij}\right)$,差值 d_j 与极差 R_i 的比作为对应数据的标准化值。

当处理对象为样方时,使用

$$x_{ij} = \frac{x_{ij} - \min_{1 \leqslant i \leqslant m}\left(x_{ij}\right)}{\max_{1 \leqslant i \leqslant m}\left(x_{ij}\right) - \min_{1 \leqslant i \leqslant m}\left(x_{ij}\right)}, \quad \left(j = 1, 2, \cdots, n\right) \tag{1-22}$$

即在数据矩阵 X 中,先找出某列的极大值与极小值并计算极差 R_j,再计算该列中各数据与极小值的差值 d_i,差值 d_i 与极差 R_j 的比作为对应数据的标准化值。例如,对于表 1-4 的模拟数据,对于物种进行极差标准化,如物种 S_1 的标准化为

$$x_{11} = \frac{x_{11} - \min_{1 \leqslant j \leqslant n}\left(x_{1j}\right)}{\max_{1 \leqslant j \leqslant n}\left(x_{1j}\right) - \min_{1 \leqslant j \leqslant n}\left(x_{1j}\right)} = \frac{7 - 2}{10 - 2} = \frac{5}{8} = 0.6250$$

$$x_{12} = \frac{x_{12} - \min_{1 \leqslant j \leqslant n}\left(x_{1j}\right)}{\max_{1 \leqslant j \leqslant n}\left(x_{1j}\right) - \min_{1 \leqslant j \leqslant n}\left(x_{1j}\right)} = \frac{10 - 2}{10 - 2} = \frac{8}{8} = 1.0000$$

全部物种处理完成如表 1-9 所示。

表 1-9　模拟数据对物种进行极差标准化

物种	样方							
	X_1	X_2	X_3	X_4	X_5	X_6	X_7	X_8
S_1	0.6250	1.0000	0.1250	0.0000	0.2500	1.0000	0.5000	0.0000
S_2	0.1429	0.8571	0.1429	0.0000	1.0000	0.2857	0.0000	0.0000
S_3	1.0000	0.5714	0.4286	0.0000	0.4286	0.0000	0.7143	0.2857
S_4	0.6667	0.8333	0.1667	0.1667	0.0000	0.1667	1.0000	0.5000
S_5	0.1429	0.4286	0.8571	0.2857	1.0000	0.2857	0.0000	0.4286

类似地，可得到对样方的极差标准化结果，如样方 X_4 的标准化为

$$x_{14} = \frac{x_{14} - \min\limits_{1 \le i \le m}(x_{i4})}{\max\limits_{1 \le i \le m}(x_{i4}) - \min\limits_{1 \le i \le m}(x_{i4})} = \frac{2-2}{5-2} = 0.0000$$

$$x_{24} = \frac{x_{24} - \min\limits_{1 \le i \le m}(x_{i4})}{\max\limits_{1 \le i \le m}(x_{i4}) - \min\limits_{1 \le i \le m}(x_{i4})} = \frac{3-2}{5-2} = 0.3333$$

全部样方处理完成如表 1-10 所示。

表 1-10　模拟数据对样方进行极差标准化

物种	样方							
	X_1	X_2	X_3	X_4	X_5	X_6	X_7	X_8
S_1	0.6000	1.0000	0.0000	0.0000	0.2500	1.0000	0.6000	0.0000
S_2	0.0000	0.7500	0.1667	0.3333	1.0000	0.3750	0.0000	0.2500
S_3	1.0000	0.0000	0.3333	0.0000	0.3750	0.0000	0.8000	0.5000
S_4	0.4000	0.2500	0.0000	0.3333	0.0000	0.1250	1.0000	0.7500
S_5	0.0000	0.0000	1.0000	1.0000	1.0000	0.3750	0.0000	1.0000

(四) 模标准化

模标准化(norm standardization)是指以该物种(或样方)的各观测数据平方和的根去除该物种(或样方)的各个原始数据。当处理对象为物种时，使用

$$x_{ij} = \frac{x_{ij}}{\sqrt{\sum\limits_{j=1}^{n} x_{ij}^2}}, \quad (i = 1, 2, \cdots, m) \tag{1-23}$$

即在数据矩阵 X 中，首先计算某行各个数据平方和的平方根，然后再将该行的各个数据除以这个平方根作为新数据。当处理对象为样方时，使用

$$x_{ij} = \frac{x_{ij}}{\sqrt{\sum\limits_{i=1}^{m} x_{ij}^2}}, \quad (j = 1, 2, \cdots, n) \tag{1-24}$$

即在数据矩阵 X 中，首先计算某列各个数据平方和的平方根，然后再将该列的各个数据除以这个平方根作为新数据。例如，对于表 1-4 的模拟数据，对于物种进行模标准化，如物种 S_1 的标准化为

$$x_{11} = \frac{x_{11}}{\sqrt{\sum\limits_{j=1}^{n} x_{1j}^2}} = \frac{7}{\sqrt{7^2 + 10^2 + 3^2 + \cdots + 2^2}} = \frac{7}{\sqrt{318}} = 0.3925$$

$$x_{12} = \frac{x_{12}}{\sqrt{\sum\limits_{j=1}^{n} x_{1j}^2}} = \frac{10}{\sqrt{7^2 + 10^2 + 3^2 + \cdots + 2^2}} = \frac{10}{\sqrt{318}} = 0.5608$$

全部物种处理结果如表 1-11 所示。

表 1-11　模拟数据对物种进行模标准化

物种	样方							
	X_1	X_2	X_3	X_4	X_5	X_6	X_7	X_8
S_1	0.3925	0.5608	0.1682	0.1122	0.2243	0.5608	0.3365	0.1122
S_2	0.2457	0.5529	0.2457	0.1843	0.6143	0.3071	0.1843	0.1843
S_3	0.5809	0.3873	0.3227	0.1291	0.3227	0.1291	0.4518	0.2582
S_4	0.4191	0.4889	0.2095	0.2095	0.1397	0.2095	0.5587	0.3492
S_5	0.2209	0.3313	0.4969	0.2761	0.5522	0.2761	0.1656	0.3313

类似地，比如对样方 X_5 进行模标准化，得

$$x_{15} = \frac{x_{15}}{\sqrt{\sum_{i=1}^m x_{i5}^2}} = \frac{4}{\sqrt{4^2+10^2+5^2+\cdots+10^2}} = \frac{4}{\sqrt{245}} = 0.2556$$

$$x_{25} = \frac{x_{25}}{\sqrt{\sum_{i=1}^m x_{i5}^2}} = \frac{10}{\sqrt{4^2+10^2+5^2+\cdots+10^2}} = \frac{10}{\sqrt{245}} = 0.6389$$

全部样方处理结果如表 1-12 所示。

表 1-12　模拟数据对样方进行模标准化

物种	样方							
	X_1	X_2	X_3	X_4	X_5	X_6	X_7	X_8
S_1	0.4975	0.5754	0.2535	0.2801	0.2556	0.7833	0.4643	0.2108
S_2	0.2843	0.5179	0.3381	0.4201	0.6389	0.3916	0.2321	0.3162
S_3	0.6396	0.3453	0.4226	0.2801	0.3194	0.1567	0.5417	0.4216
S_4	0.4264	0.4028	0.2535	0.4201	0.1278	0.2350	0.6191	0.5270
S_5	0.2843	0.3453	0.7606	0.7001	0.6389	0.3916	0.2321	0.6325

(五) 数据中心化

数据中心化(data centralization)就是将原始数据减去平均值。当处理对象为物种(属性)时，使用

$$x_{ij} = x_{ij} - \overline{x}_i, \ (i = 1,2,\cdots,m) \tag{1-25}$$

即在数据矩阵 X 中，将某行的各个数据分别减去该行的平均值。当处理对象为样方(实体)时，使用

$$x_{ij} = x_{ij} - \overline{x}_j, \ (j = 1,2,\cdots,n) \tag{1-26}$$

即在数据矩阵 X 中，将某列的各个数据分别减去该列的平均值。

(六) 离差标准化

离差标准化(deviation standardization)是指以各属性(物种)或样方(实体)的离差为标准对数据进行转换。当处理对象为物种(属性)时，使用

$$x_{ij} = \frac{x_{ij} - \overline{x}_i}{\sqrt{\sum_{j=1}^{n} \left(x_{ij} - \overline{x}_i\right)^2}}, \ (i = 1, 2, \cdots, m) \tag{1-27}$$

即在数据矩阵 X 中，①做离差，计算某行中的各个数据与该行的均值之差 $x_{ij} - \overline{x}_i$；②计算该行各离差平方和的根 $\sqrt{\sum_{j=1}^{n} \left(x_{ij} - \overline{x}_i\right)^2}$；③将各个离差除以该平方根。当处理对象为样方(实体)时，则使用下式进行计算

$$x_{ij} = \frac{x_{ij} - \overline{x}_j}{\sqrt{\sum_{i=1}^{m} \left(x_{ij} - \overline{x}_j\right)^2}}, \ (j = 1, 2, \cdots, n) \tag{1-28}$$

即在数据矩阵 X 中，将上述的三步计算按列实施，①计算某列中各个数据与该列均值之差；②计算该列各离差平方和的根；③将各离差除以该平方根。例如，对于表 1-4 的模拟数据，对于物种进行离差标准化，如物种 S_1 的标准化为

$$x_{11} = \frac{x_{11} - \overline{x}_1}{\sqrt{\sum_{j=1}^{n} \left(x_{1j} - \overline{x}_1\right)^2}} = \frac{7 - 5.5}{\sqrt{(7-5.5)^2 + (10-5.5)^2 + \cdots + (2-5.5)^2}} = 0.1712$$

$$x_{12} = \frac{x_{12} - \overline{x}_1}{\sqrt{\sum_{j=1}^{n} \left(x_{1j} - \overline{x}_1\right)^2}} = \frac{10 - 5.5}{\sqrt{(7-5.5)^2 + (10-5.5)^2 + \cdots + (2-5.5)^2}} = 0.5162$$

则全部物种的离差标准化结果如表 1-13 所示。

对样方进行离差标准化，以样方 X_2 为例，得

$$x_{12} = \frac{x_{12} - \overline{x}_2}{\sqrt{\sum_{i=1}^{m} \left(x_{i2} - \overline{x}_2\right)^2}} = \frac{10 - 7.6}{\sqrt{(10-7.6)^2 + (9-7.6)^2 + \cdots + (6-7.6)^2}} = 0.6606$$

表 1-13　模拟数据对物种进行离差标准化

物种	样方							
	X_1	X_2	X_3	X_4	X_5	X_6	X_7	X_8
S_1	0.1721	0.5162	−0.2868	−0.4015	−0.1721	0.5162	0.0574	−0.4015
S_2	−0.1519	0.5231	−0.1519	−0.2869	0.6581	−0.0169	−0.2869	−0.2869
S_3	0.6325	0.1581	0.0000	−0.4743	0.0000	−0.4743	0.3162	−0.1581
S_4	0.2362	0.4081	−0.2792	−0.2792	−0.4510	−0.2792	0.5799	0.0644
S_5	−0.3162	0.0000	0.4743	−0.1581	0.6325	−0.1581	−0.4743	0.0000

$$x_{22} = \frac{x_{22} - \overline{x}_2}{\sqrt{\sum_{i=1}^{m} \left(x_{i2} - \overline{x}_2\right)^2}} = \frac{9 - 7.6}{\sqrt{(10-7.6)^2 + (9-7.6)^2 + \cdots + (6-7.6)^2}} = 0.3853$$

则全部样方的离差标准化结果如表 1-14 所示。

表 1-14 模拟数据对样方进行离差标准化

物种	样方							
	X_1	X_2	X_3	X_4	X_5	X_6	X_7	X_8
S_1	0.2357	0.6606	−0.3615	−0.4083	−0.3028	0.8111	0.1303	−0.6325
S_2	−0.4714	0.3853	−0.1606	0.0000	0.5229	0.0000	−0.5213	−0.3162
S_3	0.7071	−0.4404	0.0402	−0.4083	−0.1651	−0.4866	0.3475	0.0000
S_4	0.0000	−0.1651	−0.3615	0.0000	−0.5780	−0.3244	0.5647	0.3162
S_5	−0.4714	−0.4404	0.8434	0.8165	0.5229	0.0000	−0.5213	0.6325

(七) 数据正规化

数据正规化(data normalization)是指以试验数据的标准差进行标准化，即某物种(或样方)的各原始数据除以该物种(或样方)的标准差。当处理对象为物种(属性)时，按下式计算

$$x_{ij} = \frac{x_{ij} - \overline{x}_i}{\sqrt{\dfrac{1}{n-1}\sum_{j=1}^{n}\left(x_{ij} - \overline{x}_i\right)^2}}, \ (i = 1, 2, \cdots, m) \tag{1-29}$$

即在数据矩阵 X 中，某行的各数据先减去本行的均值，再除以本行数据的标准差。当处理对象为样方(实体)时，按下式计算

$$x_{ij} = \frac{x_{ij} - \overline{x}_j}{\sqrt{\dfrac{1}{m-1}\sum_{i=1}^{m}\left(x_{ij} - \overline{x}_j\right)^2}}, \ (j = 1, 2, \cdots, n) \tag{1-30}$$

即在数据矩阵 X 中，某列的各数据先减去本列的均值，再除以本列数据的标准差。例如，对于表 1-4 的模拟数据，对于物种进行数据正规化，如物种 S_1 的标准化为

$$x_{11} = \frac{x_{11} - \overline{x}_1}{\sqrt{\dfrac{1}{8-1}\sum_{j=1}^{n}\left(x_{1j} - \overline{x}_1\right)^2}} = \frac{7 - 5.5}{\sqrt{\dfrac{1}{7}\left[\left(7 - 5.5\right)^2 + \left(10 - 5.5\right)^2 + \cdots + \left(2 - 5.5\right)^2\right]}} = 0.4552$$

$$x_{12} = \frac{x_{12} - \overline{x}_1}{\sqrt{\dfrac{1}{8-1}\sum_{j=1}^{n}\left(x_{1j} - \overline{x}_1\right)^2}} = \frac{10 - 5.5}{\sqrt{\dfrac{1}{7}\left[\left(7 - 5.5\right)^2 + \left(10 - 5.5\right)^2 + \cdots + \left(2 - 5.5\right)^2\right]}} = 1.3657$$

全部物种的正规化结果如表 1-15 所示。

表 1-15 对模拟数据的物种进行正规化

物种	样方							
	X_1	X_2	X_3	X_4	X_5	X_6	X_7	X_8
S_1	0.4552	1.3657	−0.7587	−1.0622	−0.4552	1.3657	0.1517	−1.0622
S_2	−0.4018	1.3840	−0.4018	−0.7590	1.7412	−0.0446	−0.7590	−0.7590
S_3	1.673	0.4183	0.0000	−1.2550	0.0000	−1.2550	0.8367	−0.4183
S_4	0.6250	1.0796	−0.7387	−0.7387	−1.1933	−0.7387	1.5342	0.1705
S_5	−0.8367	0.0000	1.2550	−0.4183	1.6733	−0.4183	−1.2550	0.0000

类似地，可得到对样方的正规化结果，如表 1-16 所示。

表 1-16　对模拟数据的样方进行正规化

物种	样方							
	X_1	X_2	X_3	X_4	X_5	X_6	X_7	X_8
S_1	0.4714	1.3216	−0.7229	−0.8165	−0.6055	1.6222	0.2606	−1.2649
S_2	−0.9428	0.7707	−0.3213	0.0000	1.0459	0.0000	−1.0425	−0.6325
S_3	1.4142	−0.8808	0.0803	−0.8165	−0.3303	−0.9733	0.6950	0.0000
S_4	0.0000	−0.3303	−0.7229	0.0000	−1.1560	−0.6489	1.1294	0.6325
S_5	−0.9428	−0.8808	1.6868	1.6330	1.0459	0.0000	−1.0425	1.2649

第三节　预处理的 MATLAB 实现

在科学研究中，常遇到大量实验观测数据需要处理的情况，当前有很多不错的商业数据处理软件，如 SPSS、SAS、Excel 等，这些软件依据面向对象原理制作具有极强的普适性。但生态数据分析往往具有特殊性，上述这些软件在针对生态数据分析时稍有不便。为此，笔者以 MATLAB 语言编写了针对这些内容的专门程序，以期方便读者处理数据。

本书的所有源代码均以标准化格式写成，从使用的角度看，读者只需阅读代码的中文说明，按照格式准备数据即可运行，并得到相应结果。因本书不属于编程语言类著作，故不对代码展开解释，希望深入了解编码的读者，可参考代码中提供的文献资料。

下述的 MakeExcelFileName 函数、MakeExcelColumnName 函数和 OutputExcel 函数属于通用公共函数，分别用来创建 Excel 文件名、确定 Excel 表的列号名称及按照设定格式输出到 Excel 文件，方便数据的整理与发布，各函数源码如下。

一、MakeExcelFileName 函数

```
function [filename]=MakeExcelFileName(method,type)
%函数名称:MakeExcelFileName.m
%实现功能:创建Excel文件名,默认时创建时间标签文件名.
%输入参数:函数共有2个输入参数,含义如下:
%          :(1),method,数据分析使用的方法名称.
%          :(2),type,数据分析的属性类型或样方类型.
%输出参数:函数默认1个输出参数,含义如下:1),filename,创建好的Excel文件名,默认文件扩展名.xlsx.
%函数调用:实现函数功能不需要调用子函数.
%参考文献:实现函数算法,参阅了以下文献资料:
%          :(1),马寨璞,MATLAB语言编程[M],北京:电子工业出版社,2017.
%原始作者:马寨璞,wdwsjlxx@163.com.
%创建时间:2019.01.05, 21:36:07.
%版权声明:未经作者许可,任何人不得以任何方式或理由对本代码进行网上传播、贩卖等.
%验证说明:本函数在MATLAB 2017a, 2018b等版本运行通过.
%使用样例:常用以下两种格式,请参考准备数据格式等:
%          :例1,使用缺省参数格式:MakeExcelFileName
```

```
%            :例2,使用全参数格式:
%                method='PCA';type='Sample';
%                MakeExcelFileName(method,type)
%
%设置第2个输入参数的默认或缺省值
if nargin<2||isempty(type)
    type='No';
else
    type=char(type);
end
%设置第1个输入参数的默认或缺省值
if nargin<1||isempty(method)
    method='No';
else
    method=char(method);
end
ct=datestr(now,'yyyy-mm-dd,HH:MM:SS.FFF'); %  记录初建时间
filename=sprintf('Temp_%s_%s_%s_%s_%s_%s_%s_%s_%s.xlsx',...
    method,type,...
    ct(1:4),ct(6:7),ct(9:10),ct(12:13),ct(15:16),ct(18:19),ct(21:23));
```

二、MakeExcelColumnName 函数

```
function [NameStr]=MakeExcelColumnName(nColumn)
%函数名称:MakeExcelColumnName.m
%实现功能:根据输入的数字确定Excel表的列号名称.
%输入参数:函数共有1个输入参数,含义如下:(1)nColumn,正整数,即数据矩阵的列数.
%输出参数:函数默认1个输出参数,含义如下:(1)NameStr,该字符串变量保存Excel表的列号名称.
%函数调用:实现函数功能不需要调用子函数.
%参考文献:实现函数算法,参阅了以下文献资料:
%            :(1)马寨璞,MATLAB语言编程[M],北京:电子工业出版社,2017.
%原始作者:马寨璞,wdwsjlxx@163.com.
%创建时间:2018.12.21,19:48:02.
%版权声明:未经作者许可,任何单位及个人不得以任何方式或理由对本代码进行网上传播、贩卖等.
%验证说明:本函数在MATLAB2015a,2018b等版本运行通过.
%使用样例:常用以下格式,请参考数据格式并准备.
%            :例1,MakeExcelColumnName(20)
%
if nColumn<0
    error('数据的列数不能小于0！ ');
else
    NameStr='';
    while nColumn>26
        shang=nColumn/26;
        yushu =mod(nColumn,26);
        if yushu==0
```

```
            yushu=26;
            shang=shang-1;
            NameStr=strcat(NameStr,char(yushu+64));
        else
            NameStr=strcat(NameStr,char(yushu+64));
        end
        nColumn=shang;
    end
    NameStr=strcat(NameStr,char(nColumn+64));
end
```

三、OutputExcel 函数

```
function OutputExcel(filename,data,sheet,instructions)
%函数名称:OutputExcel.m
%实现功能:按照格式输出到Excel文件.
%输入参数:函数共有4个输入参数,含义如下:
%          :(1),filename,欲输出的Excel文件名,默认格式.xlsx.
%          :(2),data,欲输出的数据矩阵或向量.
%          :(3),sheets,指定输出的Excel文件的sheet页.
%          :(4),instructions,输出数据的文字说明,字符串格式.
%输出参数:函数默认无输出参数.
%函数调用:实现函数功能需要调用1个子函数,说明如下:
%          :(1),MakeExcelColumnName,用来确定Excel文件的列名字符串.
%参考文献:实现函数算法,参阅了以下文献资料:
%          :(1),马寨璞,MATLAB语言编程[M],北京:电子工业出版社,2017.
%原始作者:马寨璞,wdwsjlxx@163.com.
%创建时间:2019.01.05,20:07:06.
%版权声明:未经作者许可,任何人不得以任何方式或理由对本代码进行网上传播、贩卖等.
%验证说明:本函数在MATLAB 2017a, 2018b 等版本运行通过.
%使用样例:常用以下两种格式,请参考准备数据格式等:
%          :例1,使用无参数格式:OutputExcel(filename)
%          :例2,使用有格式:
%             filename='Temp_2019_01_05_21_06_32_912.xlsx';
%             for ilp=1:15
%                 data=rand(5,10);
%                 sheet=ilp;
%                 instructions='测试数据';
%                 OutputExcel(filename,data,sheet,instructions)
%             end
%
%设置第1个输入参数的默认或缺省值
if nargin<1||isempty(filename)
    ct=datestr(now,'yyyy-mm-dd,HH:MM:SS.FFF'); %  记录初建时间
    filename=sprintf('Temp_%s_%s_%s_%s_%s_%s_%s.xlsx',...
        ct(1:4),ct(6:7),ct(9:10),ct(12:13),ct(15:16),ct(18:19),ct(21:23));
```

```
end
%
%设置第2个输入参数的默认或缺省值
if nargin<2||isempty(data)
    data=rand(5,10);
    fprintf('你没有输入任何数据,下面输出随机样本数据,仅供格式参考.\n');
end
%
%设置第3个输入参数的默认或缺省值
if nargin<3||isempty(sheet)
    if exist(filename,'file') % 若文件存在
        [~,ExistSheets,~] = xlsfinfo(filename);
        sheet=length(ExistSheets)+1;
    else % 若文件不存在
        sheet=1; % 默认使用第一页
    end
elseif sheet<1
    error('Sheet值不能小于1.');
else
    sheet=fix(sheet); % 转为正整数
end
%
%设置第4个输入参数的默认或缺省值
if nargin<4||isempty(instructions)
    instructions='请修改这里的数据结果说明';
end
%
% 输出数据到Excel文件的sheet,并控制4位小数精度
[mRows,nCols]=size(data);
reply=cell(mRows,nCols);
for ir=1:mRows
    for jc=1:nCols
        tmp=data(ir,jc);
        tStr= num2str(tmp,'%8.4f');   % 控制输出到Excel中的数据小数位数
        reply(ir,jc)=cellstr(tStr);
    end
end
xlswrite(filename,{instructions},sheet,'A1:A1');
ColNameStr=MakeExcelColumnName(mRows);
location=sprintf('A2:%s%d',ColNameStr,2+mRows-1);
xlswrite(filename,reply,sheet,location);
```

四、DataTransform 函数

下述的 DataTransform 函数具体实现了第二节中数据转换的各种方法，代码中的样例说

明部分已给出了详尽的使用说明,这里不再重复。

```
function [x]=DataTransform(x,method)
%函数名称:DataTransform.m
%实现功能:对数据按照指定的方法进行转换.
%输入参数:函数共有2个输入参数,含义如下:
%          :(1),x,原始数据矩阵,默认行对应物种(属性),列对应样方(实体).
%          :(2),method,数据转换方法,本函数支持如下的转换方法:
%          :   a.对数转换,以10为底,使用字符串'log10'标记;
%          :   b.对数转换,以e为底,使用字符串'loge'标记;
%          :   c.平方根变换,使用字符串'root2'标记;
%          :   d.立方根变换,使用字符串'root3'标记;
%          :   e.倒数变换,使用字符串'reciprocal'标记.
%输出参数:函数默认1个输出参数,含义如下:(1),x,变换后的数据矩阵.
%函数调用:实现函数功能需要调用2个子函数,说明如下:
%          :(1),MakeExcelColumnName,根据输入的数字确定Excel表的列号名称.
%          :(2),OutputExcel,按照格式输出到Excel文件.
%参考文献:实现函数算法,参阅了以下文献资料:
%          :(1),马寨璞,MATLAB语言编程[M],北京:电子工业出版社,2017.
%          :(2),马寨璞,高级生物统计学[M],北京:科学出版社,2016.
%          :(3),马寨璞,基础生物统计学[M],北京:科学出版社,2018.
%原始作者:马寨璞,wdwsjlxx@163.com.
%创建时间:2019.01.05,15:58:20.
%版权声明:未经作者许可,任何人不得以任何方式或理由对本代码进行网上传播、贩卖等.
%验证说明:本函数在MATLAB2018b等版本运行通过.
%使用样例:常用以下格式,请参考准备数据格式等:
%          :例1,x=rand(5);method='log10';
%                 DataTransform(x,method)
%
%设置第2个输入参数的默认或缺省值
methodFixedParams={'log10','loge','root2','root3','reciprocal'};% 方法范围
if nargin<2||isempty(method)
    fprintf('本程序支持的数据变换方法包括:');
    for ilp=1:length(methodFixedParams)
        fprintf('%s,',methodFixedParams{ilp});
    end
    fprintf('\b\n');
    error('必须输入数据转换方法名称! ');
else
    method=internal.stats.getParamVal(method,methodFixedParams,'Types');
end
% 保存原始数据
name='数据转换.xlsx';
instructions='下面是原始数据,转换结果请看sheet2.';
OutputExcel(name,x,1,instructions)
% 实施转换
```

```
xMin=min(x(:));
switch method
    case 'log10'% 进行对数转换,当数据中有负值时,给出警告并进行加k处理
        if xMin<0
            warning('观测数据中有负值出现,将按照log(x+k)形式进行转换!');
                x=x+abs(xMin)+1;
        end
        x=log10(x);
    case 'loge'
        if xMin<0
            warning('观测数据中有负值出现,将按照ln(x+k)形式进行转换!');
                x=x+abs(xMin)+1;
        end
        x=log(x);%  在MATLAB中,log指自然对数ln(x),以10为底则为log10
    case 'root2'
        if xMin<0
            error('观测数据中有负值出现,不能进行平方根转换!');
        else
            x=sqrt(x);
        end
    case 'root3'
        x=x.^(1/3);
    case 'reciprocal'
        if(all(x(:))) %  检测是否有0
            error('观测数据含有0值,不能进行倒数转换!');
        else
            x=1/x;
        end
end
%  输出结果到Excel文件的sheet2,并控制4位小数精度
instructions=sprintf('转换结果如下,数据转换方法:%s,原始数据请看sheet1.',method);
OutputExcel(name,x,2,instructions)
winopen(name) %  打开运行结果.
```

五、StandardizeData 函数

　　下述的 StandardizeData 函数具体实现了第二节中数据标准化的各种方法,具体使用方法参看代码中的使用样例。

```
function [x]=StandardizeData(x,Method,ObjType)
%函数名称:StandardizeData.m
%实现功能:对生态学数据进行标准化.
%输入参数:函数共有3个输入参数,含义如下:
%           :(1),x,原始数据矩阵,一般按照如下的约定布置数据:每行看作一个物种或环境因子,每列看作一个
%           :   样方或者实体,则m个物种,n个样方的观测数据构成m*n矩阵.
%           :(2),Method,字符串参数,用来指定数据标准化的具体方法,本函数提供了如下的7种标准化方法:
```

```
%            :    a. 总和标准化法,以字符串sum标识该算法;
%            :    b. 最大值标准化法,以字符串maximum标识该算法;
%            :    c. 极差标准化法,以字符串range标识该算法;
%            :    d. 模标准化法,以字符串norm标识该算法;
%            :    e. 数据中心化法,以字符串central标识该算法;
%            :    f. 离差标准化法,以字符串deviation标识该算法;
%            :    g. 标准差正规化法,以字符串normalize标识该算法;
%        :(3),ObjType,物种和样方的类型指示标志,以字符表示.
%            :    a. 当研究对象是物种时,以字符串species标识,缺省时按物种处理;
%            :    b. 当研究对象是样方时,以字符串samples标识;
%输出参数:函数默认1个输出参数,含义如下:(1),x,按照规定方式标准化后的数据矩阵.
%函数调用:实现函数功能需要调用3个子函数,说明如下:
%        :(1),MakeExcelColumnName,根据输入的数字确定Excel表的列号名称.
%        :(2),MakeExcelFileName,用来创建以时间为名称的Excel数据文件,避免文件的覆盖.
%        :(3),OutputExcel,按照格式输出到Excel文件.
%参考文献:实现函数算法,参阅了以下文献资料:
%        :(1),马寨璞,MATLAB语言编程[M],北京:电子工业出版社,2017.
%        :(2),马寨璞,基础生物统计学[M],北京:科学出版社,2018.
%原始作者:马寨璞,wdwsjlxx@163.com.
%创建时间:2018.12.20,18:09:31.
%版权声明:未经作者许可,任何单位及个人不得以任何方式或理由网上传播、贩卖本代码!
%验证说明:本函数在MATLAB2017a,2018b等版本运行通过.
%使用样例:常用以下3种格式,请参考数据格式并准备.
%        :例1,使用全参数格式:
%            x=rand(5,10);
%            x=StandardizeData(x,'deviation','species')
%        :例2,使用默认参数格式:
%            x=[11,22,33,44,55,66, 77,88, 99,100;
%                21,32,43,54,65,76, 87,98,109, 10;
%                91,82,73,54,45,36, 27,18, 19,310;
%                41,52,63,74,85,96,107,98, 89,210;
%                91,72,63,54,45,36, 27,48, 59,60];
%            x=StandardizeData(x)
%        :例3,输出全部类型的标准化结果:
%            x=[7,10,3,2,4,10,6,2; 4,9,4,3,10,5,3,3;
%                9,6,5,2,5,2,7,4;6,7,3,3,2,3,8,5;4,6,9,5,10,5,3,6];
%            methods={'sum','maximum','range','norm','central','deviation','normalize'};
%            types={'species','samples'};
%            for ir=1:length(methods)
%                m=methods{ir};
%                for jc=1:length(types)
%                    t=types{jc};
%                    y=StandardizeData(x,m,t);
%                    fprintf('标准化方法:%s,处理对象: %s\n',m,t);
%                    disp(y);
```

```
%                    end
%               end
%
%设置第3个输入参数的默认或缺省值
if nargin<3||isempty(ObjType)
    ObjType='species';
else
    TypeFixedParams={'species','samples'};%参数Type的取值限定范围
    ObjType=internal.stats.getParamVal(ObjType,TypeFixedParams,'Types');
end
%设置第2个输入参数的默认或缺省值
if nargin<2||isempty(Method)
    Method='normalize';
else
    MethodFixedParams={'sum','maximum','range','norm','central','deviation','normalize'};
    Method=internal.stats.getParamVal(Method,MethodFixedParams,'Types');
end
%设置第1个输入参数的默认或缺省值
if nargin<1||isempty(x)
    error('No input!');
end
[mRows,nColumns]=size(x);
RowSum=sum(x,2);        % 各行和
ColumnSum=sum(x,1);     % 各列和
RowMean=mean(x,2);      % 各行均值
ColumnMean=mean(x,1);   % 各列均值
DataSum=sum(x(:));      % 数据总和
DataMean=mean(x(:));    % 数据总平均
DataStd=std(x(:));      % 数据总标准差
DataVar=var(x(:));      % 数据方差
Biggest=max(x(:));      % 最大值
Smallest=min(x(:));     % 最小值
name=MakeExcelFileName(Method,ObjType);
% 原始数据放在sheet1
origin=num2cell(x);
xlswrite(name,{'原始数据'},1,'A1:A1');
cStr=MakeExcelColumnName(nColumns);
location=sprintf('A2:%s%d',cStr,2+mRows-1);
xlswrite(name,origin,1,location);
% 总体描述放在sheet2
headers = {'总和','总平均','方差','标准差','极大值','极小值'};
values={DataSum,DataMean,DataVar,DataStd,Biggest,Smallest};
xlswrite(name,[headers; values],2)
% 各列之结果放在sheet3
xlswrite(name,{'各列之和'},3,'A1:A1' )
```

```
cSum=num2cell(ColumnSum);
location=sprintf('A2:%s2',char('A'+nColumns-1));
xlswrite(name,cSum,3, location);
xlswrite(name,{'各列均值'},3,'A4:A4' )
cMean=num2cell(ColumnMean);
location=sprintf('A5:%s5',char('A'+nColumns-1));
xlswrite(name,cMean, 3,location);
% 各行之结果放在sheet4
xlswrite(name,{'各行之和'},4,'A1:A1' )
rSum=num2cell(RowSum);
location=sprintf('B2:B%d',2+mRows-1);
xlswrite(name,rSum,4, location);
xlswrite(name,{'各行均值'},4,'D1:D1' )
rMean=num2cell(RowMean);
location=sprintf('E2:E%d',2+mRows-1);
xlswrite(name,rMean,4, location);
% 具体进行数据标准化
switch Method
    case 'sum'   % 总和标准化法
        fprintf('本次数据标准化方法:总和标准化法.\n');
        if strcmpi(ObjType,'species')    % 物种
            for ir=1:mRows
                x(ir,:)=x(ir,:)/RowSum(ir);
            end
        elseif strcmpi(ObjType,'samples') % 样方
            for jc=1:nColumns
                x(:,jc)=x(:,jc)/ColumnSum(jc);
            end
        end
    case 'maximum' % 最大值标准化法
        fprintf('本次数据标准化方法:最大值标准化法.\n');
        if strcmpi(ObjType,'species')    % 物种
            for ir=1:mRows
                x(ir,:)=x(ir,:)/max(x(ir,:));
            end
        elseif strcmpi(ObjType,'samples') % 样方
            for jc=1:nColumns
                x(:,jc)=x(:,jc)/max(x(:,jc));
            end
        end
    case 'range'   % 极差标准化法
        fprintf('本次数据标准化方法:极差标准化法.\n');
        if strcmpi(ObjType,'species')    % 物种
            for ir=1:mRows
                x(ir,:)=(x(ir,:)-min(x(ir,:)))/(max(x(ir,:))-min(x(ir,:)));
```

```
                end
        elseif strcmpi(ObjType,'samples') % 样方
                for jc=1:nColumns
                        x(:,jc)=(x(:,jc)-min(x(:,jc)))/(max(x(:,jc))-min(x(:,jc)));
                end
        end
case 'norm'    % 模标准化法
        fprintf('本次数据标准化方法:模标准化法.\n');
        if strcmpi(ObjType,'species')      % 物种
                for ir=1:mRows
                        x(ir,:)=x(ir,:)/sqrt(sum(x(ir,:).^2));
                end
        elseif strcmpi(ObjType,'samples') % 样方
                for jc=1:nColumns
                        x(:,jc)=x(:,jc)/sqrt(sum(x(:,jc).^2));
                end
        end
case 'central'   % 数据中心化法
        fprintf('本次数据标准化方法:数据中心化法.\n');
        if strcmpi(ObjType,'species')      % 物种
                for ir=1:mRows
                        x(ir,:)=x(ir,:)-RowMean(ir);
                end
        elseif strcmpi(ObjType,'samples') % 样方
                for jc=1:nColumns
                        x(:,jc)=x(:,jc)-ColumnMean(jc);
                end
        end
case 'deviation'   % 离差标准化法
        fprintf('本次数据标准化方法:离差标准化法.\n');
        if strcmpi(ObjType,'species')      % 物种
                for ir=1:mRows
                        x(ir,:)=(x(ir,:)-RowMean(ir))/sqrt(sum((x(ir,:)-RowMean(ir)).^2));
                end
        elseif strcmpi(ObjType,'samples') % 样方
                for jc=1:nColumns
                        x(:,jc)=(x(:,jc)-ColumnMean(jc))/sqrt(sum((x(:,jc)-ColumnMean(:,jc)).^2));
                end
        end
case 'normalize'    % 标准差正规化法
        fprintf('本次数据标准化方法:标准差正规化法.\n');
        if strcmpi(ObjType,'species')      % 物种
                for ir=1:mRows
                        x(ir,:)=(x(ir,:)-RowMean(ir))/std(x(ir,:));
                end
```

```
            elseif strcmpi(ObjType,'samples') %  样方
                for jc=1:nColumns
                    x(:,jc)=(x(:,jc)-ColumnMean(jc))/std(x(:,jc));
                end
            end
end
%
% 输出结果到Excel文件的sheet5
instructions=sprintf('本次数据标准化方法:%s, 研究对象:%s',Method,ObjType);
OutputExcel(name,x,5,instructions);
winopen(name);%  打开刚刚生成的文件,查看数据
```

第二章　多样性指数计算

生物多样性(biodiversity)是指生物中的多样化和变异性，以及物种生境的生态复杂性，是描述自然界多样性程度的一个概念，它是时间和空间的函数，具有区域性。生物多样性包括植物、动物和微生物的所有种及其组成的群落和生态系统，按照空间尺度可以分为遗传多样性、物种多样性、生态系统多样性和景观多样性四个层次。本章着重讨论物种多样性，在此基础上，介绍系统发育多样性(phylogenetic diversity)和功能多样性(functional diversity)的指数。

第一节　物种多样性指数

在介绍生物多样性之前，有必要先明确多样性的几个概念。

遗传多样性(genetic diversity)，又称基因多样性(gene diversity)，是指种内基因的变化，包括种内显著不同的种群间和同一种群内的遗传变异。

物种多样性(species diversity)是指物种水平上的生物多样性，它用一定空间范围内的物种数量与分布特征来衡量。

生态系统多样性(ecosystem diversity)是指生物圈内生境、生物群落和生态过程的多样化，以及生态系统内生境差异、生态过程的多样性等。

景观多样性(landscape diversity)是指地球上各种生态系统相互配置、景观格局及其动态变化的多样性。

在不同空间尺度范围内，区分清楚不同的多样性测度指标非常重要，生物多样性测度主要包括 3 个空间尺度：α 多样性、β 多样性和 γ 多样性。

α 多样性主要关注局域均匀生境下的物种数目，是某个群落或生境内部的物种的多样性。

β 多样性指沿环境梯度不同生境群落之间物种组成的相异性，或者物种沿着环境梯度的更替速率。它研究群落之间的物种多度关系，主要受到土壤、地貌和干扰等生态因子的控制。

γ 多样性描述区域或大陆尺度的多样性，是指一个地理区域内一系列生境中物种的多样性，也称区域多样性。控制 γ 多样性的生态过程主要为水热动态、气候和物种形成及演化的历史。

一、α 多样性指数

对物种多样性的测度，站在不同的角度，有着不同的理解和测定方法，目前的描述指标，归纳起来，包括以下几种。

第一种是以物种的数目和研究区域面积为基础的多样性指数，这类指数共有三个，分别为 Patrick 指数、Gleason 指数和 Dahl 指数，在现代生态学研究中，这三个指数已不多用。

第二种是以物种的数目和全部物种的个体总数为基础的多样性指数，这类指数包括四个，分别是 Margalef 指数、Odum 指数、Menhinnick 指数和 Monk 指数，这类指数中不包含面积参数，只以群落中的物种数 S 和个体总数 N 的关系为基础，故此又称为物种丰富度(species richness)指数，其中以 Margalef 指数和 Menhinnick 指数最为常用。

第三种是以物种的数目 S、全部物种的个体总数 N 及每个物种的个体总数 N_i 表示的多样性指数，这类指数共有 6 个，分别为 Simpson 指数、修正的 Simpson 指数、Pielou 指数、McIntosh 指数、Hurlbert 指数和 Hill 多样性指数。这类指数综合反映了群落中物种的丰富度和均匀度(species evenness)，应用较为普遍。

第四种多样性指数则是以相对密度、相对盖度、重要值或生物量为基础的多样性指数，包括 Whittaker 指数、Audair 和 Goff 指数，这类指数不仅反映了物种的丰富度，还强调了均匀度。

第五种则是以信息公式及其变种形式表示的多样性指数，其中以 Margalef 指数应用最为普遍，当总体无限时，还可以使用 Shannon-Wiener 指数描述，除此之外，还可以使用不均匀性指数 r 表示多样性。

第六种更确切来讲，是以多样性为基础的均匀度指数，这些均匀度指数包括 Hurlbert 均匀度指数，归一化 Hurlbert 均匀度指数，Pielou 均匀度指数、Alatalo 均匀度指数、McIntosh 均匀度指数、Sheldon 指数、Hill 指数、Heip 指数和修订版的 Hill(Alatab)指数各一个。

随着研究的深入，生态学家们又提出了含参数的多样性指数，这里归纳为第七种指数，这类指数包括含参 Renyi 多样性指数、含参 Hill 多样性指数、含参 Daroczy 多样性指数、含参 Tallie 多样性指数，以及含参数的均匀度指数。

(一) 以物种的数目表示的多样性指数

下面的各式中，D 为多样性指数；A 为所研究的面积；S 为面积 A 内的物种数；N 为样方数。

1. Patrick 指数

$$D = S \tag{2-1}$$

该式在计算程序中，属性标记字符串为'Patrick'。

2. Gleason 指数

$$D = \frac{S}{\ln A} \tag{2-2}$$

该式在计算程序中，属性标记字符串为'Gleason'。

3. Dahl 指数

$$D = \frac{S - \bar{S}}{\ln N} \tag{2-3}$$

其中，$\bar{S}$ 为样方平均物种数。该式在计算程序中，属性标记字符串为'Dahl'。这三个指数都是物种丰富度指标，现在使用较少。

(二) 以物种的数目和全部物种的个体总数表示的多样性指数

设 D 为多样性指数，S 为某群落中的物种数，N 为某群落中全部物种的个体总数，则以物种数和全部物种个体数表示的多样性定义如下，需要指出的是，下述各式中的 N，其含义与式(2-3)中 Dahl 指数中的 N 不同，不要混淆了。

1. Margalef 指数

$$D = \frac{S - 1}{\ln N} \tag{2-4}$$

该式在计算程序中，属性标记字符串为'Margalef'。

2. Odum 指数

$$D = \frac{S}{\ln N} \tag{2-5}$$

该式在计算程序中，属性标记字符串为'Odum'。

3. Menhinnick 指数

$$D = \frac{\ln S}{\ln N} \text{ 或 } D = \frac{S}{\sqrt{N}} \tag{2-6}$$

该式在计算程序中，属性标记字符串为'Menhinnick'。

4. Monk 指数

$$D = \frac{S}{N} \tag{2-7}$$

该式在计算程序中，属性标记字符串为'Monk'。

（三）以物种的数目、全部物种的个体总数及每个物种的个体总数综合表示的多样性指数

下述各式中，D 为多样性指数；S 为物种数；N 为全部物种的个体总数；N_i 为物种 i 的个体数。

1. Simpson 指数

$$D = \sum_{i=1}^{S} \left(\frac{N_i}{N} \right)^2, \quad (i = 1, 2, \cdots, S) \tag{2-8}$$

$$D = \sum_{i=1}^{S} \left(\frac{N_i}{N} \frac{N_i - 1}{N - 1} \right), \quad (i = 1, 2, \cdots, S) \tag{2-9}$$

该式在计算程序中，属性标记字符串为'Simpson'。

2. 修正的 Simpson 指数

$$D = -\ln \left[\sum_{i=1}^{S} \left(\frac{N_i}{N} \right)^2 \right], \quad (i = 1, 2, \cdots, S) \tag{2-10}$$

该式在计算程序中，属性标记字符串为'Romme'或者'ModifiedSimpson'。

3. Pielou 指数

$$D = 1 - \sum_{i=1}^{S} \left(\frac{N_i}{N} \frac{N_i - 1}{N - 1} \right), \quad (i = 1, 2, \cdots, S) \tag{2-11}$$

该式在计算程序中，属性标记字符串为'Pielou'。

4. McIntosh 指数

$$D = \frac{N - \sqrt{\sum_{i=1}^{S} N_i^2}}{N - \sqrt{N}}, \quad (i = 1, 2, \cdots, S) \tag{2-12}$$

该式在计算程序中，属性标记字符串为'McIntosh'。

5. Hurlbert 指数

$$D = \frac{N}{N-1}\left[1 - \sum_{i=1}^{S}\left(\frac{N_i}{N}\right)^2\right], \quad (i=1,2,\cdots,S) \tag{2-13}$$

或

$$D = \sum_{i=1}^{S}\left(\frac{N_i}{N}\frac{N-N_i}{N-1}\right), \quad (i=1,2,\cdots,S) \tag{2-14}$$

该式在计算程序中，属性标记字符串为'Hurlbert'，其中后一个公式也称作 Pielou 种间相遇率。

6. Hill 多样性指数

$$D_j = \sum_{i=1}^{S}\left(\frac{N_i}{N}\right)^{1/(1-j)}, \quad (i=1,2,\cdots,S) \tag{2-15}$$

其中，当参数 $j=0$ 时，$D_0=S$，即为 Patrick 指数，在 $D_0=S$ 中 S 为物种的总数；当参数 $j=1$ 时，$D_1=\exp(H)$，H 为信息指数(下面给出解释)；当参数 $j=2$ 时，$D_2=\frac{1}{D_s}$，其中 D_s 为前述的 Simpson 指数。该式在计算程序中，属性标记字符串为'Hill'。

(四) 以相对密度、相对盖度、重要值或生物量为基础表示的多样性指数

1. Whittaker 指数

$$D = \frac{S}{\ln P_{\min} - \ln P_{\max}} \tag{2-16}$$

或

$$D = \frac{S^2}{4\sum_{i=1}^{S}\left(\ln P_i - \ln \bar{P}\right)}, \quad (i=1,2,\cdots,S) \tag{2-17}$$

其中，$P_{\min}$ 为最小的重要值；$P_{\max}$ 为最大的重要值；P_i 为某物种的重要值；$\bar{P}$ 为重要值的几何平均。

2. Audair 和 Goff 指数

$$D = \sqrt{\sum_{i=1}^{S}P_i^2}, \quad (i=1,2,\cdots,S) \tag{2-18}$$

或

$$D = 1 - \sqrt{\sum_{i=1}^{S}P_i^2}, \quad (i=1,2,\cdots,S) \tag{2-19}$$

其中，$P_i = \frac{N_i}{N}$，表示第 i 个物种的多度比例，该式在计算程序中，属性标记字符串为'Audair'或'Goff'。

(五) 以信息公式表示的多样性指数

　　熵是信息论中的概念，用于表示信息的不确定性，引入到生态学里，用来反映物种个体出现的不确定性，即多样性，多以 Shannon-Wiener 指数作为代表，

$$H = -\sum_{i=1}^{S}\left[P_i \ln(P_i)\right], \ (i=1,2,\cdots,S) \qquad (2\text{-}20)$$

其中，$P_i = \dfrac{N_i}{N}$，含义同上。该式在计算程序中，属性标记字符串为'Shannon-Wiener'。需要说明的是，这个指数是由 Shannon 和 Wiener 分别独立推导得到的，该式假设个体是随机地从无限大的群落中抽取，而且样本能代表所有物种。但在实际使用时，由于 P_i 来自有限样本，因此，更严格的 Shannon 指数应用下面的级数求得

$$H = -\sum_{i=1}^{S}\left[P_i \ln(P_i)\right] - \frac{S-1}{2N} + \frac{1-\sum P_i^{-1}}{12N^2} + \frac{\sum\left(P_i^{-1}+P_i^{-2}\right)}{12N^3} + \cdots \qquad (2\text{-}21)$$

(六) 在多样性指数基础上定义的均匀度指数

在理想状况下，若群落中所有物种都同样多，则此时的均匀度最大，当所有个体都属于一个物种时，则均匀度最小，由此提出了均匀度指数。

1. Hurlbert 均匀度指数

$$E = \frac{D}{D_{\max}} \qquad (2\text{-}22)$$

2. 归一化 Hurlbert 均匀度指数

$$E = \frac{D-D_{\min}}{D_{\max}-D_{\min}} \qquad (2\text{-}23)$$

其中，E 为均匀度指数；D 为测定的多样性指数；$D_{\max}$ 和 $D_{\min}$ 分别为 D 的极大值和极小值。在计算程序中，上述两种计算方法都会被调用，两式在计算程序中，属性标记字符串为'Hurlbert'。除了这两个均匀度指数之外，还有以下几个均匀度指数。

3. Pielou 均匀度指数

$$E = \frac{H}{\ln S} \qquad (2\text{-}24)$$

$$E = \frac{\ln N_i}{\ln N_0} \qquad (2\text{-}25)$$

$$E = \frac{1-\sum_{i=1}^{S}\left(\dfrac{N_i}{N}\right)^2}{1-\dfrac{1}{S}} \qquad (2\text{-}26)$$

在具体计算程序中，只给出了第一种和第三种形式的计算，该式在计算程序中，属性标记字符串为'ePielou'。

4. Alatalo 均匀度指数

$$E = \frac{\dfrac{1}{\sum_{i=1}^{S}\left(\dfrac{N_i}{N}\right)^2}-1}{\exp\left[-\sum_{i=1}^{S}\left(\dfrac{N_i}{N}\cdot\ln\dfrac{N_i}{N}\right)\right]-1} \qquad (2\text{-}27)$$

在具体计算时，该式属性标记字符串为'eAlatalo'。

5. McIntosh 均匀度指数

$$E = \frac{N - \sqrt{\sum_{i=1}^{S} N_i^2}}{N - \frac{N}{\sqrt{S}}} \tag{2-28}$$

在具体计算时，该式属性标记字符串为'eMcIntosh'。

6. Sheldon 指数

$$E = \frac{1}{S} \cdot \exp(H) \tag{2-29}$$

在具体计算时，该式属性标记字符串为'eSheldon'。

7. Hill 指数

$$E = \frac{1}{e^H \cdot D_S} = \frac{N_2}{N_1}, \quad N_2 = \frac{1}{D_S}, \quad N_1 = e^H \tag{2-30}$$

在具体计算时，该式属性标记字符串为'eHill'。

8. Heip 指数

$$E = \frac{e^H - 1}{S - 1} = \frac{N_1 - 1}{N_0 - 1}, \quad N_0 = S \tag{2-31}$$

在具体计算时，该式属性标记字符串为'eHeip'。

9. 修订版的 Hill(Alatalo)指数

$$E = \left(\frac{1}{D_S} - 1 \right) \frac{1}{e^H - 1} = \frac{N_2 - 1}{N_1 - 1} \tag{2-32}$$

在具体计算时，该式属性标记字符串为'eModifiedHill'。

(七) 含参数的多样性指数

1. 含参 Renyi 多样性指数

$$H_\alpha = \frac{1}{1-\alpha} \cdot \lg\left(\sum_{i=1}^{S} P_i^\alpha \right), \quad \alpha \geqslant 0, \quad \alpha \neq 1 \tag{2-33}$$

其中，参数 α 可以取任意正数，但 $\alpha \neq 1$，规定若 $\alpha=1$，则 H_α 按 Shannon-Wiener 指数计算。在具体计算时，该式属性标记字符串为'haRenyi'。

2. 含参 Hill 物种多样性指数

$$N_\alpha = \left(\sum_{i=1}^{S} P_i^\alpha \right)^{\frac{1}{1-\alpha}}, \quad \alpha \geqslant 0, \quad \alpha \neq 1 \tag{2-34}$$

其中，$\alpha \geqslant 0$，但 $\alpha \neq 1$，规定若 $\alpha=1$，则 $N_\alpha = e^H$，H 按 Shannon-Wiener 指数计算；若 $\alpha=0$，则 $N_\alpha = S$；若 $\alpha=2$，则

$$N_\alpha = \frac{1}{\sum_{i=1}^{s} P_i^2} = \frac{1}{D_S} \qquad (2\text{-}35)$$

其中，D_S 为 Simpson 多样性指数。在具体计算时，该式属性标记字符串为'naHill'。

3. 含参 Daroczy 多样性指数

$$H_\alpha = \frac{\sum_{i=1}^{s} P_i^\alpha}{2^{1-\alpha}-1}, \quad \alpha \geqslant 0, \quad \alpha \neq 1 \qquad (2\text{-}36)$$

该式规定，若 $\alpha=1$，则 $H_\alpha = H$，即按 Shannon-Wiener 指数计算；在具体计算时，该式属性标记字符串为'haDaroczy'。

4. 含参 Tallie 多样性指数

$$S_\beta = \left(\sum_{i=1}^{s} P_i^{\beta+1} \right)^{\frac{1}{\beta}}, \quad \beta \geqslant -1, \quad \beta \neq 0 \qquad (2\text{-}37)$$

该式规定，当 $\beta=0$ 时，S_β 按 Shannon-Wiener 指数计算，即 $S_\beta = H$。该式属性标记字符串为'sbTallie'。

5. 含参 Hill 均匀度指数

在 Hill 物种多样性指数 N_α 的基础上，给出如下的均匀度指数：

$$E_{\alpha,\beta} = \frac{N_\alpha}{N_\beta} \qquad (2\text{-}38)$$

$$E_{\alpha,0} = \frac{N_\alpha}{N_0} \qquad (2\text{-}39)$$

二、α 多样性计算的 MATLAB 实现

为了方便计算，尤其是 α 多样性指数的计算，笔者编写了下面的 AlphaDiversity 函数，该函数可根据用户的要求，计算出第二节中介绍的各种 α 多样性指数，函数的文件头中已经详解了具体的使用方法，这里不再赘述。

```
function [diversity]=AlphaDiversity(Ni,MethodName,A)
%函数名称:AlphaDiversity.m
%实现功能:计算了样方中物种的α多样性指数.
%输入参数:函数共有3个输入参数,含义如下:
%        :(1),Ni,某样方中调查的不同物种的个体数目.
%        :(2),MethodName,多样性指数的计算方法,以字符串标记不同的名称,如Pielou多样性指数使用
%        :    'Pielou',而Pielou均匀性指数使用'ePielou',它们的计算方法不同.本函数能够计算的
%        :    多样性指数和均匀性指数包括近30种指数的计算方法,具体字符串标记与计算
%        :    方法同名,详细说明参看下边源码中的键值表.
%        :(3),A,样方面积.
%输出参数:函数默认1个输出参数,含义如下:(1),diversity,多样性指数结果
%函数调用:实现函数功能不需要调用子函数.
%参考文献:实现函数算法,参阅了以下文献资料:
```

```
%            :(1),张峰(译).Anne E. Magurran,生物多样性测度[M],北京:科学出版社,2011.
%原始作者:马寨璞,wdwsjlxx@163.com.
%创建时间:2019.01.11,20:43:30.
%版权声明:未经作者许可,任何人不得以任何方式或理由对本代码进行网上传播、贩卖等.
%验证说明:本函数在MATLAB 2017a,2018b  等版本运行通过.
%使用样例:常用以下格式,请参考准备数据格式等:
%            :例1,使用含参数格式:
%                x=[35,9,14; 26,20,10; 25,10,0;   21,21,30; 16,5,4];
%                md='Pielou';
%                for ilp=1:3
%                    xp=x(:,ilp);d=AlphaDiversity(xp,md);
%                    fprintf('样方%d的%s多样性指数为:%.3f\n',ilp,md,d)
%                end
%
%设置第3个输入参数的默认或缺省值
if nargin<3||isempty(A)
        A=1;
else
        fprintf('本次研究的面积: A=%.2fm^2\n',A);
end
%设置第2个输入参数的默认或缺省值
if nargin<2||isempty(MethodName)
        MethodName='Shannon-Wiener';
else    % ----常用计算方法名称字符串列表----
        MethodNameFixedParams={...        % 参数MethodName的取值限定范围
            'Patrick',...                 % Patrick指数
            'Gleason',...                 % Gleason指数
            'Dahl',....                   % Dahl指数
            'Margalef',...                % Margalef指数
            'Odum',....                   % Odum指数
            'Menhinnick',...              % Menhinnick指数
            'Monk',...                    % Monk指数
            'Simpson',...                 % Simpson指数
            'Romme',...                   % 修正的Simpson指数
            'ModifiedSimpson',...         % 修正的Simpson指数
            'Pielou',...                  % Pielou指数
            'McIntosh',...                % McIntosh指数
            'Hurlbert',...                % Hurlbert指数
            'Hill',...                    % Hill多样性指数
            'Audair',...                  % Audair和Goff指数
            'Goff',...                    % Audair和Goff指数
            'Shannon-Wiener',...          % Shannon-Wiener指数
            'ePielou',...                 % Pielou均匀性指数
            'eAlatalo',...                % Alatalo均匀性指数
            'eSheldon',...                % Sheldon均匀性指数
```

```
                'eHill',...                    % Hill(1973)均匀性指数
                'eHeip',...                    % Heip(1974)均匀性指数
                'eModifiedHill' ,...           % Alatalo(1981)修订版Hill均匀性指数
                'haRenyi',...                  % Renyi(1961)多样性指数
                'naHill',...                   % Hill(1973)物种多样性指数
                'eMcIntosh',...                % McIntosh提出的均匀性指数
                'haDaroczy',...                % Daróczy（1970）多样性指数
                'sbTallie'};                   % Tallie（1979）指数
        MethodName=internal.stats.getParamVal(MethodName,MethodNameFixedParams,'Types');
end
%
%设置第1个输入参数的默认或缺省值
if nargin<1||isempty(Ni)
        error('No input!');
else%  计算多样性指数,不出现的物种记为0,予以删除
        [rs,~]=find(Ni==0);      % Ni,样方(实体)中包含的物种个体数
        Ni(rs,:)=[];             % 物种的个体数
        S=length(Ni);           % 总物种数
        N=sum(Ni);              % 物种个体总数
        P=Ni/N;                 % 比例值
        H=-sum(P.*log(P));      % 信息指数
        fprintf('Shannon指数:H=%.3f\n',H);
end
%
switch MethodName
        %  以下算法以物种的数目表示多样性
        case 'Patrick'
                diversity=S;
        case   'Gleason'
                diversity=S/log(A);
        case 'Dahl'
                diversity=(S-mean(S))/log(Q);
                %  以下算法以物种的数目和全部物种的个体总数表示多样性
        case 'Margalef'        % 第一默认
                fprintf('提示:本次计算选用了Margalef(1958)多样性指数方法.\n')
                diversity=(S-1)/log(N);
        case 'Odum'
                fprintf('提示:本次计算选用了Odum(1959)多样性指数方法.\n')
                diversity=S/log(N);
        case 'Menhinnick'      % 第二默认
                fprintf('提示:Menhinnick指数有两种算法,其计算结果分别计算,请选择使用\n');
                R1=log(S)/log(N);
                R2=S/sqrt(N);
                diversity={'R1','R2';R1,R2};
        case 'Monk'
```

```
        diversity=S/N;
        %  以下算法以物种的数目、全部物种的个体总数N及每个物种的个体数Ni表示多样性
case 'Simpson'
        fprintf('提示:Simpson指数有两种算法,其计算结果分别计算,请选择使用\n');
        D1=sum(P.^2);
        D2=sum((Ni.*(Ni-1))/(N*(N-1))); % Ds=D2
        diversity={'D1','D2';D1,D2};
case {'Romme','ModifiedSimpson'}        %  修正Simpson方法
        fprintf('提示:本次计算选用了Romme提出的修正Simpson方法.\n')
        diversity=-log(sum(P.^2));
case 'Pielou'
        fprintf('提示:本次计算选用了Pielou方法.\n')
        diversity=1-sum((Ni.*(Ni-1))/(N*(N-1)));
case 'McIntosh'
        diversity=(N-sqrt(sum(Ni.^2)))/(N-sqrt(N));
case 'Hurlbert'
        fprintf('提示:Hurlbert指数有两种形式的算法,计算结果分别为D1,D2,请选择使用\n');
        D1=N/(N-1)*(1-sum((Ni/N).^2));
        D2=sum(P.*((N-Ni)/(N-1)));
        diversity={'D1','D2';D1,D2};
case 'Hill'
        fprintf('提示:本次计算选用了Hill提出的多样性指数方法.\n')
        if isempty(A)
            error('Please input parameter A ! ');
        else
            D=cell(2,5);
            D{1,1}='A'; D{2,1}='D';
            D(1,2:4)=num2cell(0:2);
            D{2,2}=S;               % A==0
            D{2,3}=exp(H);
            D{2,4}=1/(sum((Ni.*(Ni-1))/(N*(N-1))));    % A==2
            D{1,5}='NaN';
            D{2,5}='NaN';
            if A>3    % A>=3
                D{1,5}=A;
                D{2,5}= sum(P.^(1/(1-A)));
            end
            diversity=D;
        end
case {'Audair','Goff'}
        fprintf('提示:Pielou多样性指数有两种形式的算法,计算结果分别为D1,D2,请选择使用\n');
        D1=sqrt(sum(P.^2));
        D2=1-D1;
        diversity={'D1','D2';D1,D2};
case 'Shannon-Wiener'
```

```
        hMax=log(S);
        hMin=0;
        r=(hMax-H)/(hMax-hMin);
        diversity={'H','r';H,r};
    case 'ePielou'
        fprintf('提示:Pielou均匀性指数有两种形式的算法,计算结果分别为E1,E2,请选择使用\n');
        E1=H/log(S);
        E2=(1-sum(P.^2))/(1-1/S);
        diversity={'E1','E2';E1,E2};
    case 'eAlatalo'
        fprintf('提示:本次计算选用了Alatalo提出的均匀性指数方法.\n')
        fz=1/sum(P.^2)-1;
        fm=exp(H)-1;
        diversity=fz/fm;
    case 'eSheldon'
        fprintf('提示:本次计算选用了Sheldon提出的均匀性指数方法.\n')
        diversity=exp(H)/S;
    case 'eHill'
        fprintf('提示:本次计算选用了Hill(1973)提出的均匀性指数方法.\n')
        Ds=(sum((Ni.*(Ni-1))/(N*(N-1))));
        diversity=1/(Ds*exp(H));
    case 'eHeip'
        fprintf('提示:本次计算选用了Heip(1974)提出的均匀性指数方法.\n')
        diversity=(exp(H)-1)/(S-1);
    case 'eModifiedHill'   % 修订的Hill指数
        fprintf('提示:本次计算选用了Alatalo(1981)提出的修订版Hill均匀性指数方法.\n');
        Ds=(sum((Ni.*(Ni-1))/(N*(N-1)))); % see PP89 (6.11)
        fz=1/Ds-1;                 % N2=1/Ds, see PP93 (6.36)
        fm=exp(H)-1;               % N1=exp(H), See PP93 (6.36)
        diversity=fz/fm;
    case 'haRenyi'
        alpha=0:0.05:1;
        Ha=zeros(1,length(alpha));
        for ir=1:length(alpha)-1
            Ha(ir)=log(sum( P.^alpha(ir)))/(1-alpha(ir));
        end
        Ha(1,end)=-sum(P.*log(P));
        plot(alpha,Ha,'r-*'); xlabel('\alpha'); ylabel('Ha'); box off;
        set(gcf,'color','w');
    case 'naHill'
        alpha=0:0.05:2;
        Na=zeros(1,length(alpha));
        for ir=1:length(alpha)
            if (abs(alpha(ir)-1)<eps)    % alpha=1
                Na(ir)=exp(H);
```

```matlab
        else
            Na(ir)=sum( P.^alpha(ir))^(1/(1-alpha(ir)));
        end
        if ir==1                    %  当alpha=0时
            Na(ir)=S;
        end
        Ds=sum(P.^2);
        if ir==length(alpha)    %  当alpha=2时
            Na(ir)=1/Ds;
        end
    end
    plot(alpha,Na,'r-*'); xlabel('\alpha'); ylabel('Na'); box off;
    set(gcf,'color','w');
case 'eMcIntosh'
    fprintf('提示:本次计算选用了McIntosh提出的均匀性指数方法.\n')
    fz=N-sqrt(sum(Ni.^2));
    fm=N*(1-1/sqrt(S));
    diversity=fz/fm;
case 'haDaroczy'
    aMin=0; aMax=1; aStep=0.05;
    alpha=aMin:aStep:aMax;
    Ha=zeros(1,length(alpha));
    for ir=1:length(alpha)
        try
            Ha(ir)=sum(P.^alpha(ir))/(2^(1-alpha(ir))-1);
        catch
            Ha(ir)=H;%    alpha=1
        end
    end
    % Ha(ir)=H; %  不计算  alpha=1
    plot(alpha,Ha,'r-*'); xlabel('\alpha'); ylabel('Ha'); box off;
    title('Daroczy Diversity Index：\alpha\neq1')
    set(gcf,'color','w');
    diversity=Ha;
case 'sbTallie'
    beta=[-1:0.1:-0.01,0.01:0.1:1];
    Sb=zeros(1,length(beta));
    for ir=1:length(beta)
        if abs(beta(ir))<eps    %    beta=0
            Sb(ir)=H;
        else
            Sb(ir)=(sum(P.^(beta(ir)+1)))^(1/beta(ir)); % See P93,(6.40)
        end
    end
    plot(beta,Sb,'r-*'); title('Tallie Index: \beta\neq0');
```

```
xlabel('\beta'); ylabel('Sb');
box off;hold on;
set(gcf,'color','w');
diversity=Sb;
```
    end

三、β 多样性指数

β 多样性指数描述了沿着某一环境梯度上的多样性变化，简单的多样性指数有 3 个，分别为 Whittaker 多样性指数、Wilson 多样性指数和 Cody 多样性指数。此外是描述群落方向性变化的指数，这类指数多以相异系数为基础，包括欧氏距离、曼哈顿距离 Ochiai 指数等 16 个。

(一) 简单的多样性指数

1. Whittaker β 多样性指数

$$\beta = \frac{S}{A} - 1 \tag{2-40}$$

其中，S 为研究记录到的总物种数；A 为环境梯度(样方)上发现物种的平均数。

2. Wilson β 多样性指数

$$\beta = \frac{G + L}{2A} \tag{2-41}$$

其中，G 为沿环境梯度增加的物种数；L 为沿环境梯度减少的物种数；A 的含义参见 Whittaker 指数。

3. Cody β 多样性指数

$$\beta = \frac{G + L}{2} = \frac{a + b - c}{2} \tag{2-42}$$

其中，a, b 分别为两群落的物种数；c 为两群落的共有物种数。

(二) 群落方向性变化指数

群落方向性 β 多样性以相异系数为基础。目前，有学者已经归纳了多个指数，包括 8 个不同形式的距离定义和 8 个不同的系数。分别为欧氏距离、曼哈顿距离、修正的平均值距离、物种边缘距离、赫林格距离、弦距离、卡方距离和 Bray-Curtis 距离，以及分歧系数、堪培拉制、Whittaker 指数、Wishart 指数、Kulczynski 系数、Jaccard 指数、Sorensen 指数和 Ochiai 指数等。

在下述各式中，$y_{A,J}$ 表示 A 样方中物种 J 的多度；$y_{B,J}$ 表示 B 样方中物种 J 的多度；$y_{A\cdot}$ 表示在 A 样方中所有物种的多度之和；$y_{B\cdot}$ 表示在 B 样方中所有物种的多度之和；$y_{\cdot J}$ 表示在两个样方内物种 J 的多度之和；P 表示研究区(所有样方)所有物种数(含两个群落都没有的物种)；pp 表示两个样方内包含的所有物种数；UV 表示两个样方中共有物种数；N 表示样方数。为了方便统一处理，所有距离均以 D 加下标标记，所有指数均以 β 加下标标记。

1. 欧氏距离(Euclidean distance，D_{EUC})

$$D_{\text{EUC}} = \sqrt{\sum_{J=1}^{P} \left(y_{A,J} - y_{B,J}\right)^2} \tag{2-43}$$

2. 曼哈顿距离(Manhattan distance，D_{MAN})

$$D_{\mathrm{MAN}} = \sum_{J=1}^{P} \left| y_{A,J} - y_{B,J} \right| \tag{2-44}$$

3. 修正的平均值距离(modified mean character difference，D_{MMC})

$$D_{\mathrm{MMC}} = \frac{1}{pp} \sum_{J=1}^{P} \left| y_{A,J} - y_{B,J} \right| \tag{2-45}$$

4. 物种边缘距离(species profile distance，D_{SPP})

$$D_{\mathrm{SPP}} = \sqrt{\sum_{J=1}^{P} \left(\frac{y_{A,J}}{y_{A\bullet}} - \frac{y_{B,J}}{y_{B\bullet}} \right)^2} \tag{2-46}$$

5. 赫林格距离(Hellinger distance，D_{HEL})

$$D_{\mathrm{HEL}} = \sqrt{\sum_{J=1}^{P} \left(\sqrt{\frac{y_{A,J}}{y_{A\bullet}}} - \sqrt{\frac{y_{B,J}}{y_{B\bullet}}} \right)^2} \tag{2-47}$$

6. 弦距离(chord distance，D_{CHO})

$$D_{\mathrm{CHO}} = \sqrt{\sum_{J=1}^{P} \left(\frac{y_{A,J}}{\sum_{K=1}^{P} y_{A,K}^2} - \frac{y_{B,J}}{\sum_{K=1}^{P} y_{B,K}^2} \right)^2} \tag{2-48}$$

7. 卡方距离(Chi-square distance，D_{CHI})

$$D_{\mathrm{CHI}} = \sqrt{y_{\bullet\bullet} \sum_{J=1}^{P} \frac{1}{y_{\bullet J}} \left(\frac{y_{A,J}}{y_{A\bullet}} - \frac{y_{B,J}}{y_{B\bullet}} \right)^2}，其中 y_{\bullet\bullet} = \sum_{i=1}^{N} \sum_{j=1}^{P} y_{ij} \tag{2-49}$$

8. 分歧系数(coefficient of divergence，β_{COD})

$$\beta_{\mathrm{COD}} = \sqrt{\frac{1}{pp} \sum_{J=1}^{P} \left(\frac{y_{A,J} - y_{B,J}}{y_{A,J} + y_{B,J}} \right)^2} \tag{2-50}$$

9. 堪培拉制(Canberra metric，β_{CBM})

$$\beta_{\mathrm{CBM}} = \frac{1}{pp} \sum_{J=1}^{P} \frac{\left| y_{A,J} - y_{B,J} \right|}{y_{A,J} + y_{B,J}} \tag{2-51}$$

10. Whittaker 指数(Whittaker's index of association，β_{WIA})

$$\beta_{\mathrm{WIA}} = \frac{1}{2} \sum_{J=1}^{P} \left| \frac{y_{A,J}}{y_{A\bullet}} - \frac{y_{B,J}}{y_{B\bullet}} \right| \tag{2-52}$$

11. Bray-Curtis 距离(percentage difference 或 Bray-Curtis dissimilarity，D_{BC})

$$D_{\mathrm{BC}} = \frac{\displaystyle\sum_{J=1}^{P} \left| y_{A,J} - y_{B,J} \right|}{y_{A\bullet} + y_{B\bullet}} \tag{2-53}$$

12. Wishart 指数(Wishart coefficient，β_{WSC})

$$\beta_{\text{WSC}} = 1 - \frac{\sum\limits_{J=1}^{P}(y_{A,J} \cdot y_{B,J})}{\sum\limits_{J=1}^{P} y_{A,J}^2 + \sum\limits_{J=1}^{P} y_{B,J}^2 - \sum\limits_{J=1}^{P}(y_{A,J} \cdot y_{B,J})} \tag{2-54}$$

13. Kulczynski 系数(Kulczynski coefficient，β_{KUL})

$$\beta_{\text{KUL}} = 1 - \frac{1}{2}\left(\frac{\sum\limits_{J=1}^{P}\min(y_{A,J}, y_{B,J})}{y_{A\bullet}} + \frac{\sum\limits_{J=1}^{P}\min(y_{A,J}, y_{B,J})}{y_{B\bullet}}\right) \tag{2-55}$$

14. 基于多度的 Jaccard 指数(abundance -based Jaccard，β_{ABJ})

$$\beta_{\text{ABJ}} = 1 - \frac{UV}{U+V-UV} \tag{2-56}$$

15. 基于多度的 Sorensen 指数(abundance -based Soernsen，β_{ABS})

$$\beta_{\text{ABS}} = 1 - \frac{2UV}{U+V} \tag{2-57}$$

16. 基于多度的 Ochiai 指数(abundance -based Ochiai，β_{ABO})

$$\beta_{\text{ABO}} = 1 - \sqrt{UV} \tag{2-58}$$

虽然上述给出了不少计算相异系数的方法，但如何选择使用它们还未有固定的结论，许多计算公式的使用还必须满足特定的条件。例如，虽然欧氏距离容易理解，但却不能直接用于原始种多度数据或生物量数据，必须将这类数据进行转换，使之更具生态学意义后，才能使用欧氏距离，与此类似的曼哈顿距离、赫林格距离、弦距离、卡方距离等，都有类似的使用限制，必须先进行数据转换，然后才可以使用公式。

为了深入了解各指数的使用，生态学家们从 14 个方面考察了上述指数，每个方面用一个属性描述，这些属性包括：①非负性；②对称性；③单调性；④双零不对称；⑤最大值在两群落无共有物种时取得；⑥两个群落中增加特有物种时，相异系数不应变小；⑦物种同质性；⑧度量单位不变性；⑨存在确定的最大值；⑩样点丰富度不变性；⑪密度不变性；⑫修正采用不足；⑬相异矩阵 D 的欧氏属性；⑭欧式距离转换后的仿真性。表 2-1 给出了群落方向性指数对各属性支持的情况，通过这些性质，有助于读者选择使用各个指数。

表 2-1 群落方向性指数的属性

相异系数	P_1	P_2	P_3	P_4	P_5	P_6	P_7	P_8	P_9	P_{10}	P_{11}	P_{12}	P_{13}	P_{14}	$D_{\max}$
欧氏距离	1	1	1	0	0	1	0	0	0	0	0	0	2	1	—
曼哈顿距离	1	1	1	0	0	1	0	0	0	0	0	0	1	0	—
修正的平均值距离	1	1	1	1	0	1	1	0	0	1	0	0	0	0	—
物种边缘距离	1	1	1	1	0	0	0	1	1	0	1	0	2	1	$\sqrt{2}$
赫林格距离	1	1	1	1	1	1	1	1	1	1	1	0	2	1	$\sqrt{2}$
弦距离	1	1	1	1	1	1	1	1	1	1	1	0	2	1	$\sqrt{2}$

续表

相异系数	P_1	P_2	P_3	P_4	P_5	P_6	P_7	P_8	P_9	P_{10}	P_{11}	P_{12}	P_{13}	P_{14}	D_{max}
卡方距离	1	1	1	1	0	1	1	1	1	NA	0	0	2	1	$\sqrt{2y_{..}}$
分歧系数	1	1	1	1	1	1	1	1	1	1	0	0	2	0	1
堪培拉制	1	1	1	1	1	1	1	1	1	1	0	0	1	0	1
Whittaker 指数	1	1	1	1	1	1	1	1	1	1	1	0	1	0	1
Bray-Curtis 距离	1	1	1	1	1	1	1	1	1	1	0	0	1	0	1
Wishart 指数	1	1	1	1	1	1	1	1	1	1	0	0	1	0	1
Kulczynski 系数	1	1	1	1	1	1	1	1	1	1	0	0	0	0	1
Jaccard 指数	1	1	1	1	1	1	1	1	1	1	1	1	0	0	1
Sorensen 指数	1	1	1	1	1	1	1	1	1	1	1	1	0	0	1
Ochiai 指数	1	1	1	1	1	1	1	1	1	1	1	1	0	0	1

注：表中 1 表示该系数具有对应的属性；0 表示不具有；NA 表示不能被检验，因为卡方距离没有基于频度数据的表示形式；D_{max} 表示应用该指数计算时的最大值；需要注意，在属性 13 中，数字 2 表示相异矩阵 D 和 $D^{(0.5)}$ 都属于欧氏类型，而 1 则表示只有 $D^{(0.5)} = D_{bi}^{0.5}$ 为欧氏类型，0 表示相异矩阵 D 和 $D^{(0.5)}$ 都不属于欧氏类型。

第二节　系统发育多样性

　　群落系统发育学研究手段与方法的发展，为探讨群落多样性分布机制提供了新的思路，生态位过程和中性过程理论的应用就是两个典型。

　　在群落系统发育学中，生态位过程假定生境过滤和种间竞争是群落的主要构建过程。生态相似是常用的探讨物种、群落关系的方法之一，但若用种间系统发育关系替代生态相似关系，则先前根据生态相似关系建立起来的群落系统发育结构，必然产生较大的变化，会出现显著的聚集或发散。

　　中性过程理论认为群落的结构变化源于生态漂变和扩散限制，它和生态位过程一起决定着群落系统发育结构的变化。在描述群落系统发育结构的两类指数中，α 多样性指数描述了局部群落系统发育结构，而 β 多样性指数则描述了群落间系统发育结构的变化。

一、群落系统发育 α 多样性指数

　　目前，群落系统发育 α 多样性指数包括 5 个，分别为 Faith 多样性指数(PD$_F$)、净相关指数(NRI)、最近邻体指数(NTI)、多度均匀度整合指数(PAE)和均衡性指数(Ic)。这 5 个指数的计算都需要构建系统发育谱系树，利用谱系树中枝条的长度进行计算，其中的 NRI 和 NTI 又十分类似，都是利用小样本的多次(999 次)随机抽样求均值，5 个指数的具体定义如下。

1. Faith 多样性指数

　　群落系统发育 Faith 多样性指数(phylogenetic diversity，PD$_F$)使用谱系树的总枝条长度来代表群落系统发育多样性，即

$$PD_F = \sum_{i=1}^{K} l_i \tag{2-59}$$

其中，l_i 为谱系树中第 i 个枝条的长度；K 为全部枝条数。

2. 净相关指数

净相关指数(net relatedness index，NRI)首先计算出样方中所有物种间的平均谱系距离(mean phylogenetic distance，MPD)，在保持物种数量和物种个体数不变的情况下，进行随机抽样 999 次，利用这些重复抽样获得的数据，计算谱系距离平均值，计算式如下：

$$NRI_S = -1 \times \frac{MPD_S - MPD_R}{S_{MPD_R}} \tag{2-60}$$

其中，MPD_S 为平均谱系距离的样本观察值；MPD_R 为谱系树上通过多次随机取样得到的物种距离平均值；S_{MPD_R} 为样本观察值的标准差。NRI_S 的取值分为三种情况，当 $NRI_S > 0$ 时，表明小样方中的物种谱系结构聚集；反之当 $NRI_S < 0$ 时，则表明小样方中的物种谱系结构发散；当 $NRI_S = 0$ 时，表明小样方中的物种谱系结构具有随机性。

3. 最近邻体指数

最近邻体指数(nearest taxon index，NTI)在形式与计算上十分类似 NRI，区别在于平均距离的计算，在 NRI 中计算的是物种间的平均谱系距离 MPD，在 NTI 中则是计算每个物种最近谱系距离的平均值(mean nearest phylogenetic distance，MNPD)。NTI 的定义式如下：

$$NTI_S = -1 \times \frac{MNPD_S - MNPD_R}{S_{MNPD_R}} \tag{2-61}$$

其中，$MNPD_S$ 为最近谱系距离的样本观察值；$MNPD_R$ 为谱系树上通过多次随机取样得到的物种最近邻距离平均值；S_{MNPD_R} 为标准差。和 NRI 的使用类似，NTI_S 的取值也包括三种情况，当 $NTI_S > 0$ 时，表明小样方中的物种谱系结构聚集；当 $NTI_S < 0$ 时，则表明小样方中的物种谱系结构发散；当 $NTI_S = 0$ 时，表明小样方中的物种谱系结构具有随机性。

4. 多度均匀度整合指数

将物种的多度和均匀度整合到一起进行考虑，则得到了整合指数(phylogenetic abundance evenness，PAE)。

$$PAE = \frac{PD + \sum_{i=1}^{N} \lambda_i (n_i - 1)}{PD + (\bar{n} - 1) \sum_{i=1}^{N} \lambda_i} \tag{2-62}$$

其中，PD 为谱系树的总枝长(不含更大尺度上的谱系树祖先部分)；N 为物种数；λ_i 为物种 i 独有的树枝长度，即在谱系树上该物种到距离最近的节点的长度；n_i 为物种 i 的多度；$\bar{n}$ 为 n_i 的均值。

5. 均衡性指数(I_C)

均衡性指数(I_C)用来测度谱系树的偏斜程度，量化表征群落系统发育树的均衡性，其定义式如下：

$$I_C = \frac{2}{(N-1)(N-2)} \sum_{Nodes} |N_R - N_L| \tag{2-63}$$

其中，N 为物种数；N_R 和 N_L 为谱系树中任意节点两侧分支的物种数量。

二、群落系统发育 β 多样性指数

系统发育 β 多样性指数主要度量群落间的系统发育距离，可以看作是包含时间维度的 β 多样性指数。目前，描述系统发育 β 多样性的指数有 8 种，分别为：①平均成对系统发育距离 D_{PW}，以及加权版的 D_{AW}；②平均最近系统发育距离 D_{NN}，以及加权修订版的 AWD_{nn}；③PgyloSor 指数；④UniFrac 指数；⑤以加权距离求和表征的 Rao's D 指数；⑥修订 Rao's D 得到的 Rao's H 指数；⑦Π_{ST} 和 P_{ST} 指数；⑧PCD 指数。下面介绍其具体定义。

1. 平均成对距离指数

平均成对距离指数，更确切的说法是平均成对系统发育距离(mean pairwise phylogenetic distance，D_{PW})，它以两个群落中不同物种或个体之间的平均(系统发育)距离作为描述指标，定义式如下：

$$D_{PW} = \frac{\sum_{i=1}^{N_A}\overline{d_{i,B}} + \sum_{j=1}^{N_B}\overline{d_{j,A}}}{N_A + N_B}, \quad (i \neq j) \tag{2-64}$$

当以物种多度作为权重施加到距离上时，则上述计算改为

$$D_{AW} = \frac{1}{2}\left(\sum_{i=1}^{N_A} f_i \overline{d_{i,B}} + \sum_{j=1}^{N_B} f_j \overline{d_{j,A}}\right), \quad (i \neq j) \tag{2-65}$$

其中，$\overline{d_{i,B}}$ 为群落 A 中的物种 i 与群落 B 中的所有物种之间的平均(成对系统发育)距离；N_A 为群落 A 中的物种数；$\overline{d_{j,A}}$ 和 N_B 的含义与 $\overline{d_{i,B}}$ 及 N_A 类似；f_i 为群落 A 中的物种 i 的相对多度，f_j 含义类似；D_{AW} 为多度加权的平均距离指数，字母缩合 AW 意指 abundance weighted。

2. 平均最近距离指数

平均最近距离指数指平均最近系统发育距离(mean nearest taxa distance，D_{NN})，该指数也是以平均距离作为 β 多样性的描述指标，具体地，对于 A、B 两个群落，将群落 A 中的物种 i 与群落 B 中和 i 亲缘关系最近的物种之间的平均系统发育距离作为 β 多样性指数，这个指数也包含多度加权和不加权两种形式。

不加权：

$$D_{NN} = \frac{\sum_{i=1}^{N_A}\min d_{i,B} + \sum_{j=1}^{N_B}\min d_{j,A}}{N_A + N_B}, \quad (i \neq j) \tag{2-66}$$

加权：

$$D_{AW} = \frac{1}{2}\left[\sum_{i=1}^{N_A}\left(f_i \times \min(d_{i,B})\right) + \sum_{j=1}^{N_B}\left(f_j \times \min(d_{j,A})\right)\right], \quad (i \neq j) \tag{2-67}$$

其中，N_A 和 N_B 分别为群落 A 和群落 B 中的物种数；$\min d_{i,B}$ 为群落 A 中的物种 i 和群落 B 中所有物种的最近(系统发育)距离，$\min d_{j,A}$ 的含义类似；f_i 为物种 i 在群落 A 中的相对多度，f_j 的含义类似；D_{AW} 即多度加权的 D_{NN}。

D_{PW} 和 D_{NN} 的区别在于 D_{PW} 表示的是不同类群在整个系统发育树上的聚集程度，着眼于

全局；而 D_{NN} 表示的则是不同类群在某一特定末端分支上的局部聚集程度，着眼于部分。

3. PhyloSor 指数

PhyloSor 指数(phylogenetic Sorensen's index)源自于 Sorensen 指数，它与 Sorensen 指数具有相同的表达形式，如果说 Sorensen 指数表达的是两个群落中共有物种数占两个群落中所有物种数的比例，即

$$S_{AB} = \frac{2N_{AB}}{N_A + N_B} \tag{2-68}$$

那么借用这种形式，重新定义其中参数的含义，则引申出 PhyloSor 指数，即

$$PS_{AB} = \frac{2BL_{AB}}{BL_A + BL_B} \tag{2-69}$$

其中，S_{AB} 为群落 A 和群落 B 的 β 多样性；N_A 和 N_B 分别为群落 A 和 B 中的物种数；N_{AB} 为群落 A 和群落 B 的共有物种数；PS_{AB} 为群落 A 和群落 B 的系统发育 β 多样性；BL_A 和 BL_B 分别为群落 A 和 B 中的物种在系统发育树上的枝条长度；BL_{AB} 为群落 A 和 B 的共有物种在系统发育树上的枝条长度，参数名称 BL 源于 Branch Length 的首字母缩合。

4. UniFrac 指数

UniFrac 指数(unique fraction index)和 Jaccard 多样性指数表达形式相同，但其中的参数含义不同，它等于系统发育树上两个群落中仅有物种之间的枝长总和与两个群落中所有物种之间的枝长总和之比，即

$$UniFrac = \frac{\text{两个群落中仅有物种之间的枝长和}}{\text{两个群落中所有物种之间的枝长和}} = \frac{B+C}{A+B+C} \tag{2-70}$$

其中，A 为两个群落中共有物种之间的枝长总和；B 为群落 1 中仅有物种之间的枝长总和；C 为群落 2 中仅有物种之间的枝长总和。从表达式可以看出，UniFrac 指数表达了两个群落之间的相似性。

5. Rao's D 指数

Rao's D 指数用来表示群落间系统发育多样性，它是以物种相对多度为权重，以系统发育树上两物种间的(系统发育)距离之和描述多样性的指数，具体来说，设有群落 A 和 B，则指数 D_{AB} 表达为

$$D_{AB} = \sum_i \sum_j \left(f_{A,i} \times f_{B,j} \times d_{ij} \right) \tag{2-71}$$

其中，$f_{A,i}$ 为群落 A 中物种 i 的相对多度；$f_{B,j}$ 为群落 B 中物种 j 的相对多度；d_{ij} 为 i 和 j 两物种在系统发育树上的(系统发育)距离。可以看出，指数 D_{AB} 本质上仍然是系统发育树上的枝条长度求和，但求和时附加了物种的相对多度 $f_{A,i}$ 与 $f_{B,j}$ 进行限定。

6. Rao's H 指数

Rao's H 指数是在 Rao's D 指数的基础上修改得到的，在 Rao's H 指数中去掉了 Rao's D 指数中群落内部的平均距离，具体定义式如下：

$$H_{AB} = D_{AB} - \frac{1}{2}\left(D_{AA} + D_{BB} \right) \tag{2-72}$$

其中，D_{AB} 即 Rao's D 指数；D_{AA} 和 D_{BB} 分别为群落 A、B 内部的平均成对系统发育距离，计

算方法与 D_{AB} 相同。

7. Π_{ST} 和 P_{ST} 指数

Π_{ST} 指数本质上表示的是一个相对增加值，即群落间的平均(成对系统发育)距离比群落内的平均(成对系统发育)距离的增加值；P_{ST} 指数和 Π_{ST} 指数意义相似，区别在于 P_{ST} 指数中包含了物种的多度信息。两个指数的定义式如下：

$$\Pi_{ST} = \frac{\Delta_T^P - \Delta_S^P}{\Delta_T^P} \tag{2-73}$$

$$P_{ST} = \frac{D_T^P - D_S^P}{D_T^P} \tag{2-74}$$

其中，Δ_T^P 为所有群落之间的总的系统发育多样性；Δ_S^P 为所有群落内部的系统发育多样性的平均值；D_T^P 为含多度加权信息的群落之间总的系统发育多样性；D_S^P 为含多度加权信息的群落内部系统发育多样性平均值。T 指总值，S 指平均值。

8. PCD 指数

群落系统发育差异(phylogenetic community dissimilarity，PCD)指数表示两个群落中，A 群落中某性状的变异程度可被 B 群落中某性状值进行预测的程度。PCD 指数由两部分相乘得到，一部分是反映两群落共有物种的非系统发育部分(PCD_C)，另一部分是反映两群落不同物种进化关系的系统发育部分(PCD_P)，即满足

$$PCD = PCD_C \times PCD_P \tag{2-75}$$

具体地，

$$PCD = \frac{N_A \cdot PSV_{A|B} + N_B \cdot PSV_{B|A}}{N_A \cdot PSV_A + N_B \cdot PSV_B} \times \frac{1}{\overline{D}(N_A \times N_B \times C_P)} \tag{2-76}$$

其中，N_A 和 N_B 分别为群落 A 和 B 中的物种数；$PSV_{A|B}$ 为群落 A 中的物种系统发育变异程度，但该值的计算基于群落 B 中的物种系统发育变异程度；相反地，$PSV_{B|A}$ 为群落 B 中的物种系统发育变异程度，但该值的计算基于群落 A 中的物种系统发育变异程度；PSV_A 和 PSV_B 分别为群落 A 中和群落 B 中的物种系统发育变异程度；$\overline{D}(N_A \times N_B \times C_P)$ 用来除去 N_A 和 N_B 带来的偏差。

第三节 功能多样性

功能多样性(functional diversity，FD)也叫功能性状多样性(functional trait diversity，FTD)，是从物种功能特征的角度探讨群落空间格局及其与环境间关联性的指标。功能多样性以功能特征为基础，在先前的研究中，确定功能多样性特征指标至关重要，但随着研究的深入，当前对功能多样性的研究，逐步推进到了使用功能性状多样性指数"探讨功能性状多样性与生态系统功能或过程之间的关系"这个层面。

功能多样性指数包括功能 α 多样性指数和功能 β 多样性指数两种。功能 α 多样性指数用于描述群落中物种功能的差异；功能 β 多样性指数则用来描述不同群落之间功能多样性

的变化。

一、功能 α 多样性指数

功能 α 多样性(functional alpha diversity)指数是指特定区域、群落或生态系统中的生物功能特征的多样化。对此，张金屯归纳总结了 12 种不同的计算方法，包括①群落功能特征加权平均数指数；②功能分歧度指数；③功能均匀度指数；④Walker 功能多样性指数；⑤修订版 Walker 功能多样性指数；⑥基于聚类距离的功能多样性指数；⑦Rao's 二次方程指数；⑧功能丰富度指数；⑨Mason 功能多样性指数；⑩基于最小生成树的功能多样性指数；⑪模糊概念多样性指数；⑫自组织神经特征映射网络指数。这些方法从不的角度探讨了功能 α 多样性，下面学习其中几个经典的计算方法。

1. 群落功能特征加权平均数指数

群落功能特征加权平均数(community weighted mean，CWM)指数以群落中植物的功能特征和物种相对丰富度为基础，定义式如下：

$$\text{CWM} = \sum_{i=1}^{N} p_i t_i \tag{2-77}$$

其中，p_i 为物种 i 的相对贡献率(相对丰富度或者相对生物量)；t_i 为物种 i 的功能特征值；N 为群落中的物种数。从定义式的数学表达上，可以理解为植物功能特征的数学期望。

2. 功能分歧度指数

功能分歧度(functional divergence，FD)指数以丰富度权重平方和为基础进行了定义，

$$\text{FD}_{\text{var}} = \frac{2}{\pi} \arctan \left\{ 5 \times \sum_{i=1}^{N} \left[\left(\ln x_i \pm \overline{\ln x} \right)^2 \times w_i \right] \right\} \tag{2-78}$$

其中，x_i 为物种 i 的功能特征数值；w_i 为物种 i 的相对丰富度，具体计算为

$$w_i = \frac{a_i}{\sum_{j=1}^{N} a_j} \tag{2-79}$$

其中，a_i 为物种 i 的丰富度。式(2-78)中，$\overline{\ln x}$ 为物种特征值自然对数的加权平均(以种多度为权重)，具体计算为

$$\overline{\ln x} = \sum_{i=1}^{N} \left(w_i \times \ln x_i \right) \tag{2-80}$$

式(2-78)中，N 为群落中的物种数；计算式中的标量因子 5，其目的是使得分歧度指数介于 0～1 之间。功能分歧度反映了从一个群落中随机抽取的两个物种之间功能特征相同的概率，定量地描述了群落中特征值的异质性。

3. 功能均匀度指数

功能均匀度指数(functional regularity index，FRI)描述了群落内物种功能特征分布的均匀程度。对于一个功能特征，计算式为

$$\text{FRI} = \sum_{i=1}^{N} \min \left(p_i, \frac{1}{N} \right) \tag{2-81}$$

其中，p_i 为物种 i 的相对特征值；N 为群落中的物种数。对于具有 C 个功能组的群落，计算公式为

$$FRI = \sum_{i=1}^{C} \min\left(p_i, \frac{1}{C} \right) \tag{2-82}$$

其中，p_i 为第 i 个功能组对群落的贡献率(生物量)；C 为功能组数。

4. Walker 功能多样性指数

Walker 功能多样性指数也称功能属性多样性(functional attribute diversity，FAD)指数，该指数的定义基于物种对之间的特征距离。

$$FAD = \sum_{i,j} d_{ij} \tag{2-83}$$

其中，d_{ij} 为物种 i 和物种 j 之间的功能特征距离。

5. 修订版 Walker 功能多样性指数

在定义功能物种的基础上，修订版 Walker 功能多样性(modified functional attribute diversity，MFAD)指数将具有 S 个物种 T 个性状的数据缩合为 $N(N \leqslant S)$ 个，即将所有性状中具有相同值的物种组合成具有单一功能的物种(组)，借此将维度为 $S \times S$ 的相异系数矩阵缩减为 $N \times N$ 矩阵。具体定义式为

$$MFAD = \frac{1}{N} \sum_{i=1}^{N} \sum_{j>1}^{N} d_{ij} \tag{2-84}$$

其中，d_{ij} 为功能单元 i 和功能单元 j 之间的距离；N 为功能单元的数量(缩合后的组数)。

6. 基于聚类距离的功能多样性指数

基于聚类距离的功能多样性(FD)指数的计算依赖于聚类分析图(系统发育树、功能属性图)，在得到物种的功能聚类树状图的基础上，树的每个分支长度之和即为该功能多样性指数。

$$FD = \sum_{i=1}^{K} l_i \tag{2-85}$$

其中，l_i 为功能聚类树状图中各分支的长度；K 为总分支数。由于聚类分析中计算距离的方法众多，致使聚类结果不一，所以使用前需要仔细斟酌如何选用计算距离的方法。

7. Rao's 二次方程指数

Rao 基于物种丰富度和物种间功能特征(差异)距离，定义了功能 α 多样性指数 FD_α 和功能 γ 多样性指数 FD_γ。

$$FD_\alpha = \sum_{i=1}^{N} \sum_{j=1}^{N} \left(d_{ij} p_i p_j \right) \tag{2-86}$$

其中，d_{ij} 为物种 i 和物种 j 之间的功能特征距离；p_i 和 p_j 分别为物种 i 和物种 j 的个体数占群落总种个体数的比例；N 为群落中总物种数。

$$FD_\gamma = \sum_{i=1}^{N} \sum_{j=1}^{N} \left(d_{ij} p_{it} p_{jt} \right), \quad p_{it} = \frac{1}{S} \sum_{k=1}^{S} p_{ik}, \quad p_{jt} = \frac{1}{S} \sum_{k=1}^{S} p_{jk} \tag{2-87}$$

其中，k 为样方的序号；S 为样方的数量；p_{it} 和 p_{jt} 分别为物种 i 和物种 j 的第 t 个特征相对值。

8. 功能丰富度指数

群落的功能丰富度(functional richness，FR)表征了物种在群落中所占据的功能空间的大小，定义式如下：

$$FR_{c,i} = \frac{SF_{c,i}}{R_c} \tag{2-88}$$

其中，$FR_{c,i}$ 为群落 i 中植物功能特征 C 的功能丰富度；$SF_{c,i}$ 为群落 i 内物种所占据的生态位空间；R_c 为特征 C 的绝对值范围。

9. Mason 功能多样性指数

Mason 功能多样性指数包括功能 α 多样性指数 F_α 和功能 β 多样性指数 F_β。F_β 将在下一小节介绍，这里介绍 F_α 的定义式如下：

$$F_\alpha = \sum_{i=1}^{N} p_i \left(x_i - \bar{x} \right) \tag{2-89}$$

其中，x_i 为第 i 个物种的性状值；$\bar{x}$ 为群落中各物种性状指标的平均值，$\bar{x} = \sum_{i=1}^{N} p_i x_i$；$p_i$ 为物种 i 的个体数占群落中物种个体数的比例；N 为群落中的总物种数。

二、功能 β 多样性指数

β 多样性指沿环境梯度不同生境群落之间物种组成的相异性或沿环境梯度的更替速率，也称生境间的多样性，在此基础上定义的功能 β 多样性指数，则用来描述不同群落之间功能多样性的变化情况。目前已有的功能 β 多样性指数多基于系统发育树或功能属性树给出定义，包括 FunSØr 指数、D_{NN} 指数、D_{PW} 指数、Jaccard 相异系数和 Mason 功能 β 多样性指数 5 种。

1. FunSØr 指数

FunSØr 指数本质上是一个比值，是相对数据，定义式如下：

$$FBD = \frac{两群落中共有物种之间的枝长之和}{两群落中所有物种的枝长之和} = \frac{2 \times L'_{ij}}{L'_i + L'_j} \tag{2-90}$$

在得到功能属性树的基础上，L'_{ij} 为两个群落共有物种在树上的枝长和；L'_i 和 L'_j 分别为群落 i 和群落 j 中各自包含的物种在树上的枝长和。可以看出，FBD 越大表明两个群落的功能性状越相似。

2. D_{NN} 指数

在群落系统发育 β 多样性指数中，已经学习过平均距离指数 D_{NN}[式(2-67)]，将其应用到功能多样性的描述上，仍以 D_{NN} 记之，则该 D_{NN} 指数是以加权平均距离为基础定义的功能 β 多样性指数，设有群落 A 和群落 B，其定义式为

$$D_{NN} = \frac{1}{2} \left[\sum_{i=1}^{N_A} \left(f_i \times \min\left(\delta_{i,B} \right) \right) + \sum_{j=1}^{N_B} \left(f_j \times \min\left(\delta_{j,A} \right) \right) \right], \quad (i \neq j) \tag{2-91}$$

其中，N_A 为群落 A 中物种的数量；f_i 为群落 A 中物种 i 的相对多度；$\min\left(\delta_{i,B} \right)$ 为群落 A 中

物种 i 与群落 B 中功能相近的物种之间的最小(系统发育)树枝长度；N_B 为群落 B 中物种的数量；f_j 为群落 B 中物种 j 的相对多度；$\min(\delta_{j,A})$ 为群落 B 中物种 j 与群落 A 中功能相近的物种之间的最小树枝长度。

3. D_{PW} 指数

在群落系统发育 β 多样性指数中，D_{PW} 用来描述以相对多度加权的平均距离指数[式(2-65)]，在描述功能 β 多样性时，可同样使用该式，不再赘述。

4. Jaccard 相异系数

Jaccard 相异系数也可以作为 β 多样性的测度指标，定义如下：

$$\beta_{JAC} = \frac{a+b}{a+b+c} \tag{2-92}$$

其中，a 为两个群落共有物种数，或者在系统进化树(功能属性树)上两个群落共有物种的枝长；b 为第 1 个群落所特有的物种数，或者在系统进化树(功能属性树)上群落 1 特有物种的枝长；c 为第 2 个群落所特有的物种数，或者在系统进化树(功能属性树)上群落 2 特有物种的枝长。

5. Mason 功能 β 多样性指数

Mason 功能 β 多样性指数 F_β 定义如下：

$$F_\beta = \sum_{k=1}^{N} \frac{\left(\overline{x}_k - \overline{x}_r\right)^2}{n} \tag{2-93}$$

其中，$\overline{x}_k$ 为第 k 个样方性状指标的平均值；$\overline{x}_r$ 为研究区各样方性状指标的平均值；n 为功能特征数量；N 为样方数量。

第三章　种间关系分析

在一个群落中共存的多种植物，相互之间必然存在某种关联，这种关联可具体划分为种间关联、种间相关、种间分离及种间竞争，它们用物种的联结性或相关性等描述。物种的联结性和相关性度量了物种的相似性，它为正确认识群落的结构、功能和分类提供了可靠的参考。

第一节　种间关联

种间的关联性与相关性是植物群落重要的数量和结构特征，种间关联(interspecific association)是指不同物种在空间分布上的相互关联性，描述了两个物种出现的相似性程度，通常以物种的存在与否为依据，属于定性数据；种间相关则描述了不同物种在空间分布上的相互关联性，既适用于二元数据，也适用于数值数据，属于定量描述。种间关联描述种间的相互吸引与排斥，无论吸引(意味着喜欢)还是排斥(意味着讨厌)，都属于关联性。从涉及物种的关系来分，种间关联可分为总体关联和种对间关联。

一、总体关联性分析

总体关联描述了一个群落中所有物种间的关系，以 Schluter 提出的种间关联指数(variance ratio，VR)来度量，计算方法如下：

$$P_i = \frac{n_i}{N} \tag{3-1}$$

$$S_T^2 = \frac{1}{N} \sum_{i=1}^{N} \left(T_j - t \right)^2 \tag{3-2}$$

$$\sigma_T^2 = \sum_{i=1}^{S} \left[P_i \left(1 - P_i \right) \right] \tag{3-3}$$

$$VR = \frac{S_T^2}{\sigma_T^2} \tag{3-4}$$

其中，N 为样方总数；n_i 为物种 i 出现的样方数；P_i 为物种 i 出现的频度；S 为调查得到的总物种数；T_j 为样方 j 内出现的物种总数；t 为样方中物种的平均数；S_T^2 为所有样方物种数的方差；σ_T^2 为所有物种出现频度的方差。

种间关联指数通过假设检验来考核关联性，它具有如下的性质：①若 $VR = 1$，说明种间总体无关联；②若 $VR > 1$，说明种间总体呈正关联；③若 $VR < 1$，说明种间总体呈负关联。为了检测 VR 是否显著偏离 1，可通过统计量(W)来考查，

$$W = VR \times N \tag{3-5}$$

其中，W 服从自由度 $df = N - 1$ 的 χ^2 分布，在 $P = 0.05$ 显著性水平下，若 $W < \chi_{0.95}^2 \left(df \right)$ 或

$W > \chi^2_{0.05}(df)$，则物种间的总体关联显著；反之，若 $\chi^2_{0.95}(df) < W < \chi^2_{0.05}(df)$，则说明物种间的总体关联不显著。

例1 某次调查数据如表 3-1，据此计算总体关联。

表 3-1 种间关联虚拟观测数据

物种	样方				
	X_1	X_2	X_3	X_4	X_5
S_1	1	0	1	1	1
S_2	0	1	0	0	1
S_3	1	1	0	0	1

解：(1)统计样方总数，以 N 表示，则

$$N = 5$$

(2)统计某物种出现的样方数，以物种 1 为例，S_1 出现在 1，3，4，5 样方中，则一共出现 4 次。以 n_i 表示物种 i 出现的样方数，则

$$n_1 = 4$$

统计其他物种出现的样方数，则有 $n_i = \{4,2,3\}, (i=1,2,3)$。

(3)统计某个样方内出现的物种总数，以样方 1 为例，X_1 中有 S_1 和 S_3，共两种，统计其他的样方，则得

$$T_j = \{2,2,1,1,3\}, \quad (j=1,2,\cdots,5)$$

(4)计算物种在样方中出现的频度，以物种 S_1 为例

$$P_1 = \frac{n_1}{N} = \frac{4}{5} = 0.8$$

计算其他物种，则有 $P_i = \{0.8,0.4,0.6\}$。

(5)计算样方中物种的平均数

$$t = \frac{2+2+1+1+3}{5} = 1.8$$

(6)计算所有样方物种数的方差

$$S_T^2 = \frac{1}{N}\sum_{i=1}^{N}(T_j - t)^2 = \frac{1}{5}\left[(2-1.8)^2 + (2-1.8)^2 + (1-1.8)^2 + (1-1.8)^2 + (3-1.8)^2\right]$$
$$= 0.56$$

(7)计算所有物种出现频度的方差

$$\sigma_T^2 = \sum_{i=1}^{S}\left[P_i(1-P_i)\right] = 0.8\times(1-0.8) + 0.4\times(1-0.4) + 0.6\times(1-0.6) = 0.64$$

(8)计算种间联结指数

$$\text{VR} = \frac{S_T^2}{\sigma_T^2} = \frac{0.56}{0.64} = 0.875$$

(9)检验统计量

$$W = \mathrm{VR} \times N = 0.875 \times 5 = 4.375$$

(10)查取卡方检验的上下分位点，得

上分位点 $\qquad\qquad\qquad \chi_\alpha^2 = 6.6349$

下分位点 $\qquad\qquad\qquad \chi_\alpha^2 = 0.000157$

根据 $0.000157 < W < 6.6349$，可知种间总体关联不显著 $(\alpha = 0.05)$。

二、种对间关联性分析

种对间关联分析包括两个方面，一是确定两个物种间是否存在关联，解决存在与否的问题；二是测定关联度的大小，即如果存在关联，则关联性的强弱问题。对于这两类问题的关联分析，常以列联表形式布置数据，如表 3-2 所示。

表 3-2　两个物种对间进行关联分析的数据

		物种 B		合计
		出现的样方数	不出现的样方数	
物种 A	出现的样方数	$a\ (T_1)$	$b\ (T_2)$	$a+b$
	不出现的样方数	$c\ (T_3)$	$d\ (T_4)$	$c+d$
合计		$a+c$	$b+d$	$N = a+b+c+d$

要确定物种 A 和 B 之间的独立性，可用列联表的独立性检验具体实现，其中用到的统计量 χ^2 为

$$\chi^2 = \sum_{i=1}^{4} \frac{(O_i - T_i)^2}{T_i} \tag{3-6}$$

其中，O_i 为列联表的观测值；T_i 为估计值、理论值。具体到上述的 2×2 列联表，则有

$$O_1 = a, \quad T_1 = \frac{(a+b)(a+c)}{N} \tag{3-7}$$

$$O_2 = b, \quad T_2 = \frac{(a+b)(b+d)}{N} \tag{3-8}$$

$$O_3 = c, \quad T_3 = \frac{(a+c)(c+d)}{N} \tag{3-9}$$

$$O_4 = d, \quad T_4 = \frac{(c+d)(b+d)}{N} \tag{3-10}$$

则式(3-6)改写为

$$\chi^2 = \frac{N(ad - bc)^2}{(a+b)(a+c)(b+d)(c+d)} \tag{3-11}$$

使用式(3-11)进行检验时，一般要求样方数目较大(总数最好超过 50)，其估计值或理论值要大于 5，否则需进行精确检验计算，马寨璞的《基础生物统计学》中的对该方法的使用有详细介绍。读者也可以使用下述的式(3-12)进行检验。

$$\chi^2 = \frac{N(|ad - bc| - 0.5N)^2}{(a+b)(a+c)(b+d)(c+d)} \tag{3-12}$$

通过检验，能确定两个物种之间是否存在显著的相关性，当检验显著时，若 $O_1 > T_1$，则为正关联；若 $O_1 < T_1$，则说明两个物种为负关联。在确定关联显著的基础上，还可以使用一些关联指数进一步计算出这种关联程度的大小，这些关联指数包括①Ochiai 指数；②Dice 指数；③Jaccard 指数等。文献中关于这类指数很多，下面给出这 3 个指数的计算公式。

(1)Ochiai 指数

$$Ochiai = \frac{a}{\sqrt{a+b}\sqrt{a+c}} \tag{3-13}$$

(2)Dice 指数

$$Dice = \frac{2a}{2a+b+c} \tag{3-14}$$

(3)Jaccard 指数

$$Jaccard = \frac{a}{a+b+c} \tag{3-15}$$

对于群落中多个种间的关联，同样可以计算出各种对间的关联指数，计算结果可采用两种方式表示，一是列表表示，二是采用直观的图示法。在图示法中，一种是种间关联矩阵法(association matrix)，这种方法将不同关联程度的各种间关联，分别使用不同的符号表示，且布置成一个下三角矩阵。图 3-1 是某计算结果的示意。另一种图示法是种间关联星座图(constellation diagram)，在星座图中，不同关联程度分别以不同粗细的线条描述，图 3-2 是某计算结果的星座图。

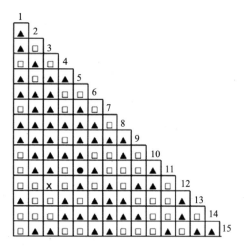

图 3-1　种间关联测定半矩阵图

正联结：●$0.01 < P \leqslant 0.05$；▲$P \geqslant 0.05$。

负联结：□ $P > 0.05$；×其他情况

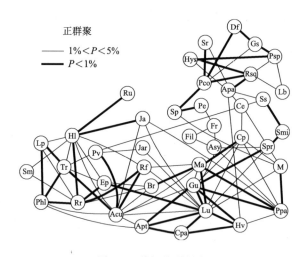

图 3-2　种间关联星座图

例 2　设有两个物种存在与否的列联表如表 3-3 所示，试进行种对间关联性分析。

解：(1)计算估计值、理论值 T，以 $O_1 = 5$ 为例，

$$T_1 = \frac{(a+b)(a+c)}{N} = \frac{12 \times 15}{30} = 6$$

表 3-3 A、B 两个物种在样方中出现统计数据(1)

		物种 B		合计
		出现的样方数	不出现的样方数	
物种 A	出现的样方数	5	7	12
	不出现的样方数	10	8	18
合计		15	15	30

同样地，其他几个理论值计算得到

$$\begin{pmatrix} T_1 & T_2 \\ T_3 & T_4 \end{pmatrix} = \begin{pmatrix} 6 & 6 \\ 9 & 9 \end{pmatrix}$$

(2)检查各个 T 值中是否存在小于 5 的情况，由上述的计算可知，本例中没有出现。

(3)计算 χ^2 值，

$$\chi^2 = \sum_{i=1}^{4} \frac{(O_i - T_i)^2}{T_i} = \frac{(5-6)^2}{6} + \frac{(7-6)^2}{6} + \frac{(10-9)^2}{9} + \frac{(8-9)^2}{9} = 0.5556$$

(4)确定 χ^2 分布的分位点，

$$\chi_\alpha^2(df) = \chi_{0.05}^2(1) = 3.8415$$

(5)判断：因为 $\chi^2 = 0.5556 < 3.8415$，所以两个物种彼此相互独立，关联性不强。

例 3 设有两个物种存在与否的列联表如表 3-4 所示，试进行种对间关联性分析。

表 3-4 A、B 两个物种在样方中出现统计数据(2)

		物种 B		合计
		出现的样方数	不出现的样方数	
物种 A	出现的样方数	8	3	11
	不出现的样方数	3	11	14
合计		11	14	25

解：(1)计算估计值、理论值 T，以 $O_1 = 8$ 为例，

$$T_1 = \frac{(a+b)(a+c)}{N} = \frac{11 \times 11}{25} = 4.84$$

同样地，其他几个理论值计算得到

$$\begin{pmatrix} T_1 & T_2 \\ T_3 & T_4 \end{pmatrix} = \begin{pmatrix} 4.84 & 6.16 \\ 6.16 & 7.84 \end{pmatrix}$$

(2)检查各个 T 值中是否存在小于 5 的情况，由上述的计算可知，本例中出现 1 例。

(3)计算 χ^2 值，因为存在 $T_1 < 5$，故按照矫正版计算公式计算，即

$$\chi^2 = \frac{N(|ad-bc| - 0.5N)^2}{(a+b)(a+c)(b+d)(c+d)} = \frac{25 \times (|8 \times 11 - 3 \times 3| - 0.5 \times 25)^2}{11 \times 11 \times 14 \times 14} = 4.6617$$

(4)确定 χ^2 分布的分位点，

$$\chi_\alpha^2(df) = \chi_{0.05}^2(1) = 3.8415$$

(5)判断：因为 $\chi^2 = 4.6617 > 3.8415$，所以两个物种彼此具有关联性。

(6)计算三种关联指数，

1)Ochiai 指数

$$Ochiai = \frac{a}{\sqrt{a+b}\sqrt{a+c}} = \frac{8}{\sqrt{11} \times \sqrt{11}} = 0.7273$$

2)Dice 指数

$$Dice = \frac{2a}{2a+b+c} = \frac{2 \times 8}{2 \times 8 + 3 + 3} = 0.7273$$

3)Jaccard 指数

$$Jaccard = \frac{a}{a+b+c} = \frac{8}{8+3+3} = 0.5714$$

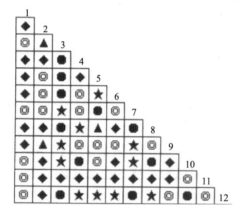

图3-3　12个主要物种种间关联的 χ^2 值半矩阵图

正联结：★$P \leqslant 0.01$(极显著)；▲$0.01 < P \leqslant 0.05$(显著)；◆$0.05 < P$ (不显著)。负联结：●$P \leqslant 0.01$(极显著)，◎$0.05 < P$(不显著)

例4　刘洋等(2007)在沱沱河地区的不同地域，随机设置 1m×1m 小样方 80 个，统计样方内出现的植物种类及其个体数、盖度、高度、物候期等特征，同时记录海拔高度、坡度、坡向及土壤类型等环境因子。80 个样方内，共记录 49 种植物，依据调查数据的重要值大小选取了前 12 个主要种群作为研究对象，进行种间关联性分析。计算结果的半矩阵如图 3-3 所示。

三、种间关联计算的 MATLAB 实现

总体关联性分析的计算比较简单，下面的 InterspecificAssociation 函数具体实现了该计算，前文例 1 的计算即由该函数完成。种对间的关联性由 AssociationBetweenSpecies 函数实现，前文例 2 和例 3 的具体计算由此实现。除此之外，为了方便绘制关联半矩阵图，笔者给出了 MakeHalfArrayFig 函数，为了方便绘制关联星座图，给出了 DrawConstellationDiagram 函数。所有函数均按照标准文件格式给出了应用说明，并上机运行验证通过。

（一）InterspecificAssociation 函数

```
function [Re]=InterspecificAssociation(x,alpha)
%函数名称:InterspecificAssociation.m
%实现功能:计算了种间亲和性的总体关联性.
%输入参数:函数共有2个输入参数,含义如下:
%          :(1),x,物种调查数据矩阵,数据格式:每行一个物种,每列一个样方,数据组成S*N矩阵,即共S个
%          :  物种,N个样方.
%          :(2),alpha,显著性水平,缺省默认0.05.
%输出参数:函数默认1个输出参数,含义如下:
```

```
%           :(1),Re,包含种间联结指数的cell数组,其中Sig为物种关联显著性检验结果标志,取1表示关联
%           :  检验显著;取0表示物种总体关联性不强.
%函数调用:实现函数功能不需要调用子函数.
%参考文献:实现函数算法,参阅了以下文献资料:
%           :(1),马寨璞,MATLAB语言编程[M],北京:电子工业出版社,2017.
%原始作者:马寨璞,wdwsjlxx@163.com.
%创建时间:2019.01.29,23:06:01.
%版权声明:未经作者许可,任何人不得以任何方式或理由对本代码进行网上传播、贩卖等.
%验证说明:本函数在MATLAB2018a,2018b等版本运行通过.
%使用样例:常用以下格式,请参考准备数据格式等:
%           :例1,使用缺省参数格式:
%                   x=randn(10);x(x>0)=1;x(x<0)=0;
%                   InterspecificAssociation(x)
%           :例2,使用全参数格式:
%                   x=[0,0,1,1,1;1,1,1,0,0;1,1,0,0,0];
%                   InterspecificAssociation(x,0.01)
%
%设置第1个输入参数
if nargin<1||isempty(x)
    x=randn(5,8);x(x>0)=1;x(x<0)=0;
    disp('你未输入任何数据,请按照如下形式准备输入数据：每行对应一个物种,每列对应一个样方.');
    disp(x);return;
end
%设置第2个输入参数的默认或缺省值
MyAlphas=[0.05,0.01, 0.001];%参数alpha的取值限定范围
if nargin<2||isempty(alpha)
    alpha=0.05;
elseif  ~ismember(alpha,MyAlphas)
    error('显著性水平P只能取0.01,0.05或0.001三者之一！')
end
% 中间量
[~,N]=size(x);              % 物种总数和样方总数
Ni=sum(x,2);                % 行求和,物种i出现的样方数
Tj=sum(x,1);                % 列求和,样方j内出现的物种总数
P=Ni/N;                     % 物种出现的频度
t=mean(Tj);                 % 样方中物种的平均数
St2=sum((Tj-t).^2)/N;       % 所有样方物种数的方差
Sigma2=sum(P.*(1-P));       % 所有物种出现频度的方差
VR=St2/Sigma2;              % 种间联结指数
W=VR*N;                     % 检验统计量
% 检验
uCutOff=chi2inv(1-alpha,1); % 上侧分位数
bCutOff=chi2inv(alpha,1);   % 下侧分位数
if W>uCutOff||W<bCutOff
    Sig=1; % 物种间的总体关联显著
```

```
else
    Sig=0; %  物种间的总体关联不显著
end
Re={'种间联结指数',VR;'检验统计量',W;'总体关联显著',Sig};
```

(二) AssociationBetweenSpecies 函数

```
function [Sig,Re]=AssociationBetweenSpecies(x,P)
%函数名称:AssociationBetweenSpecies.m
%实现功能:根据物种存在与否的2*2列联表,进行种对间关联分析计算.
%输入参数:函数共有2个输入参数,含义如下:
%            :(1),x,两个种对间进行关联分析的2*2列联表.样方数据布置如下:
%            :                物种B出现        物种B不出现      合计
%            :物种A    出现          a              b              a+b
%            :物种A不出现          c              d              c+d
%            :        合计        a+c            b+d          a+b+c+d
%            :(2),P,显著性检验水平,默认P=0.05,也可以取P=0.01,表示极显著.
%输出参数:函数默认2个输出参数,含义如下:
%            :(1),Sig,两物种关联显著性检验结果标志位,取1表示有关联,检验显著,可进一步计算关联程度.
%            :      取0表示两个物种彼此相互独立,关联性不强,不必计算关联程度.
%            :(2),Re,当Sig=1时,计算了三种不同的关联指数,由此参数返回.
%函数调用:实现函数功能不需要调用子函数.
%参考文献:实现函数算法,参阅了以下文献资料:
%            :(1),马寨璞,MATLAB语言编程[M],北京:电子工业出版社,2017.
%原始作者:马寨璞,wdwsjlxx@163.com.
%创建时间:2019.01.29,20:47:13.
%版权声明:未经作者许可,任何人不得以任何方式或理由对本代码进行网上传播、贩卖等.
%验证说明:本函数在MATLAB2018b等版本运行通过.
%使用样例:常用以下两种格式,请参考准备数据格式等:
%            :例1,使用全参数格式:
%                x=[2,13;14,5];
%                [sig,Re]=AssociationBetweenSpecies(x,0.05)
%            :例2,使用缺省参数格式:
%                [sig,Re]=AssociationBetweenSpecies(x)
%
%设置第2个输入参数的默认或缺省值
pFixedParams=[0.01,0.05,0.001];%参数P的取值限定范围
if nargin<2||isempty(P)
    P=0.05;
elseif  ~ismember(P,pFixedParams)
    error('显著性水平P只能取0.01,0.05或0.001三者之一！')
end
%设置第1个输入参数的默认或缺省值
if nargin<1||isempty(x)
    error('没有输入数据！')
end
[row,col]=size(x);
```

```
nltz=x(:)<0;   % 用于检测负值出现
if row〜=2||col〜=2
    error('必须输入2*2列联表！')
elseif sum(nltz)>=1
    error('列联表中不可能出现负数值！');
elseif sum(x(:))==0
    error('数据全0,不予计算！')
end
% 计算估计值
a=x(1,1);b=x(1,2);c=x(2,1);d=x(2,2);N=sum(x(:));
T1=(a+b)*(a+c)/N;
T2=(a+b)*(b+d)/N;
T3=(a+c)*(c+d)/N;
T4=(c+d)*(b+d)/N;
Ths=[T1,T2;T3,T4];
% 判断T中是否存在小于5的数据.
lgs=Ths<5; nlgs=sum(lgs(:));
if nlgs>0
    Chi2sUp=N*(abs(a*d-b*c)-0.5*N)^2;
    Chi2sDn=(a+b)*(c+d)*(a+c)*(b+d);
    Chi2s=Chi2sUp/Chi2sDn;
else
    Chi=sum((x-Ths).^2./Ths);
    Chi2s=sum(Chi);
end
% 检验与计算
CutOff=chi2inv(1-P,1);
if Chi2s>CutOff
    Sig=1;   % 显著性，说明两个物种相互关联！
    Ochiai=a/(sqrt(a+b)*sqrt(a+c));
    Dice=2*a/(2*a+b+c);
    Jaccard=a/(a+b+c);
    Re={'Ochiai','Dice','Faccard';Ochiai,Dice,Jaccard};
else
    Sig=0;   % 显著性，说明两个物种彼此相互独立,关联性不强！
    Re={'两个物种彼此相互独立,关联性不强！'};
end
```

(三) MakeHalfArrayFig 函数

```
function [h]=MakeHalfArrayFig(A)
%函数名称:MakeHalfArrayFig.m
%实现功能:绘制n阶半矩阵图.
%输入参数:函数共有1个输入参数,含义如下:(1),A,相关矩阵.
%输出参数:函数默认1个输出参数,含义如下:(1),h,图像句柄
%函数调用:实现函数功能不需要调用子函数.
%参考文献:实现函数算法,参阅了以下文献资料:
```

```
%              :(1),马寨璞,MATLAB语言编程[M],北京:电子工业出版社,2017.
%原始作者:马寨璞,wdwsjlxx@163.com.
%创建时间:2018.11.09,17:05:09.
%版权声明:未经作者许可,任何单位及个人不得以任何方式或理由网上传播、贩卖本代码!
%验证说明:本函数在MATLAB2017b版本运行通过.
%使用样例:常用以下格式,请参考数据格式并准备.
%                 x=randn(45);MakeHalfArrayFig(x)
%
% 检测输入
[row,col]=size(A);
if row~=col
    error('必须输入方阵!');
elseif row<3
    warning('数据太少了！');
end
n=row;
% 起始原点以及网格步长
xBegin=0; yBegin=0; xStep=1;yStep=1;
% 1.绘制横线,从上到下
for ir=1:n
    xEnd=xBegin+ir*xStep;
    yEnd=yBegin+(n-ir)*yStep;
    if ir==n
        xEnd=xBegin+(ir-1)*xStep;
    end
    x=[xBegin,xEnd];
    y=[yEnd,yEnd];
    line(x,y,'LineStyle','-','Color','k');
    hold on;
end
% 2.画竖线,自右到左
for jc=1:n
    xEnd=xBegin+(n-jc)*xStep;
    yEnd=yBegin+jc*yStep;
    if jc==n
        yEnd=yBegin+(jc-1)*yStep;
    end
    x=[xEnd,xEnd];
    y=[yBegin,yEnd];
    line(x,y,'LineStyle','-','Color','k');
    hold on;
end
axis tight;axis equal; %  保证网格是方格
set(gcf,'color','w');axis off;
% 3.标注阶梯序号
```

```
for ir=1:n
    x=xBegin+(ir-1)*xStep+0.25;
    y=yBegin+(n-ir)*yStep+0.45;
    text(x,y,sprintf('%d',ir))
end
% 4.将相关性转为符号,转换规则可按照需要修改
C=cell(n);
for ir=1:n
    for jc=1:n
        if A(ir,jc)<0.01&& A(ir,jc)>=0
            C{ir,jc}='■';
        elseif   A(ir,jc)<0.05&& A(ir,jc)>=0.01
            C{ir,jc}='●';
        elseif   A(ir,jc)>0.05
            C{ir,jc}='▲';
        elseif A(ir,jc)<-0.05
            C{ir,jc}='□';
        else
            C{ir,jc}='X';
        end
    end
end
% 5.写入符号
for ir=1:n-1
    for jc=1:ir
        x=xBegin+(jc-1)*xStep+0.2*xStep;
        y=yBegin+(n-ir-1)*yStep+0.35*yStep;
        text(x,y,C{ir,jc})
        hold on;
    end
end
h=gca;
```

(四) DrawConstellationDiagram 函数

```
function DrawConstellationDiagram(A,NodeName,isColorful)
```
%函数名称:DrawConstellationDiagram.m
%实现功能:绘制群落中种群内部物种之间的关联星座图.
%输入参数:函数共有3个输入参数,含义如下:
%　　　　:(1),A,关联矩阵,给出整个矩阵(对称形式的)即可.
%　　　　:(2),NodeName,节点名称,使用Cell数组格式,具体参使用样例2.
%　　　　:(3),isColorful,图像色彩开关,取0时输出黑白图像;取1时输出彩色图像;其他值无效.
%输出参数:函数默认无输出参数.
%函数调用:实现函数功能不需要调用子函数.
%参考文献:实现函数算法,参阅了以下文献资料:
%　　　　:(1),马寨璞,MATLAB语言编程[M],北京:电子工业出版社,2017.
%原始作者:马寨璞,wdwsjlxx@163.com.

```
%创建时间:2019.04.10,20:25:37.
%原始版本:1.0
%版权声明:未经作者许可,任何人不得以任何方式或理由对本代码进行网上传播、贩卖等.
%验证说明:本函数在MATLAB 2018b等版本运行通过.
%使用样例:常用以下3种格式,请参考准备数据格式等:
%        :例1,使用极简缺省格式:
%                C=[1,0,0,0;1,1,0,0;1,1,1,0;1,1,1,1];
%                DrawConstellationDiagram(C)
%        :例2,使用给定节点名称格式:
%                C=[1,0,0,0;1,1,0,0;1,1,1,0;1,1,1,1];
%                fn={'a','b','c','d'};  % 节点名称
%                DrawConstellationDiagram(C,fn)
%        :例3,使用全参数格式:
%                C=[1,0,0,0;1,1,0,0;1,1,1,0;1,1,1,1];
%                fn={'a','b','c','d'};color=1;
%                DrawConstellationDiagram(C,fn,color)
%
if isempty(A)      %检测第1个输入参数
    error('关联矩阵不能为空!');
else
    A=A-triu(A); %  关联矩阵对称,减半处理
end
%设置第2个输入参数的默认或缺省值
if nargin<2||isempty(NodeName)       % 自动形成节点
    NodeName=cell(1,size(A,1));
    for iNode=1:size(A,1)
        ndName=['N',num2str(iNode)];
        NodeName(iNode)={ndName};
    end
else
    idNums=length(NodeName);
    if idNums~=size(A,1)
        error('节点个数与节点名称个数不匹配');
    end
    disp(NodeName);
end
%设置第3个输入参数默认或缺省值
if nargin<3||~isnumeric(isColorful)
    isColorful=1; % 默认彩色
elseif ~ismember(isColorful,[0,1])
    error('图形色彩控制开关: 使用0表示黑白图像,1表示彩色图像! ');
end
myGraph=biograph(A,NodeName, 'ShowArrows','off');%  绘制图形
myLineWidth=1.4; % 默认格式数据,适合出版物
% 修改线属性
```

```
for iNode=1:length(NodeName)
    edges = getedgesbynodeid(myGraph,[],NodeName{iNode});
    set(edges,'LineColor',[1,0,0],'LineWidth',myLineWidth);
end
% 修改节点属性
oldNodes = getnodesbyid(myGraph,NodeName);
set(oldNodes,'Color',[1,1,1],...            % 节点内部背景颜色，设定白色
    'LineColor',[0,0,0],...                  % 节点边线颜色，设定黑色
    'TextColor',[0,0,0],...                  % 节点字体颜色
    'FontSize',12,...                        % 节点字体大小
    'LineWidth',myLineWidth,...              % 节点线条粗细
    'Shape','ellipse');%                     节点外形,矩形rectangle椭圆ellipse圆形circle
% 输出效果对比
if (1==isColorful)
    view(myGraph);                           % 显示彩色结果
elseif (0==isColorful)
    h=view(myGraph);                         % 显示彩色结果
    set(h.Edges,'LineColor',[0,0,0]);        % 显示黑白效果
    set(h.Nodes,'TextColor',[0,0,0]);
end
```

第二节　种间相关

关联指数适用于以二元数据表示的物种存在与否的情况,当两个物种都存在于所有样方中时,若计算关联指数,则其值为 1,属于绝对关联,但这种状态下的关联指数属于极端状态,不再适用。为了定量描述两个物种的关联程度,就需要使用数值型数据,如测定的盖度等,通过数值型的相关系数(如 Pearson 相关系数、Spearman 相关系数)来衡量两个物种的相关性。

一、Pearson 相关系数

在线性相关的分析中,通常以 ρ 作为总体相关系数理论值,但往往是无法得到的,在实际应用中,更多的是通过样本观测值来计算样本相关系数 r,以 r 来估计或判断两个变量的线性相关性。样本相关系数 r 是总体相关系数 ρ 的抽样估计,同样体现着两个变量之间线性相关的密切程度,后续章节提及的相关系数主要指样本线性相关系数 r。

若随机变量$(X，Y)$的一组样本观测值为$(x_1,y_1),(x_2,y_2),\cdots,(x_n,y_n)$,则称

$$r = \frac{\sum_{i=1}^{n}(x_i-\bar{x})(y_i-\bar{y})}{\sqrt{\sum_{i=1}^{n}(x_i-\bar{x})^2\sum_{i=1}^{n}(y_i-\bar{y})^2}} \tag{3-16}$$

为样本线性相关系数或 Pearson 相关系数。

令

$$L_{XY} = \sum_{i=1}^{n} (x_i - \bar{x})(y_i - \bar{y}) \tag{3-17}$$

称 L_{XY} 为 X 和 Y 的校正交叉乘积和。其中，$\bar{x} = \dfrac{1}{n}\sum_{i=1}^{n} x_i$，$\bar{y} = \dfrac{1}{n}\sum_{i=1}^{n} y_i$。

令

$$L_{XX} = \sum_{i=1}^{n} (x_i - \bar{x})(x_i - \bar{x}) = \sum_{i=1}^{n} (x_i - \bar{x})^2 \tag{3-18}$$

称 L_{XX} 为 X 的校正平方和；类似地，称 L_{YY} 为 Y 的校正平方和，

$$L_{YY} = \sum_{i=1}^{n} (y_i - \bar{y})(y_i - \bar{y}) = \sum_{i=1}^{n} (y_i - \bar{y})^2 \tag{3-19}$$

则相关系数改写为

$$r = \frac{L_{XY}}{\sqrt{L_{XX}L_{YY}}} \tag{3-20}$$

对变量 X 和 Y 进行相关分析，是对 X 和 Y 的总体之间的相关性进行评价，只有总体相关系数 $\rho = 0$ 时，才能判定两个变量之间无相关性，但在实际应用中，由于使用的是样本相关系数 r，而 r 又根据样本观测值计算得到，这就存在以下问题：①r 依赖于抽样的结果，受抽样误差的影响，样本容量越小，r 的可信度越差，即使存在 $|r| > 0$，也必须在进行显著性检验后，才能断定相关；②即使客观实际中存在着 $\rho = 0$，但由于抽样具有随机性，也不能排除偶然机会使得计算结果 $r \neq 0$，所以仍然需要检验 $\rho = 0$ 是否成立。

对相关系数进行检验，可以采用多种方法，利用相关系数临界值表进行检验最为简单，通过比较 $|r|$ 与临界值表即可判定，具体步骤如下。

(1)作假设，零假设 $H_0 : \rho = 0$，即 X 和 Y 不相关；备择假设 $H_1 : \rho \neq 0$。

(2)根据公式计算样本相关系数 r。

(3)对于给定的显著性水平 α 和自由度 $df = n - 2$，查取相关系数临界值 $r_{\alpha/2}(df)$。

(4)判断：当 $|r| > r_{\alpha/2}(df)$ 时，拒绝 H_0，变量 X 和 Y 之间相关性显著；反之则接受 H_0，变量 X 和 Y 之间相关性不显著。

例5　使用银盐法测定食物中的砷，得到的吸光度 y 与浓度 x 数据如表 3-5，试绘制散点图，并进行相关分析。

表 3-5　例 5 观测数据

$x(\mu g)$	1	3	5	7	10
y	0.045	0.148	0.271	0.383	0.533

解：　(1)绘制散点图，如图 3-4 所示。

由散点图可看出，y 和 x 之间具有线性关系。

(2)计算其样本相关系数。

$$L_{xy} = \sum_{i=1}^{n} (x_i - \bar{x})(y_i - \bar{y}) = 2.6790$$

$$L_{xx} = \sum_{i=1}^{n}\left(x_i - \bar{x}\right)^2 = 48.8$$

$$L_{yy} = \sum_{i=1}^{n}\left(y_i - \bar{y}\right)^2 = 0.1473$$

则

$$r = \frac{L_{xy}}{\sqrt{L_{xx}L_{yy}}} = 0.9993$$

图 3-4　例 5 散点图

(3)检验。假设 $H_0 : \rho = 0$; $H_1 : \rho \neq 0$。

相关系数 $r = 0.9993$，对于给定的 $\alpha = 0.05$，$df = n - 2 = 3$，查得 $r_{\alpha/2}(3) = 0.8783$。比较可知 $|r| > r_{\alpha/2}$，拒绝 H_0，接受 H_1，变量 X 和 Y 之间的相关性显著。

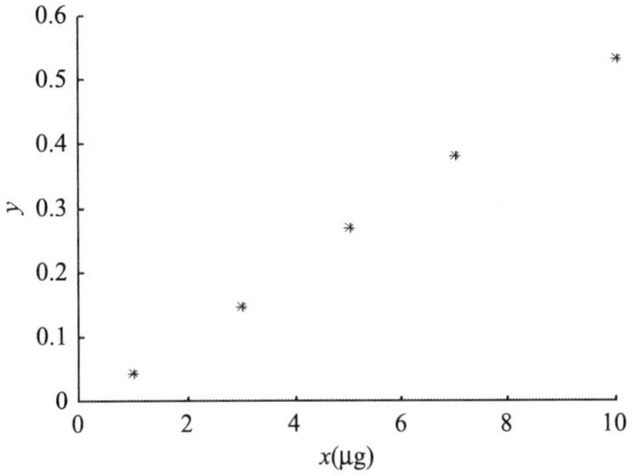

二、Spearman 相关系数

(一) 相关系数的计算

使用 r 进行相关分析时，要求随机变量 X 和 Y 均服从正态分布，但有时候很多观测数据并不一定满足这个条件，有些资料甚至连总体分布的类型都无从知道，在这种情况下，就不能使用 Pearson 进行相关分析，这时可采用 Spearman 相关分析方法。

Spearman 相关分析是一种非参数分析方法，它不直接使用数据本身进行相关分析，而是将两组数据分别进行排序，利用两组数据的秩进行相关分析。由于秩是有序编号，所以这种方法除适用于等级或相对数据表示的资料外，对总体的分布类型也没有要求，具有简便易用、适应性强的优点。

具体计算时，首先将原始数据 x 和 y 从小到大排队，并分别对 x 和 y 做秩，得到秩值 u 和 v，然后以秩值 u 和 v 作为新变量，代入到 Pearson 相关系数的计算式中，计算得到等级相关系数 r_s。

$$r_s = \frac{\sum_{i=1}^{n}\left(u_i - \bar{u}\right)\left(v_i - \bar{v}\right)}{\sqrt{\sum_{i=1}^{n}\left(u_i - \bar{u}\right)^2 \sum_{i=1}^{n}\left(v_i - \bar{v}\right)^2}} \tag{3-21}$$

等级相关系数 r_s 和线性相关系数 r 一样，不仅可以说明变量 X 和 Y 之间线性相关的密切程度和方向，在取值上也介于 –1 和 1 之间。但两者之间也有一些差别，除了适用条件上的不同外，等级相关系数只是利用了数据的秩(大小排序)，而没有考虑数据本身值的信息，故此其精确度一般不如线性相关系数 r。

令 d 代表每对观察值的秩差，n 为样本容量，则 r_s 还可简化为

$$r_s = 1 - \frac{6}{n(n^2 - 1)}\sum_{i=1}^{n}d_i^2 \tag{3-22}$$

利用简化公式计算时，常以列表形式表述其过程，简明扼要，易于检查。

例 6　为了研究 X 与 Y 的关系，测定相关数据如表 3-6，试分析相关性。

表 3-6　例 6 观测记录表

X	10.7	10.0	12.0	9.9	10.0	14.7	9.3	11.3	11.7	10.3
Y	307	259	341	317	274	416	267	320	274	336

解：将上述数据进行编秩，对应原数据的秩号如表 3-7 所示。

表 3-7　观测数据 X 与 Y 编秩

u	6	3.5	9	2	3.5	10	1	7	8	5
v	5	1	9	6	3.5	10	2	7	3.5	8

将数据代入到 r_s，计算如下：

$$r_s = \frac{\sum_{i=1}^{n}(u_i - \bar{u})(v_i - \bar{v})}{\sqrt{\sum_{i=1}^{n}(u_i - \bar{u})^2 \sum_{i=1}^{n}(v_i - \bar{v})^2}} = 0.6738$$

也可以按表 3-8 计算 d，再代入简化版公式：

$$r_s = 1 - \frac{6}{n(n^2-1)}\sum_{i=1}^{n}d_i^2$$

$$= 1 - \frac{6}{10(10^2-1)}\left[1^2 + 2.5^2 + \cdots + (-3)^2\right] = 0.6738$$

表 3-8　应用列表法求秩差

序号	X	R_x	Y	R_y	d
1	10.7	6	307.0	5	1.0
2	10.0	3.5	259.0	1	2.5
3	12.0	9	341.0	9	0.0
4	9.9	2	317.0	6	−4.0
5	10.0	3.5	274.0	3.5	0.0
6	14.7	10	416.0	10	0.0
7	9.3	1	267.0	2	−1.0
8	11.3	7	320.0	7	0.0
9	11.7	8	274.0	3.5	4.5
10	10.3	5	336.0	8	−3.0

(二) 检验

由于存在抽样误差等影响，和线性相关系数 r 一样，等级相关系数 r_s 也必须通过假设检验，才能确定总体变量 X 和 Y 的相关性，检验步骤如下。

(1)作假设，$H_0: \rho_s = 0$，X 与 Y 之间不相关；$H_1: \rho_s \neq 0$，X 与 Y 之间相关。

(2)计算等级相关系数 r_s，除前述公式外，还可以使用

$$r_s = \frac{12\sum\limits_{i=1}^{n}\left(u_i - \frac{n+1}{2}\right)\left(v_i - \frac{n+1}{2}\right)}{n\left(n^2 - 1\right)} \tag{3-23}$$

因为秩号从 1 到 n，故秩号均值为 $\frac{n+1}{2}$，这也是前述公式中的 $\bar{u}$ 或 $\bar{v}$。如果 X 或 Y 的观察值出现较多相同数据，则需要使用校正计算公式，

$$r_s = \frac{\dfrac{n^3 - n}{6} - \sum\limits_{i=1}^{n} d_i^2 - \sum t_x - \sum t_y}{\sqrt{\left(\dfrac{n^3 - n}{6} - 2\sum t_x\right)\left(\dfrac{n^3 - n}{6} - 2\sum t_y\right)}} \tag{3-24}$$

其中，$\sum t_x = \dfrac{\sum(t_i^3 - t_i)}{12}$，$t_i$ 为 X 中相同数据的个数；$\sum t_y = \dfrac{\sum(t_j^3 - t_j)}{12}$，$t_j$ 为 Y 中相同数据的个数。当没有相同数据时，则该项为 0，则可以化简为式(3-22)。

(3)对于给定的检验水平 α，可查询专门的 Spearman 临界值表，若 $|r_s| \geqslant r_s(n, \alpha)$，则拒绝 H_0，认为 X 和 Y 之间相关性显著，反之则接受 H_0，认为 X 和 Y 之间相关性不显著。

(4)当数据量较大时，还可以按照大样本来处理，此时 r_s 的分布近似正态，且有

$$E(r_s) = 0 \tag{3-25}$$

$$D(r_s) = \frac{1}{n-1} \tag{3-26}$$

根据中心极限定理，有

$$r_s \sim N\left(0, \frac{1}{n-1}\right) \tag{3-27}$$

取其标准化变量

$$u = \frac{r_s - E(r_s)}{\sqrt{D(r_s)}} = r_s\sqrt{n-1} \tag{3-28}$$

按照正态分布查表计算即可。种间相关系数的计算与编程，可参阅马寨璞编著的《基础生物统计学》一书，这里不再赘述。

第三节　种间分离

种间分离(species segregation)是指两个物种或几个物种的个体交错分布的程度，它与种间关联和种间相关联系密切，但又不同于种间关联和种间相关，它以相邻两个物种的个体的邻体关系为基础，描述了两个物种的个体的分离情况。

国内有关种间关系的研究主要是种间关联，种间分离很少报道，戴小华等(2003)曾经对海南岛霸王岭热带雨林进行过种间分离的研究，他们将种间分离与分布格局之间的关系进行了分析。国外的相关研究有对同种个体的母-幼树之间(Hamill et al., 1986)或雌-雄株之间(Bawa et al., 1977)的种间分离研究，但是对于多物种群落却研究得较少。种间分离的研究对于揭示

种间相互作用、群落组成与动态具有重要意义。

种间分离通常以分离指数(segregation index)进行定量描述，分离指数表示了种间分离程度的大小，它的计算基于两个物种的 4 种最近邻体关系(nearest neighbour relationship)：①物种 A 个体的最近邻体是物种 A 的个体；②物种 A 个体的最近邻体是物种 B 的个体；③物种 B 个体的最近邻体是物种 A 的个体；④物种 B 个体的最近邻体是物种 B 的个体。用字母表示以上 4 种情况的频率，则这 4 种关系可以表达为一个 2×2 的列联表(表 3-9)。

表 3-9　物种的频率列联表

| | | 基础植物 | | 合计 |
		物种 A	物种 B	
最近邻	物种 A	f_{AA}	f_{BA}	$f_{AA}+f_{BA}$
体植物	物种 B	f_{AB}	f_{BB}	$f_{AB}+f_{BB}$
合计		$f_{AA}+f_{AB}$	$f_{BA}+f_{BB}$	$N=f_{AA}+f_{AB}+f_{BA}+f_{BB}$

一、Pielou 分离指数

基于上述表 3-9，Pielou 给出了如下的分离指数：

$$S=1-\frac{N(f_{AB}+f_{BA})}{(f_{AA}+f_{AB})(f_{AB}+f_{BB})+(f_{BA}+f_{BB})(f_{AA}+f_{BA})} \tag{3-29}$$

分离指数 S 的取值范围介于−1 和+1 之间。当 $S=-1$ 时，表明物种 A 和物种 B 完全不分离，物种 A 和物种 B 的个体总是互为邻体；当 $S=1$ 时，表明两个物种完全分离。

在式(3-29)中，如果遇到 f_{AA} 等于 0，则易出现分母为 0 的情形，为了便于计算，此时可对这些值增加一个修订权值，如取为 0.01，既可以防止分母为 0，也使之更加接近自然状态。

例 7　表 3-10 和表 3-11 分别给出了两个物种的样本点坐标,试计算两物种的种间分离指数。

表 3-10　物种 A 的各样本点的(虚拟)坐标

x	8	3	5	2	7	3	5	2	3
y	7	3	7	2	8	3	2	5	5

表 3-11　物种 B 的各样本点的(虚拟)坐标

x	20	14	18	18	15	17	12
y	12	15	13	19	14	16	13

解：　(1)计算两个物种中每对样本点的距离，构成距离矩阵 D，列于表 3-12。

(2)创建最小距离矩阵 $D_{\min}$，该矩阵包含 4 列数据，分别为物种种类号、样本点编号、最近样本点距离和最近样本点所属种类，统计结果列于表 3-13。

(3)根据最小距离矩阵 $D_{\min}$ 统计频率值，结果列于表 3-14。

(4)检测数据的随机性，计算列联表对应的理论值，计算结果列于表 3-15。具体计算时，可参考种间关联一节中计算理论值的方法。

表 3-12 物种 A 和 B 的样本点距离矩阵 *D*

编号	1	2	3	4	5	6	7	8	9	10	11	12	13	14	15	16
1	0.00	6.40	3.00	7.81	1.41	6.40	5.83	6.32	5.39	13.00	10.00	11.66	15.62	9.90	12.73	7.21
2	6.40	0.00	4.47	1.41	6.40	0.00	2.24	2.24	2.00	19.24	16.28	18.03	21.93	16.28	19.10	13.45
3	3.00	4.47	0.00	5.83	2.24	4.47	5.00	3.61	2.83	15.81	12.04	14.32	17.69	12.21	15.00	9.22
4	7.81	1.41	5.83	0.00	7.81	1.41	3.00	3.00	3.16	20.59	17.69	19.42	23.35	17.69	20.52	14.87
5	1.41	6.40	2.24	7.81	0.00	6.40	6.32	5.83	5.00	13.60	9.90	12.08	15.56	10.00	12.81	7.07
6	6.40	0.00	4.47	1.41	6.40	0.00	2.24	2.24	2.00	19.24	16.28	18.03	21.93	16.28	19.10	13.45
7	5.83	2.24	5.00	3.00	6.32	2.24	0.00	4.24	3.61	18.03	15.81	17.03	21.40	15.62	18.44	13.04
8	6.32	2.24	3.61	3.00	5.83	2.24	4.24	0.00	1.00	19.31	15.62	17.89	21.26	15.81	18.60	12.81
9	5.39	2.00	2.83	3.16	5.00	2.00	3.61	1.00	0.00	18.38	14.87	17.00	20.52	15.00	17.80	12.04
10	13.00	19.24	15.81	20.59	13.60	19.24	18.03	19.31	18.38	0.00	6.71	2.24	7.28	5.39	5.00	8.06
11	10.00	16.28	12.04	17.69	9.90	16.28	15.81	15.62	14.87	6.71	0.00	4.47	5.66	1.41	3.16	2.83
12	11.66	18.03	14.32	19.42	12.08	18.03	17.03	17.89	17.00	2.24	4.47	0.00	6.00	3.16	3.16	6.00
13	15.62	21.93	17.69	23.35	15.56	21.93	21.40	21.26	20.52	7.28	5.66	6.00	0.00	5.83	3.16	8.49
14	9.90	16.28	12.21	17.69	10.00	16.28	15.62	15.81	15.00	5.39	1.41	3.16	5.83	0.00	2.83	3.16
15	12.73	19.10	15.00	20.52	12.81	19.10	18.44	18.60	17.80	5.00	3.16	3.16	3.16	2.83	0.00	5.83
16	7.21	13.45	9.22	14.87	7.07	13.45	13.04	12.81	12.04	8.06	2.83	6.00	8.49	3.16	5.83	0.00

表 3-13 最小距离矩阵 D_{min}

物种种类号	样本点编号	最近样本点距离	最近样本点所属种类
1	1	1.4142	1
1	2	0.0	1
1	3	2.2361	1
1	4	1.4142	1
1	5	1.4142	1
1	6	0.0	1
1	7	2.2361	1
1	8	1.0	2
1	9	1.0	2
2	10	2.2361	2
2	11	1.4142	2
2	12	2.2361	2
2	13	3.1623	2
2	14	1.4142	2
2	15	2.8284	2
2	16	2.8284	2

表 3-14 物种频率的 2×2 列联表

		基础植物		合计
		物种 A	物种 B	
最近邻	物种 A	8	0	8
体植物	物种 B	1	7	8
合计		9	7	16

$$\begin{pmatrix} T_1 & T_2 \\ T_3 & T_4 \end{pmatrix} = \begin{pmatrix} 4.5 & 3.5 \\ 4.5 & 3.5 \end{pmatrix}$$

(5)利用卡方检验验证数据的随机性，经种间关联分析，验证了随机性。

(6)计算 Pielou 分离指数，将频率值代入计算公式，计算得到 $S=0.8750$。根据 S 的取值，判定物种 A 和 B 存在部分分离。将两物种样本点的位置绘图如图 3-5 所示。需要说明的是，图 3-5 源自虚拟数据计算，未给出坐标单位，当根据实际试验观测数据计算时，图中坐标单位与试验数据相同。可以看出，两物种存在分离现象，此时指数 S 已极其靠近完全分离位置(图 3-6)。

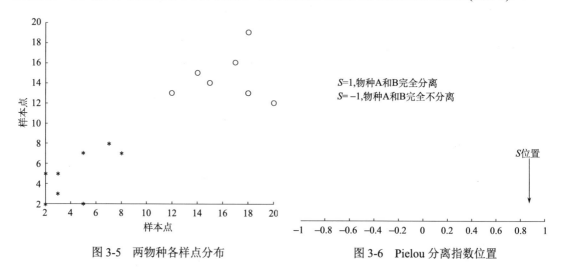

图 3-5　两物种各样点分布　　　　　　图 3-6　Pielou 分离指数位置

例 8　翅果油树(*Elaeagnus mollis*)群落的种间分离。张殷波等(2006)在野外对山西翅果油树群落 31 个样方内所有基径≥1cm 的灌木绘制空间分布图，应用最近邻体法(nearest neighbor relationship)判定每个个体的最近邻体植株，然后采用 $N×N$ 最近邻体列联表及其截表(2×2 最近邻体列联表)的方法，研究翅果油树群落所有灌木的种间分离规律。结果表明：该群落中随机毗邻种对占绝大多数(80.94%)，正分离种对较少(18.78%)，负分离种对极少(0.28%)。呈负分离的极少数种对是一些个体较小的小灌木，它们多为群落的伴生种，具有相近的生境需求，较激烈的种间竞争可能导致它们随机或均匀分布，因此这些种对表现出负分离；较大的个体之间容易发生正分离，因为它们大多是群落的建群种或优势种，具有强的适应能力和竞争能力。从星座图上可清晰地看到种间分离在不同物种之间存在一定的差异。χ^2 检验表明，翅果油树群落内 38 个物种互相交错分布，是全面不分离的。

二、Pielou 分离指数的 MATLAB 实现

下面的 PielouSegregate 函数具体实现了 Pielou 分离指数的计算，该函数的输入参数为原始样本点坐标，函数文件中的样例给出了实际数据格式，前边的例题也是由此函数计算完成，读者可仿照实例给出数据格式并实现计算。例题的具体计算如下：

```
close all ;clear;clc;
x=[8,7;3,3;5,7;2,2;7,8;3,3;5,2;2,5;3,5];
y=[20,12;14,15;18,13;18,19;15,14;17,16;12,13];
```

PielouSegregate(*x*,*y*)

PielouSegregate 函数源码如下:

```
function [pcs]=PielouSegregate(A,B,p)
%函数名称:PielouSegregate.m
%实现功能:计算两个物种的Pielou分离指数.
%输入参数:函数共有3个输入参数,含义如下:
%          :(1),A,物种A的样本点坐标数据矩阵.
%          :(2),B,物种B的样本点坐标数据矩阵.
%          :(3),p,显著性检验水平,默认0.05.
%输出参数:函数默认1个输出参数,含义如下:
%          :(1),pcs,即Pielou Coefficient of
%          Segregation首字母,Pielou分离指数.
%函数调用:实现函数功能需要调用1个子函数,说
%明如下:
%          :(1),AssociationBetweenSpecies,根据物
%          种存在与否的2*2列联表,进行种对间
%          关联分析计算.
%参考文献:实现函数算法,参阅了以下文献资料:
%          :(1),马寨璞,MATLAB语言编程[M],北京:电子工业出版社,2017.
%原始作者:马寨璞,wdwsjlxx@163.com.
%创建时间:2019.01.31,18:23:13.
%版权声明:未经作者许可,任何人不得以任何方式或理由对本代码进行网上传播、贩卖等.
%验证说明:本函数在MATLAB 2018a,2018b等版本运行通过.
%使用样例:常用以下格式,请参考准备数据格式等:
%          例1: 完全分离的情形
%          x=randi([1,8],[14,2])      % 物种x各样本点的坐标
%          y=randi([12,20],[14,2])    % 物种y各样本点的坐标
%          PielouSegregate(x,y)
%          例2: 部分分离的情形
%          x=randi([1,13],[14,2])
%          y=randi([8,16],[14,2])
%          PielouSegregate(x,y)
%
%设置第3个输入参数的默认或缺省值
pFixedParams=[0.01,0.05,0.001];%参数P的取值限定范围
if nargin<3||isempty(p)
    p=0.05;
elseif ～ismember(p,pFixedParams)
    error('显著性水平P只能取0.01,0.05或0.001三者之一！')
end
%设置第2个输入参数的默认或缺省值
if nargin<2||isempty(B)
    error('请输入第2个物种的坐标矩阵！');
else
    szbGroup=size(B,1);
```

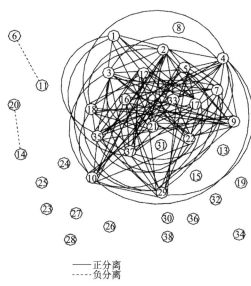

图 3-7　翅果油树群落 38 个物种的种间
分离星座图(张殷波等，2006)

```
end
%设置第1个输入参数的默认或缺省值
if nargin<1||isempty(A)
    error('请输入第1个物种的坐标矩阵！');
else
    szaGroup=size(A,1);
end
% 计算频率数
szSample=szaGroup+szbGroup;
D= pdist([A;B]);
Z = squareform(D);
%minDist
%最小距离矩阵:四列的含义:(1)物种种类号,(2)样本点编号,(3)最近样本号,(4)最近样本点所属种类
minDist=zeros(szSample,4);
minDist(1:szaGroup,1)=1;
minDist(szaGroup+1:end,1)=2;
minDist(:,2)=1:szSample;
suplus=max(D);
Z=Z+eye(szSample)*suplus; %为了去除0的影响,加上最大距离值
[minDist(:,3),Ind]=min(Z,[],2);
for ilp=1:szSample
    if Ind(ilp)>=szaGroup
        minDist(ilp,4)=2;
    else
        minDist(ilp,4)=1;
    end
end
% 统计频率值
Faa=0;Fab=0;Fba=0;Fbb=0;
for ilp=1:szSample
    v=minDist(ilp,1)*minDist(ilp,4);     % v=1,2,4, 据此进行判断
    if v==1
        Faa=Faa+1;
    elseif v==4
        Fbb=Fbb+1;
    elseif minDist(ilp,1)==1
        Fab=Fab+1;
    else
        Fba=Fba+1;
    end
end
wArr=[Faa,Fba,Faa+Fba;Fab,Fbb,Fab+Fbb;Faa+Fab,Fba+Fbb,Faa+Fab+Fba+Fbb];
% 检测数据的随机性,计算列联表对应的理论值
ts=[wArr(1,3)*wArr(3,1)/wArr(3,3),wArr(1,3)*wArr(3,2)/wArr(3,3);
    wArr(2,3)*wArr(3,1)/wArr(3,3),wArr(2,3)*wArr(3,2)/wArr(3,3)];
```

```
xMin=min(ts(:));
if xMin>=5
    x=wArr(1:2,1:2);
    sig=AssociationBetweenSpecies(x,p);
    if sig
        fprintf('卡方检验说明数据非随机！\n');
    end
end
% 计算Pielou分离指数
fz=wArr(3,3)*(wArr(2,1)+wArr(1,2));
fm=wArr(3,1)*wArr(2,3)+wArr(3,2)*wArr(1,3);
pcs=1-fz/fm;
if pcs<-0.95
    fprintf('物种A和B完全不分离!\n');
elseif pcs>0.95
    fprintf('物种A和B完全分离!\n');
else
    fprintf('物种A和B存在部分分离!\n');
end
% 图1
figure('color','w');
plot(A(:,1),A(:,2),'r*');hold on;
plot(B(:,1),B(:,2),'bo');hold on;
xlabel('图1 两物种各样点分布');box off
% 图2
f2=figure('color','w');
pos=get(gca,'Position');
plot(-1:1,0);
xb=pos(1,1)+(pcs+1)/2*pos(3);
xe=pos(1,1)+(pcs+1)/2*pos(3);
xPos=[xb,xe];yPos=[0.4,0.2];
annotation(f2,'textarrow',xPos,yPos,'String','PCS位置')
xlabel('图2 Pielou分离指数');
text(-0.7,0.40,'pcs：-1,物种A和B完全不分离','fontsize',12)
text(-0.7,0.55,'pcs：1,物种A和B完全分离','fontsize',12)
set(gca,'ytick',[],'ycolor','w','xcolor','k');box off;
```

第四节 种 间 竞 争

一、竞争强度

种间竞争(inter-specific competition)是群落中普遍存在的现象，在描述树种间竞争强度的数量指标中，Hegyi 的单木竞争模型最为常用。当研究范围内含有多种树种时，用不同树种数据可计算种间竞争强度，当用于同种树木数据时，则可计算种内的竞争强度。其计算公式为

$$CI_i = \sum_{j=1}^{N_i}\left(\frac{D_j}{D_i} \times \frac{1}{L_{ij}}\right) \tag{3-30}$$

其中，CI_i 为第 i 种的竞争指数，其值越大，则树种之间的竞争越激烈；D_i 为研究对象木 (objective tree)i 的胸径；D_j 为研究竞争木(competitive tree) j 的胸径；L_{ij} 为对象木 i 和竞争木 j 之间的距离；N_i 为竞争木的株数。

一个树种在群落中的总竞争指数，可通过各对象木竞争指数求和得到，即

$$CI = \sum_{i=1}^{N}CI_i \tag{3-31}$$

其中，CI 为总体竞争指数；N 为对象木的数量。

例 9 为了研究某树种的竞争能力，分别测定了对象木和 5 株竞争木的胸径，对象木的胸径为 12cm，竞争木的胸径分别为 19.1cm，12.3cm，14.8cm，12.5cm，13.0cm，与对象木的距离分别为 10.70m，9.03m，4.12m，12.35m，0.45m，试计算对象木的竞争强度。

解： 将数据的单位统一后，代入计算公式，

$$CI_i = \sum_{j=1}^{N_i}\left(\frac{D_j}{D_i} \times \frac{1}{L_{ij}}\right)$$
$$=\left(\frac{0.191}{0.120} \times \frac{1}{10.70}\right)+\left(\frac{0.123}{0.120} \times \frac{1}{9.03}\right)+\left(\frac{0.148}{0.120} \times \frac{1}{4.12}\right)+\left(\frac{0.125}{0.120} \times \frac{1}{12.35}\right)+\left(\frac{0.130}{0.120} \times \frac{1}{0.45}\right)$$
$$=0.3053$$

二、竞争指数的 MATLAB 实现

种间竞争指数的计算相对简单，将测定的对象木胸径、竞争木胸径和对象木与竞争木之间的距离代入计算式，即可求得结果，下面的 SingleCompetIndex 计算了单一对象木的种间竞争指数，所需参数为上述的胸径与距离。前述例题的具体计算如下，供读者参考。

```
Di=1.2;
Dj=[19.1,12.3,14.8,12.5,13.0]/100 %  数据单位统一
Lij=[10.70,9.03,4.12,12.35,0.45]
SingleCompetIndex(Di,Dj,Lij)
```
附函数源码：
```
function CIi=SingleCompetIndex(Di,Dj,Lij)
%函数名称:SingleCompetIndex.m
%实现功能:计算了单一对象木的种间竞争指数.
%输入参数:函数共有3个输入参数,含义如下:
%         :(1),Di,对象木i的胸径.
%         :(2),Dj,竞争木j的胸径.
%         :(3),Lij,对象木i与竞争木j之间的距离.
%输出参数:函数默认1个输出参数:
%         :(1),CIi,竞争指数,其值越大,表明树种间的竞争越激烈.
%函数调用:实现函数功能不需要调用子函数.
%参考文献:实现函数算法,参阅了以下文献资料:
```

```matlab
%              :(1),马寨璞,MATLAB语言编程[M],北京:电子工业出版社,2017.
%原始作者:马寨璞,wdwsjlxx@163.com.
%创建时间:2018-10-22,18:15:52.
%版权声明:未经作者许可,任何单位及个人不得以任何方式或理由对本代码进行网上传播、贩卖等.
%验证说明:本函数在MATLAB 2015a,2018b等版本运行通过.
%使用样例:常用以下格式,请参考数据格式并准备.
%              Di=1.2;
%              n=15;Dj=Di+rand(1,n);
%              Lij=13*abs(rand(1,n));
%              SingleCompetIndex(Di,Dj,Lij)
% 第一参数
if  ～isempty(Di)&&Di<=0
    error('输入对象木的数据胸径不能小于0!');
else
    % 待求解树的胸径
    fprintf('函数调用信息汇报如下:\n1.本次计算了胸径为%.2f的树木的竞争指数.\n',Di);
end
%第二参数：竞争木胸径
nLetz=sum(Dj<=0); % nlez = number less equal to zero
if  ～isempty(Dj) && nLetz>=1
    error('输入竞争木的数据胸径不能小于0!');
else
    szDj=length(Dj);
    fprintf('2.共有%d棵树木参与了计算,树木的胸径分别为:',szDj);
    fprintf('%.2f,',Dj);fprintf('\b\n');
end
%第三参数
if nargin<3||isempty(Lij)
    error('没有输入对象木与竞争木之间的距离，输入数据不全,无法计算!');
else
    nLtz=sum(Lij<=0);
    if nLtz>=1
        error('距离不能小于0!')
    else
        fprintf('3.对象木与竞争木之间的距离如下:');
        fprintf('%.2f,',Lij);fprintf('\b\n');
    end
end
% 对象木与竞争木之间的距离
szLij=length(Lij);
% 计算竞争指数
if szDj～=szLij
    error('数据个数不匹配');
end
% 计算某对象木的竞争指数
CIi=sum(Dj/Di*1./Lij);
fprintf('4.竞争指数: CIi=%.3f\n',CIi);
```

第四章　生　态　位

生态位(niche)是生态学中的一个重要概念，指物种在生物群落或生态系统中的地位和角色，就某一生物种群而言，它只能生活在一定环境条件范围内，并利用特定的资源，甚至只能在特殊时间里在某环境中出现。这些因子的交叉情况描述了生态位。生态位指在自然生态系统中一个种群在时间、空间上的位置及其与相关种群之间的功能关系。

生态位理论经历了一个形成与发展的过程，最早的概念是由 Grinnell 基于物种占用环境空间而提出的空间生态位，稍后 Elton 则从物种之间的营养关系上建立了营养生态位，在此之后，Hutchinson 将影响有机体的每个条件当作一个维度，从而提出了超体积生态位。总的来讲，生态位是指物种在群落中利用资源的能力，它和物种依存的群落环境相关联。

根据物种占据生态位的理论值和实际值，还可以将生态位划分为基础生态位和实际生态位。一个物种能够占据的生态位空间，会受到竞争与捕食强度的影响。一般来说，没有竞争和捕食的胁迫，物种能够在更广的条件和资源范围内发展，这种潜在的生态位空间就是基础生态位，即物种所能栖息的理论上的最大空间。但实际中，物种总是暴露在竞争者和捕食者面前，很少有物种能够全部占据基础生态位，一个物种实际占用的生态空间，叫做实际生态位。

每个物种在一定生境的群落中都有不同于其他物种的时间和空间位置，这就是某个物种的生态位，当然，生态位也包括物种在生物群落中的功能地位。但需要指出的是，生态位的概念与生境和分布区的概念不同，生境是指生物生存的周围环境，分布区是指物种分布的地理范围，生态位则指在一个生物群落中某个种群的功能地位。

生物在某一生态位维度上的分布，常常呈现出正态分布，这种曲线称作资源利用曲线，如图 4-1 所示。它表示物种具有的喜好位置及其散布在喜好位置周围的变异度。物种的生态位狭，则相互重叠少，物种之间的种间竞争小，如图 4-1(a)；物种的生态位宽，则相互重叠大，物种间竞争大，如图 4-1(b)。

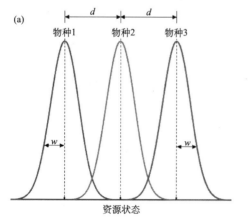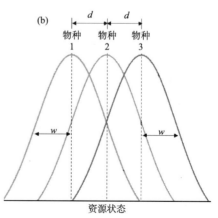

图 4-1　三个共存种的资源利用曲线

d 为曲线峰值间距；w 为曲线的标准差

第一节 生态位测度计算

生态位测度计算包括生态位宽度(niche breadth)和生态位重叠度(niche overlap)两个方面，测度计算基于种群在一系列资源状态中的分布数据，为了方便计算，首先按照表 4-1 的形式列出资源矩阵，矩阵中 x_{ij} 表示第 i 个物种在第 j 个资源状态下的个体数或物种 i 对第 j 个资源状态的利用量；m 为总物种数（$i = 1, 2, \cdots, m$），n 为资源状态数（$j = 1, 2, \cdots, n$）。

表 4-1 生态位测度资源矩阵

物种	资源状态(样点)					合计
	1	2	3	...	n	
1	x_{11}	x_{12}	x_{13}	...	x_{1n}	$x_{1\bullet}$
2	x_{21}	x_{22}	x_{23}	...	x_{2n}	$x_{2\bullet}$
...	...	...	...		...	
m	x_{m1}	x_{m2}	x_{m3}	...	x_{mn}	$x_{m\bullet}$
合计	$x_{\bullet 1}$	$x_{\bullet 2}$	$x_{\bullet 3}$	...	$x_{\bullet n}$	$x_{\bullet\bullet}$

对生态位宽度和重叠度的计算，目前有多种方法，但常用的主要集中在以下几个。

一、生态位宽度计算

目前，进行生态位宽度计算的方法包括以下四种：①Levins 指数；②Shannon-Wiener 指数；③Smith 指数；④资源利用频数。下面介绍前三种方法。

1. Levins 指数

$$B_i = \frac{1}{\sum_{j=1}^{n} P_{ij}^2}, \quad P_{ij} = \frac{x_{ij}}{\sum_{j=1}^{n} x_{ij}} = \frac{x_{ij}}{x_{i\bullet}} \tag{4-1}$$

修订版的 Levins 生态位指数

$$B_i' = \frac{1}{n \times \sum_{j=1}^{n} P_{ij}^2} \tag{4-2}$$

其中，B_i 为物种 i 的生态位宽度指数(index of niche breadth)，取值范围 $1 \sim n$；P_{ij} 为资源占比数，它等于物种 i 在第 j 个资源状态下的个体数与该物种在所有资源状态下个体总数之比。B_i' 取值范围 $0 \sim 1$。也可以用盖度、多度、生物量等指标。

2. Shannon-Wiener 指数

$$B_i = -\sum_{j=1}^{n} \left[P_{ij} \ln(P_{ij}) \right] \tag{4-3}$$

该指数以信息公式为基础，指数 B_i 越大，说明生态位越宽，当某个物种的个体以相等的数目利用每一资源状态时，B_i 最大，即该物种具有最宽的生态位；当物种 i 的所有个体都集中在某一个资源状态下时，B_i 最小，该物种此时具有最窄的生态位。

3. Smith 指数

Smith 指数允许考虑资源的可用性，计算式为

$$B_i = \sum_{j=1}^{n} \sqrt{P_{ij} a_j} \qquad (4\text{-}4)$$

其中，a_j 为第 j 个资源状态下的资源占总资源的比例，当实验控制条件可准确量化时，该方法较为适合。

例 1　表 4-2 是一个包括 5 个物种 10 个样方的模拟数据，试计算该数据的生态位宽度。

表 4-2　包括 5 个物种 10 个样方的模拟数据

物种编号	样方									
	1	2	3	4	5	6	7	8	9	10
1	11	22	33	44	55	66	77	88	99	100
2	21	32	43	54	65	76	87	98	109	10
3	91	82	73	54	45	36	27	18	19	310
4	41	52	63	74	85	96	107	98	89	210
5	91	72	63	54	45	36	27	48	59	60

解：(1)生态位宽度计算多数都是以比例数 P_{ij} 为基础，它表示了物种 i 在第 j 个资源状态下个体的占比，首先计算 P_{ij} 如下，以物种 1 为例，

$$P_{ij} = \frac{x_{ij}}{\sum_{j=1}^{n} x_{ij}} = \frac{11}{11+22+33+\cdots+100} = \frac{11}{595} = 0.0185$$

类似计算各物种的 P_{ij}，结果列于表 4-3。

表 4-3　模拟数据的 P_{ij} 值

物种编号	样方									
	1	2	3	4	5	6	7	8	9	10
1	0.0185	0.0370	0.0555	0.0739	0.0924	0.1109	0.1294	0.1479	0.1664	0.1681
2	0.0353	0.0538	0.0723	0.0908	0.1092	0.1277	0.1462	0.1647	0.1832	0.0168
3	0.1205	0.1086	0.0967	0.0715	0.0596	0.0477	0.0358	0.0238	0.0252	0.4106
4	0.0448	0.0568	0.0689	0.0809	0.0929	0.1049	0.1169	0.1071	0.0973	0.2295
5	0.1640	0.1297	0.1135	0.0973	0.0811	0.0649	0.0486	0.0865	0.1063	0.1081

(2)Levins 宽度指数。根据计算式(4-1)，以物种 1 的宽度为例，

$$B_1 = \frac{1}{\sum_{j=1}^{n} P_{ij}^2} = \frac{1}{0.0185^2 + 0.0370^2 + 0.0555^2 + \cdots + 0.1681^2} = 7.9583$$

类似可求得其他物种的生态位宽度，以向量表示，则

$$B=\{7.9583，7.8005，4.5938，8.1013，9.1172\}$$

(3)修订 Levins 宽度指数。根据计算式(4-2)，以物种 1 的宽度为例，

$$B_1' = \frac{1}{n \times \sum_{j=1}^{n} P_{ij}^2} = \frac{1}{10 \times \left(0.0185^2 + 0.0370^2 + 0.0555^2 + \cdots + 0.1681^2\right)} = 0.7958$$

类似可求得其他物种的生态位宽度，以向量表示，则

$$B=\{0.79583，0.78005，0.45938，0.81013，0.91172\}$$

(4)Shannon-Wiener 宽度指数。根据计算式(4-3)，以物种 1 的宽度为例，

$$\begin{aligned} B_1 &= -\sum_{j=1}^{n} \left[P_{ij} \ln(P_{ij}) \right] \\ &= -\left[0.0185 \times \ln(0.0185) + 0.0370 \times \ln(0.0370) + \cdots + 0.1681 \times \ln(0.1681) \right] \\ &= 2.1581 \end{aligned}$$

类似可求得其他物种的生态位宽度，以向量表示，则

$$B=\{2.1581，2.1454，1.8902，2.2017，2.2538\}$$

(5)Smith 宽度指数。根据计算式(4-4)，先计算参数 a_j，它是第 j 个资源占总资源的比例，本例中共有 10 列数据，即 10 个资源，以资源 1 为例，则

$$a_1 = \frac{\sum_{i=1}^{m=5} x_{ij}}{\sum_{j=1}^{n=10} \sum_{i=1}^{m=5} x_{ij}} = \frac{11+21+91+41+91}{11+21+91+\cdots+310+210+60} = \frac{255}{3415} = 0.0747$$

计算全部结果列于向量中，则有

$a_j=\{0.0747，0.0761，0.0805，0.0820，0.0864，0.0908，0.0952，0.1025，0.1098，0.2020\}$

物种 1 的宽度为

$$\begin{aligned} B_1 &= \sum_{j=1}^{n} \sqrt{P_{ij} a_j} \\ &= \sqrt{0.0185 \times 0.0747} + \sqrt{0.0370 \times 0.0761} + \cdots + \sqrt{0.1681 \times 0.2020} \\ &= 0.9782 \end{aligned}$$

类似可求得其他物种的生态位宽度，以向量表示，则有

$$B=\{0.9782，0.9307，0.9365，0.9956，0.9734\}$$

二、生态位重叠指数

1. Levins 重叠指数

$$O_{ik} = \frac{\sum_{j=1}^{n} \left(P_{ij} P_{kj} \right)}{\sum_{j=1}^{n} P_{ij}^2} \tag{4-5}$$

其中，O_{ik} 为物种 i 的资源利用曲线与物种 k 的资源利用曲线的重叠指数，它与物种 i 的生态

位宽度有关，且 O_{ik} 与 O_{ki} 是不同的。当两个物种在所有资源状态中的分布完全相同时，O_{ik} 取得最大值 1，即两个物种的生态位完全重叠。反之，当两个物种不具有共同资源状态时，它们的生态位完全不重叠，此时 O_{ik} 取值最小，即 $O_{ik} = 0$。

2. Schoener 重叠指数

$$O_{ik} = 1 - \frac{1}{2}\sum_{j=1}^{n}\left|P_{ij} - P_{kj}\right| \tag{4-6}$$

该指数以相似百分率为基础，取值范围 $0 \leqslant O_{ik} \leqslant 1$。

3. Petraitis 特定重叠指数

$$O_{ik} = e^{E_{ik}} \tag{4-7}$$

其中

$$E_{ik} = \sum_{j=1}^{n}\left[P_{ij} \times \ln\left(P_{kj}\right)\right] - \sum_{j=1}^{n}\left[P_{ij} \times \ln\left(P_{ij}\right)\right] \tag{4-8}$$

Petraitis 指数要求两个物种(i 和 k)在每一资源状态中都要出现，当某个物种对某资源状态的利用为 0 时，即 $P_{ij} = 0$ 时，该重叠指数没有意义。该指数适合实验研究，取值范围 $0\sim1$。

4. Pianka 重叠指数

$$O_{ik} = \frac{\sum_{j=1}^{n}\left(P_{ij}P_{kj}\right)}{\sqrt{\sum_{j=1}^{n}\left(P_{ij}^2\right)}\sqrt{\sum_{j=1}^{n}\left(P_{kj}^2\right)}} \tag{4-9}$$

Pianka 重叠指数的取值范围 $0 \leqslant O_{ik} \leqslant 1$。

5. Morisita-Horn 重叠指数

$$O_{ik} = \frac{2\sum_{j=1}^{n}\left(P_{ij}P_{kj}\right)}{\sum_{j=1}^{n}P_{ij}^2 + \sum_{j=1}^{n}P_{kj}^2} \tag{4-10}$$

这个指数是简化版的 Morisita 重叠指数，具有较高的精度。当观测数据为密度或多度时，以个体数为指标，则可以使用非简化版的 Morisita 重叠指数，如下：

$$O_{ik} = \frac{2\sum_{j=1}^{n}\left(P_{ij}P_{kj}\right)}{\sum_{j=1}^{n}\left(P_{ij} \times \frac{x_{ij}-1}{x_{i\bullet}-1}\right) + \sum_{j=1}^{n}\left(P_{kj} \times \frac{x_{kj}-1}{x_{k\bullet}-1}\right)} \tag{4-11}$$

6. Horn 重叠指数

$$O_{ik} = \frac{\sum_{j=1}^{n}\left[\left(P_{ij}+P_{kj}\right) \times \ln\left(P_{ij}+P_{kj}\right)\right] - \sum_{j=1}^{n}\left[P_{ij} \times \ln\left(P_{ij}\right)\right] - \sum_{j=1}^{n}\left[P_{kj} \times \ln\left(P_{kj}\right)\right]}{2\ln\left(2\right)} \tag{4-12}$$

其中，ln 为自然对数，也可以选用常用对数或者其他对数。

7. 王刚重叠指数

若把两个物种在其生态因子联系上的相似性看作生态位重叠，则可以定义王刚重叠指数。设 y_1, y_2 分别表示两个物种，则它们的生态位可分别由函数 f_1, f_2 来表示，

$$y_1 = f_1(x_1, x_2, \cdots, x_n)$$
$$y_2 = f_2(x_1, x_2, \cdots, x_n)$$

其中，f_1, f_2 分别为物种 y_1, y_2 的基础生态位。在此基础上，王刚重叠指数由下式计算，

$$O_{y_1 y_2} = \frac{\sum_{j=1}^{n} \left\{ \min\left[f_1(x_i), f_2(x_i) \right] l_i \right\}}{\max\left(\sum_{j=1}^{n} f_1(x_i) l_i, \sum_{j=1}^{n} f_2(x_i) l_i \right)} \tag{4-13}$$

其中，l_i 为第 i 个样点(生态因子)的间隔，$l_i = x_i - x_{i-1}$；n 为样点数(或生态因子的维数)；$f_1(x_i), f_2(x_i)$ 分别为第 $i, i-1$ 两个物种在第 j 个样点中的个体数(或盖度、生物量、多度等其他生态学指标)。这个计算公式中引入了生态位因子间隔，消除了因资源位划分不均匀而造成的计算重叠误差。在具体计算生态因子间隔时，王刚等建议以群落梯度代替生态因子梯度，以使计算结果更具实际的生态学意义。

例 2 以表 4-2 中的数据为例，计算常用的生态位重叠指数。

解: (1)Levins 重叠指数。按照式(4-5)，以物种 1 和物种 2 为例，先计算 O_{12}，再计算 O_{21}，对比两者的差异。当 $i=1, k=2$ 时，

$$O_{12} = \frac{\sum_{j=1}^{n}(P_{1j}P_{2j})}{\sum_{j=1}^{n}P_{1j}^2} = \frac{0.0185 \times 0.0353 + \cdots + 0.1681 \times 0.0168}{0.0185^2 + 0.0370^2 + \cdots + 0.1681^2} = 0.9090$$

$$O_{21} = \frac{\sum_{j=1}^{n}(P_{2j}P_{1j})}{\sum_{j=1}^{n}P_{2j}^2} = \frac{0.0353 \times 0.0185 + \cdots + 0.0168 \times 0.1681}{0.0353^2 + 0.0538^2 + \cdots + 0.0168^2} = 0.8909$$

对比可知 $O_{12} \neq O_{21}$，采用相同的计算方法，得到其他物种两两之间的生态位重叠指数，列于表 4-4。

表 4-4 通过 Levins 方法计算得到的生态位重叠指数

物种编号	1	2	3	4	5
1	1.0000	0.9090	0.8678	0.9445	0.7238
2	0.8909	1.0000	0.4434	0.7560	0.6988
3	0.5009	0.2611	1.0000	0.6338	0.5080
4	0.9615	0.7852	1.1178	1.0000	0.7684
5	0.8292	0.8168	1.0082	0.8647	1.0000

(2)Schoener 重叠指数按照式(4-6)，以物种 1 和物种 2 为例，先计算 O_{12}，再计算 O_{21}，对比两者的差异。当 $i=1, k=2$ 时，

$$O_{12} = 1 - \frac{1}{2}\sum_{j=1}^{n}\left|P_{1j} - P_{2j}\right|$$

$$= 1 - \frac{1}{2}\left(\left|0.0185 - 0.0353\right| + \left|0.0370 - 0.0538\right| + \cdots + \left|0.1681 - 0.0168\right|\right)$$

$$= 0.8487$$

$$O_{21} = 1 - \frac{1}{2}\sum_{j=1}^{n}\left|P_{2j} - P_{1j}\right|$$

$$= 1 - \frac{1}{2}\left(\left|0.0353 - 0.0185\right| + \left|0.0538 - 0.0370\right| + \cdots + \left|0.0168 - 0.1681\right|\right)$$

$$= 0.8487$$

对比可知 $O_{12} = O_{21}$，这是因为计算式中采用了差的绝对值，物种编号的先后对此不产生影响。采用相同的计算方法，得到其他物种两两之间的生态位重叠指数，列于表 4-5。可以看出，这些数据是主对角线对称的数据。

表 4-5　通过 Schoener 方法计算得到的生态位重叠指数

物种编号	1	2	3	4	5
1	1.0000	0.8487	0.5426	0.8716	0.6804
2	0.8487	1.0000	0.4417	0.7747	0.6563
3	0.5426	0.4417	1.0000	0.6636	0.6975
4	0.8716	0.7747	0.6636	1.0000	0.7378
5	0.6804	0.6563	0.6975	0.7378	1.0000

(3)Pianka 重叠指数。根据式(4-9)，以物种 1 和物种 2 为例，先计算 O_{12}。当 $i=1, k=2$ 时，

$$O_{12} = \frac{\sum_{j=1}^{n}\left(P_{1j}P_{2j}\right)}{\sqrt{\sum_{j=1}^{n}\left(P_{1j}^2\right)}\sqrt{\sum_{j=1}^{n}\left(P_{2j}^2\right)}} = \frac{0.0185\times0.0353 + \cdots + 0.1681\times0.0168}{\sqrt{0.0185^2 + \cdots + 0.1681^2}\sqrt{0.0353^2 + \cdots + 0.0168^2}} = 0.8999$$

再计算 O_{21}，但根据式(4-9)的特点，可知 $O_{12} = O_{21}$，即物种编号的先后没有影响。采用相同的计算方法，得到其他物种两两之间的生态位重叠指数，列于表 4-6。可以看出，这些数据是主对角线对称的数据。

表 4-6　通过 Pianka 方法计算得到的生态位重叠指数

物种编号	1	2	3	4	5
1	1.0000	0.8999	0.6593	0.9530	0.7747
2	0.8999	1.0000	0.3403	0.7705	0.7555
3	0.6593	0.3403	1.0000	0.8417	0.7156
4	0.9530	0.7705	0.8417	1.0000	0.8151
5	0.7747	0.7555	0.7156	0.8151	1.0000

(4) Petraitis 特定重叠指数。利用式(4-7)和式(4-8)，以物种 1 和物种 2 为例，计算

$$
\begin{aligned}
E_{12} &= \sum_{j=1}^{n}\left[P_{1j} \times \ln\left(P_{2j}\right)\right] - \sum_{j=1}^{n}\left[P_{1j} \times \ln\left(P_{1j}\right)\right] \\
&= \left[0.0185 \times \ln\left(0.0353\right) + 0.0370 \times \ln\left(0.0538\right) + \cdots + 0.1681 \times \ln\left(0.0168\right)\right] \\
&\quad - \left[0.0185 \times \ln\left(0.0185\right) + 0.0370 \times \ln\left(0.0370\right) + \cdots + 0.1681 \times \ln\left(0.1681\right)\right] \\
&= -0.2525
\end{aligned}
$$

则

$$
O_{12} = e^{E_{12}} = e^{-0.2525} = 0.7768
$$

重复计算其他物种两两之间的重叠指数，结果列于表 4-7。

表 4-7　通过 Petraits 方法计算得到的生态位重叠指数

物种编号	1	2	3	4	5
1	1.0000	0.7768	0.5316	0.9487	0.7561
2	0.8768	1.0000	0.3884	0.8017	0.7305
3	0.5725	0.2676	1.0000	0.7587	0.7096
4	0.9477	0.6494	0.7212	1.0000	0.8201
5	0.6744	0.6770	0.7394	0.8032	1.0000

(5)Morisita-Horn 重叠指数。仍以物种 1 和物种 2 为例，具体计算如下：

$$
O_{12} = \frac{2\sum_{j=1}^{n}\left(P_{1j}P_{2j}\right)}{\sum_{j=1}^{n}P_{1j}^{2} + \sum_{j=1}^{n}P_{2j}^{2}} = \frac{2 \times \left(0.0185 \times 0.0353 + \cdots + 0.1681 \times 0.0168\right)}{\left(0.0185^{2} + \cdots + 0.1681^{2}\right) + \left(0.0353^{2} + \cdots + 0.0168^{2}\right)} = 0.8999
$$

重复计算其他物种两两之间的重叠指数，结果列于表 4-8。

表 4-8　通过 Morisita-Horn 方法计算得到的生态位重叠指数

物种编号	1	2	3	4	5
1	1.0000	0.8999	0.6352	0.9529	0.7730
2	0.8999	1.0000	0.3287	0.7703	0.7532
3	0.6352	0.3287	1.0000	0.8089	0.6756
4	0.9529	0.7703	0.8089	1.0000	0.8137
5	0.7730	0.7532	0.6756	0.8137	1.0000

(6)Morisita 重叠指数。该方法一般只适用于密度或多度数据，以个体数为指标，当数据是其他类型时，可按照 Morisita-Horn 方法计算。本例中，仍以物种 1 和物种 2 为例，具体计算如下：

$$
\sum_{j=1}^{n}\left(P_{1j} \times \frac{x_{1j}-1}{x_{1\cdot}-1}\right) = 0.0185 \times \frac{11-1}{595-1} + 0.0370 \times \frac{22-1}{595-1} + \cdots + 0.1681 \times \frac{100-1}{595-1}
$$

$$\sum_{j=1}^{n}\left(P_{2j}\times\frac{x_{2j}-1}{x_{2\cdot}-1}\right)=0.0353\times\frac{21-1}{595-1}+0.0538\times\frac{32-1}{595-1}+\cdots+0.0168\times\frac{10-1}{595-1}$$

$$O_{12}=\frac{2\sum_{j=1}^{n}\left(P_{1j}P_{2j}\right)}{\sum_{j=1}^{n}\left(P_{1j}\times\frac{x_{1j}-1}{x_{1\cdot}-1}\right)+\sum_{j=1}^{n}\left(P_{2j}\times\frac{x_{2j}-1}{x_{2\cdot}-1}\right)}$$

$$=\frac{2\times(0.0185\times0.0353+0.0370\times0.0538+\cdots+0.1681\times0.0168)}{\left(0.0185\times\frac{11-1}{595-1}+\cdots+0.1681\times\frac{100-1}{595-1}\right)+\left(0.0353\times\frac{21-1}{595-1}+\cdots+0.0168\times\frac{10-1}{595-1}\right)}$$

$$=0.9104$$

重复计算其他物种两两之间的重叠指数，结果列于表 4-9。

表 4-9 通过 Morisita 方法计算得到的生态位重叠指数

物种编号	1	2	3	4	5
1	1.0119	0.9104	0.6399	0.9623	0.7832
2	0.9104	1.0116	0.3311	0.7778	0.7631
3	0.6399	0.3311	1.0048	0.8137	0.6811
4	0.9623	0.7778	0.8137	1.0078	0.8228
5	0.7832	0.7631	0.6811	0.8228	1.0149

(7)Horn 重叠指数。以物种 1 和物种 2 为例，先分别计算公式中各部分如下：

$$\sum_{j=1}^{n}\left[\left(P_{1j}+P_{2j}\right)\times\ln\left(P_{1j}+P_{2j}\right)\right]$$

$$=(0.0185+0.0353)\times\ln(0.0185+0.0353)+(0.0370+0.0538)\times\ln(0.0370+0.0538)+\cdots$$
$$+(0.1681+0.0168)\times\ln(0.1681+0.0168)$$

$$\sum_{j=1}^{n}\left[P_{1j}\times\ln\left(P_{1j}\right)\right]=0.0185\times\ln(0.0185)+0.0370\times\ln(0.0370)+\cdots+0.1681\times\ln(0.1681)$$

$$\sum_{j=1}^{n}\left[P_{2j}\times\ln\left(P_{2j}\right)\right]=0.0353\times\ln(0.0353)+0.0538\times\ln(0.0538)+\cdots+0.0168\times\ln(0.0168)$$

则最终计算为

$$O_{12}=\frac{\sum_{j=1}^{n}\left[\left(P_{1j}+P_{2j}\right)\times\ln\left(P_{1j}+P_{2j}\right)\right]-\sum_{j=1}^{n}\left[P_{1j}\times\ln\left(P_{1j}\right)\right]-\sum_{j=1}^{n}\left[P_{2j}\times\ln\left(P_{2j}\right)\right]}{2\ln(2)}=0.9418$$

遍历计算任意两种，则 Horn 重叠指数列于表 4-10。

例 3 仍以前述模拟数据为例，试据此计算生态位王刚重叠指数。

解：本例计算包括以下 6 步。

(1)构建相似系数矩阵。以样点中植物的生态重要值为指标，以样点为对象，计算各样点间群落相似性系数，并构建成相似系数矩阵。在计算相似性时，可以使用不同的相似性测度，

表 4-10 通过 Horn 方法计算得到的生态位重叠指数

物种编号	1	2	3	4	5
1	1.0000	0.9418	0.8043	0.9811	0.8899
2	0.9418	1.0000	0.6743	0.9039	0.8817
3	0.8043	0.6743	1.0000	0.8965	0.8913
4	0.9811	0.9039	0.8965	1.0000	0.9276
5	0.8899	0.8817	0.8913	0.9276	1.0000

如相关系数、夹角余弦或距离法等。

本例中，以夹角余弦法计算相似系数，具体公式为

$$\cos(\theta) = \frac{x_1 y_1 + x_2 y_2 + \cdots + x_n y_n}{\sqrt{x_1^2 + x_2^2 + \cdots + x_n^2}\sqrt{y_1^2 + y_2^2 + \cdots + y_n^2}} \qquad (4\text{-}14)$$

以样方 1 和样方 2 为例，则

$$\cos(\theta) = \frac{11 \times 22 + 21 \times 32 + \cdots + 91 \times 72}{\sqrt{11^2 + 21^2 + \cdots + 91^2}\sqrt{22^2 + 32^2 + \cdots + 72^2}} = \frac{17060}{137.13 \times 126.96} = 0.9799$$

遍历计算所有各对样点，得到相似系数矩阵 R：

$$R = \begin{pmatrix}
1.0000 & 0.9799 & 0.9294 & 0.8306 & 0.7311 & 0.6307 & 0.5374 & 0.5533 & 0.5632 & 0.8103 \\
0.9799 & 1.0000 & 0.9838 & 0.9207 & 0.8472 & 0.7668 & 0.6883 & 0.6915 & 0.6934 & 0.8669 \\
0.9294 & 0.9838 & 1.0000 & 0.9751 & 0.9284 & 0.8692 & 0.8071 & 0.8052 & 0.8017 & 0.8685 \\
0.8306 & 0.9207 & 0.9751 & 1.0000 & 0.9872 & 0.9559 & 0.9159 & 0.9139 & 0.9050 & 0.8113 \\
0.7311 & 0.8472 & 0.9284 & 0.9872 & 1.0000 & 0.9906 & 0.9683 & 0.9616 & 0.9483 & 0.7613 \\
0.6307 & 0.7668 & 0.8692 & 0.9559 & 0.9906 & 1.0000 & 0.9934 & 0.9829 & 0.9661 & 0.7028 \\
0.5374 & 0.6883 & 0.8071 & 0.9159 & 0.9683 & 0.9934 & 1.0000 & 0.9865 & 0.9669 & 0.6436 \\
0.5533 & 0.6915 & 0.8052 & 0.9139 & 0.9616 & 0.9829 & 0.9865 & 1.0000 & 0.9948 & 0.5754 \\
0.5632 & 0.6934 & 0.8017 & 0.9050 & 0.9483 & 0.9661 & 0.9669 & 0.9948 & 1.0000 & 0.5451 \\
0.8103 & 0.8669 & 0.8685 & 0.8113 & 0.7613 & 0.7028 & 0.6436 & 0.5754 & 0.5451 & 1.0000
\end{pmatrix}$$

(2)计算每个样点与其他所有样点的相异系数总值，以具有最大相异系数总值的样点作为始端样点。由于相异系数与相似系数互逆，在计算得到相似系数的基础上，相似系数和值最小的样点即为最大相异系数总值的样点。

本例中，以第一个样点为例，则相异系数和值为

$$g_1 = 1.0000 + 0.9799 + 0.9294 + \cdots + 0.8103 = 7.5659$$

各样点的相异系数(相似系数)和值 G 为

$$G = (7.5659, \ 8.4384, \ 8.9685, \ 9.2157, \ 9.1239, \ 8.8584, \ 8.5074, \ 8.4651, \ 8.3847, \ 7.5852)$$

求解最大相异(最小相似)系数，确定始端样点位号

$$A = 7.5659; \quad Index = 1$$

(3)根据各样点与始端样点相似系数的大小，对其余各样点进行排序，使得重排序后的样点序列具有生态梯度变化特点。具体计算时，首先找到相似矩阵 R 的始端样点所在行，该行

中的相似系数，即始端样点与其他样方的相似系数，以该行的相似系数为依据，进行大小排序，排序结果同时应用到原始数据 X 和相关矩阵 R 上。

本例中，对始端样点所在行的相似系数进行排序如下：

$$(1.0000，\ 0.9799，\ 0.9294，\ 0.8306，\ 0.8103，\ 0.7311，\ 0.6307，\ 0.5632，\ 0.5533，\ 0.5374)$$

各数据排序前后的位置编号如表 4-11。

表 4-11　相似系数排序前后的位置对比

新位置	1	2	3	4	5	6	7	8	9	10
原位置	1	2	3	4	10	5	6	9	8	7

原始观测数据根据排序进行顺序调整，结果如下：

$$X_{\text{new}} = \begin{pmatrix} 11 & 22 & 33 & 44 & 100 & 55 & 66 & 99 & 88 & 77 \\ 21 & 32 & 43 & 54 & 10 & 65 & 76 & 109 & 98 & 87 \\ 91 & 82 & 73 & 54 & 310 & 45 & 36 & 19 & 18 & 27 \\ 41 & 52 & 63 & 74 & 210 & 85 & 96 & 89 & 98 & 107 \\ 91 & 72 & 63 & 54 & 60 & 45 & 36 & 59 & 48 & 27 \end{pmatrix}$$

同样地，相关系数矩阵根据 Z 排序进行顺序调整，结果如下：

$$R_{\text{new}} = \begin{pmatrix} 1.0000 & 0.9799 & 0.9294 & 0.8306 & 0.8103 & 0.7311 & 0.6307 & 0.5632 & 0.5533 & 0.5374 \\ 0.9799 & 1.0000 & 0.9838 & 0.9207 & 0.8669 & 0.8472 & 0.7668 & 0.6934 & 0.6915 & 0.6883 \\ 0.9294 & 0.9838 & 1.0000 & 0.9751 & 0.8685 & 0.9284 & 0.8692 & 0.8017 & 0.8052 & 0.8071 \\ 0.8306 & 0.9207 & 0.9751 & 1.0000 & 0.8113 & 0.9872 & 0.9559 & 0.9050 & 0.9139 & 0.9159 \\ 0.7311 & 0.8472 & 0.9284 & 0.9872 & 0.7613 & 1.0000 & 0.9906 & 0.9483 & 0.9616 & 0.9683 \\ 0.6307 & 0.7668 & 0.8692 & 0.9559 & 0.7028 & 0.9906 & 1.0000 & 0.9661 & 0.9829 & 0.9934 \\ 0.5374 & 0.6883 & 0.8071 & 0.9159 & 0.6436 & 0.9683 & 0.9934 & 0.9669 & 0.9865 & 1.0000 \\ 0.5533 & 0.6915 & 0.8052 & 0.9139 & 0.5754 & 0.9616 & 0.9829 & 0.9948 & 1.0000 & 0.9865 \\ 0.5632 & 0.6934 & 0.8017 & 0.9050 & 0.5451 & 0.9483 & 0.9661 & 1.0000 & 0.9948 & 0.9669 \\ 0.8103 & 0.8669 & 0.8685 & 0.8113 & 1.0000 & 0.7613 & 0.7028 & 0.5451 & 0.5754 & 0.6436 \end{pmatrix}$$

(4)根据式(4-15)计算各样点与始端样点间的生态距离，

$$D_j = \frac{-\ln Z_j}{\ln 2} \tag{4-15}$$

其中，D_j 为第 j 个样点与始端样点的生态距离；Z_j 为第 j 个样点与始端样点的相似系数。本例中，10 个样本点的生态距离如下：

$$D_j = (0.0000，\ 0.0294，\ 0.1056，\ 0.2677，\ 0.3035，\ 0.4519，\ 0.6651，\ 0.8282，\ 0.8538，\ 0.8959)$$

(5)以各样点与始端样点的生态距离为基础，按照式(4-16)计算样点间的生态距离间隔，

$$l_j = D_j - D_{j-1} \tag{4-16}$$

本例中，10 个样本点的生态距离间隔如下：

$$l_j = (0.0294, \quad 0.0294, \quad 0.0762, \quad 0.1622, \quad 0.0358, \quad 0.1484, \quad 0.2131, \quad 0.1631, \quad 0.0256, \quad 0.0421)$$

(6)以生态距离间隔为生态位重叠计算中的权重，计算生态位重叠。本例的具体计算结果如下：

$$O_{ij} = \begin{pmatrix} 1.0000 & 0.8605 & 0.5725 & 0.6912 & 0.6734 \\ 0.8605 & 1.0000 & 0.5176 & 0.7407 & 0.6320 \\ 0.5725 & 0.5176 & 1.0000 & 0.5248 & 0.7980 \\ 0.6912 & 0.7407 & 0.5248 & 1.0000 & 0.5483 \\ 0.6734 & 0.6320 & 0.7980 & 0.5483 & 1.0000 \end{pmatrix}$$

三、生态位分离

1993 年，余世孝等提出了测定物种生态位的非相似性指标，称之为生态位分离(niche separation)，这个指标间接地反映了生态位重叠。

该指标基于生态位的超体积概念，认为一个物种的生态位可以由一个超体积空间描述。设超体积空间可以分割，若将生态位空间分割为 n 个子空间，每个子空间的中心点为 $T_1, T_2, \cdots, T_n$，生态位超体积空间的中心的定义为 O，子空间中心点 T_j 到超体积中心 O 的距离为 D_j，则两个物种 i 和 k 的生态位分离指数 S_{ik}，可由 h 个加权的绝对差值之和计算(图 4-2)。

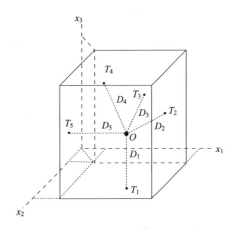

$$S_{ik} = \sum_{j=1}^{h} D_j \left| P_{ij} - P_{kj} \right| \tag{4-17}$$

图 4-2　生态位空间中各点到理论中心 O 的距离(摘自余世孝，1993)

其中，P_{ij} 和 P_{kj} 分别为物种 i 和物种 k 在中点坐标为 $x_{1j}, x_{2j}, \cdots, x_{\mu j}, \cdots, x_{nj}$ 的第 j 个子空间中的分布比例；$x_{\mu j}$ 为第 j 个子空间中心点在 μ 个资源维上的坐标；n 为生态位空间维数。若第 μ 个资源维划分梯度数为 m，则有 $h = \prod_{\mu=1}^{n} m_\mu$。$S_{ik}$ 的值大于或者等于 0，当两个物种具有一致的分布时，S_{ik} 值最小为 0；当两个物种具有完全不同的分布时，S_{ik} 具有最大的值。

四、多物种生态位重叠指数

对于多个物种的生态位重叠，Petraitis 给出了如下的计算方法：

$$O = \exp \left[\frac{1}{x_{\bullet\bullet}} \sum_{i=1}^{m} \sum_{j=1}^{n} x_{ij} \left(\ln C_j - \ln P_{ij} \right) \right] \tag{4-18}$$

其中，x_{ij} 和 $x_{\bullet\bullet}$ 的含义如表 4-1 中所示；P_{ij} 在式(4-1)中给出；C_j 为第 j 个资源状态的相对多度。

五、生态位重叠的应用

生态位重叠是群落物种多样性和群落结构的可能决定因素之一，是种群对相同资源的共同利用，或者是共有的生态空间资源区域。通过计算种群重叠 O_{ik} 及 O_{ki}，利用它们的相对大小，就可说明一个物种的生态属性。种群重叠 O_{ik} 表示的是 i 种群占用 k 种群资源量的大小，若 $O_{ik} > O_{ki}$，则说明 i 种群处于发展壮大阶段，具有进攻性，而 k 种群则处于相对较弱的地位，具有衰退性，反之亦可得出类似结论。

对 O_{ik} 中的 k 进行求和，即 $\sum_{k=1} O_{ik}$，可得到 i 种群占用其他种群的总资源量；而对 i 求和，即 $\sum_{i=1} O_{ik}$，可得到 k 种群被其他种群侵占的总资源量。当 $i = k$ 时，计算

$$\Delta O_{ik} = \left(\sum_{k=1} O_{ik} - \sum_{i=1} O_{ik} \right) \tag{4-19}$$

利用 ΔO_{ik}，可解释不同生境下不同种群生态习性的变化，ΔO_{ik} 的正负反映了该物种属于发展性还是衰退性的种群；差值的大小，从数量上说明了物种的发展或衰退。

为了更准确地确定种群的生态响应，还必须考虑该种群在群落中的地位，若将生态位宽度引入，便可利用速率来衡量不同物种群对生境的生态响应，具体地，

$$R = \frac{B_i}{\Delta O_{ik}}, \quad (i = k) \tag{4-20}$$

其中，R 为生态效应速率；B_i 为物种 i 的生态位宽度指数。

第二节　生态位计算的 MATLAB 实现

生态位宽度指数和生态位重叠指数的计算并不太难，掌握每一个指数的计算，有助于更好地理解指数的本质，并选用合适的指数。下面的源码包括三个函数：①niche 函数；②WangOverlap 函数；③nobp 函数，共同实现了生态位宽度和重叠指数的计算，前述例题中的计算均由下述函数计算得到。

一、niche 函数

```
function [re]=niche(X,method)
%函数名称:niche.m
%实现功能:根据给定的生态学观测数据,计算各种常见的生态位宽度指数和重叠指数.
%输入参数:函数共有2个输入参数,含义如下:
%          :(1),X,原始观测数据,每行对应一个物种,共M种,每列对应一个样点,共N个,则X为M*N矩阵.
%          :(2),method,字符串变量,用来指定计算方法,包括生态位宽度和重叠指数,具体如下:
%          :   第一部分,计算生态位宽度
%          :      'bLevins'          =>   Levins宽度指数
%          :      'Modified Levins'  =>   修正版的Levins宽度指数
%          :      'Shannon-Wiener'   =>   Shannon-Wiener宽度指数
%          :      'Smith'            =>   Smith宽度指数
%          :   第二部分,计算生态位重叠度
%          :      'Schoener'         =>   Schoener重叠指数
%          :      'Pianka'           =>   Pianka重叠指数
```

```
%         :    'Petraits'      =>    Petraits重叠指数
%         :    'oLevins'       =>    Levins重叠指数
%         :    'Morisita-Horn' =>    Morisita-Horn重叠指数
%         :    'Morisita'      =>    Morisita重叠指数
%         :    'Horn'          =>    Horn重叠指数
%         :    'Wanggang'      =>    Wanggang重叠指数
%         :    'mPetraitis'    =>    Petraitis多种群生态位重叠指数
%输出参数:函数默认1个输出参数,含义如下:
%         :(1),re,计算结果,宽度向量或者重叠指数矩阵.
%函数调用:实现函数功能需要调用2个子函数,说明如下:
%         :(1),WangOverlap,用来计算王刚生态位重叠指数.
%         :(2),nobp,输出生态位宽度或重叠度计算结果.
%参考文献:实现函数算法,参阅了以下文献资料:
%         :(1),马寨璞,MATLAB语言编程[M],北京:电子工业出版社,2017.
%         :(2),马寨璞,高级生物统计学[M],北京:科学出版社,2016.
%原始作者:马寨璞,wdwsjlxx@163.com.
%创建时间:2019.05.25,17:00:28.
%版权声明:未经作者许可,任何人不得以任何方式或理由对本代码进行网上传播、贩卖等.
%验证说明:本函数在MATLAB2017b,2018b等版本运行通过.
%使用样例:常用以下格式,请参考准备数据格式等:
%         例1,使用全参数格式:
%         X=[ 11,22,33,44,55,66,77,88,99,100;
%             21,32,43,54,65,76,87,98,109,10;
%             91,82,73,54,45,36,27,18,19,310;
%             41,52,63,74,85,96,107,98,89,210;
%             91,72,63,54,45,36,27,48,59,60 ]
%         niche(X,'wanggang')
%
if nargin<2
    method='Shannon-Wiener';    % 缺省默认值.
else
    myMethod={'bLevins','Modified Levins', 'Shannon-Wiener', 'Smith',....
        'Schoener', 'Pianka', 'Petraits', 'oLevins', 'Morisita-Horn',....
        'Morisita', 'Horn', 'Wanggang', 'Hutchinson','mPetraitis'};
    method=internal.stats.getParamVal(method,myMethod,'Types');
end
% 基本数据计算
[row,col]=size(X);
X(X==0)=0.001; %将0值转为非0
cSum=sum(X,1); %各列和  Column Summation
rSum=sum(X,2); %各行和  Row Summation
P=zeros(row,col); %初始化基础矩阵  Pij
for ir=1:row
    P(ir,:)=X(ir,:)/rSum(ir);
end
```

```
fprintf('转化为比例值的观测数据P：\n');disp(P);
nb=zeros(row,1); %  生态位宽度初始化  % niche breadth
olv=zeros(row);        %初始化存放Overlap Value的矩阵.
switch method
    case 'bLevins'    % Levins宽度指数
        for ir=1:row
            nb(ir)=1/sum(P(ir,:).^2);
        end
        nobp(nb,'bLevins');
    case 'Modified Levins'   %  修正版的Levins宽度指数
        for ir=1:row
            nb(ir)=1/(sum(P(ir,:).^2)*col);
        end
        nobp(nb,'Modified Levins');
    case 'Shannon-Wiener'    % Shannon-Wiener宽度指数
        for ir=1:row
            nb(ir)=-sum(P(ir,:).*log(P(ir,:)));
        end
        nobp(nb,'Shannon-Wiener');
    case 'Smith' % Smith宽度指数
        a=cSum/sum(cSum);
        for ir=1:row
            nb(ir)=sum(sqrt(P(ir,:).*a));
        end
        nobp(nb,'Smith');
    case 'Schoener'    %Schoener重叠指数
        for ilp=1:row
            for klp=1:row
                olv(ilp,klp)=1-0.5*sum(abs(P(ilp,:)-P(klp,:)));
            end
        end
        nobp(olv,'Schoener');
    case 'Pianka'    %Pianka重叠指数
        for ilp=1:row
            for klp=1:row
                fz=sum(P(ilp,:).*P(klp,:)); %计算式分子
                fmi=sqrt(sum(P(ilp,:).^2)); %计算式分母
                fmk=sqrt(sum(P(klp,:).^2));
                olv(ilp,klp)=fz/(fmi*fmk);
            end
        end
        nobp(olv, 'Pianka');
    case 'Petraits' %Petraits重叠指数
        for ilp=1:row
            for klp=1:row
```

```
                termA=sum(P(ilp,:).*log(P(klp,:)));   % log：Natural logarithm.
                termB=sum(P(ilp,:).*log(P(ilp,:)));
                Eik=termA-termB;
                olv(ilp,klp)=exp(Eik);
            end
        end
        nobp(olv,'Petraits');
    case 'oLevins'    % Levins重叠指数
        for ilp=1:row
            for klp=1:row
                fz=sum(P(ilp,:).*P(klp,:));
                fm=sum(P(ilp,:).^2);
                olv(ilp,klp)=fz/fm;
            end
        end
        nobp(olv,'oLevins');
    case 'Morisita-Horn'    %Morisita-Horn重叠指数
        for ilp=1:row
            for klp=1:row
                fz=2*sum(P(ilp,:).*P(klp,:));
                fmi=sum(P(ilp,:).^2);
                fmk=sum(P(klp,:).^2);
                olv(ilp,klp)=fz/(fmi+fmk);
            end
        end
        nobp(olv,'Morisita-Horn');
    case 'Morisita'    %Morisita重叠指数
        for ilp=1:row
            for klp=1:row
                fz=2*sum(P(ilp,:).*P(klp,:));
                fmi=sum(P(ilp,:).*((X(ilp,:)-1)/(rSum(ilp)-1)));
                fmk=sum(P(klp,:).*((X(klp,:)-1)/(rSum(klp)-1)));
                olv(ilp,klp)=fz/(fmi+fmk);
            end
        end
        nobp(olv,'Morisita');
    case 'Horn'    % Horn重叠指数
        for ilp=1:row
            for klp=1:row
                fzA=sum((P(ilp,:)+P(klp,:)).*log((P(ilp,:)+P(klp,:))));
                fzB=sum(P(ilp,:).*log(P(ilp,:)));
                fzC=sum(P(klp,:).*log(P(klp,:)));
                fm=2*log(2);
                olv(ilp,klp)=(fzA-fzB-fzC)/fm;
            end
```

```
                end
                nobp(olv,'Horn');
        case 'Wanggang'    % Wanggang重叠指数
                olv=WangOverlap(X);
                nobp(olv,'Wanggang');
        case 'mPetraitis' % Multi-Petraitis多种群生态位重叠指数
                s=0;c=cSum/sum(cSum);
                for ir=1:row
                    s=s+sum(X(ir,:).*(log(c)-log(P(ir,:))));
                end
                olv=exp(s/sum(X(:)));
                fprintf('使用Petraitis方法计算得到的多种群生态位重叠指数Olv=%.4f\n',olv);
    end
    vi=version;% 测试版本信息    Version Information
    if ismember('2017',vi) % 针对MATLAB2017版
        if all(nb(:))
            re=nb;
        else
            re=olv;
        end
    elseif ismember('2018',vi) % 针对MATLAB2018版
        if all(nb,'all')
            re=nb;
        else
            re=olv;
        end
    end
```

二、WangOverlap 函数

```
function [olv]=WangOverlap(x)
%函数名称:WangOverlap.m
%实现功能:数量生态学中,计算王刚生态位重叠指数.
%输入参数:函数共有1个输入参数,含义如下:
%            :(1),X,原始观测数据,每行对应一个物种,共M种,每列对应一个样点,共N个,则X为M*N矩阵.
%输出参数:函数默认1个输出参数,含义如下:
%            :(1),olv,物种的生态重叠指数矩阵.
%函数调用:实现函数功能不需要调用子函数.
%参考文献:实现函数算法,参阅了以下文献资料:
%            :(1),马寨璞,MATLAB语言编程[M],北京:电子工业出版社,2017.
%            :(2),郭水良等,生态学数据分析[M],北京:科学出版社,2015.
%原始作者:马寨璞,wdwsjlxx@163.com.
%创建时间:2019.05.25,15:19:53.
%版权声明:未经作者许可,任何人不得以任何方式或理由对本代码进行网上传播、贩卖等.
%验证说明:本函数在MATLAB2017b,2018b等版本运行通过.
%使用样例:常用以下格式,请参考准备数据格式等:
```

```
%               X=[ 11,22,33,44,55,66,77,88,99,100;
%                   21,32,43,54,65,76,87,98,109,10;
%                   91,82,73,54,45,36,27,18,19,310;
%                   41,52,63,74,85,96,107,98,89,210;
%                   91,72,63,54,45,36,27,48,59,60 ];
%               WangOverlap(X)
%
[m,n]=size(x);
x(x==0)=0.001; %将0值转为非0
%1.按夹角余弦计算相似性,构建相似系数矩阵
scm=zeros(n); % Similarity Coefficient Matrix
for ilp=1:n
    for jlp=1:n
        fz=sum(x(:,ilp).*x(:,jlp));
        fm1=sqrt(sum(x(:,ilp).^2));
        fm2=sqrt(sum(x(:,jlp).^2));
        scm(ilp,jlp)=fz/(fm1*fm2);
    end
end
fprintf('王刚生态重叠计算：相似系数矩阵R：\n');disp(scm);
%2.计算样点相异总值,确定始端样点与位号
ds=sum(scm,1);          % DisSimilarity
fprintf('最小相似总值G：\n');disp(ds);
[mdv,pos]=min(ds);     % Maximum Dissimilarity Value
fprintf('最大差异(最小相似)总值：A= %.4f；始端样点位于%d号样点.\n',mdv,pos);
%3.确定始端样点,这里按相似最小计算,含义一致
tmpRow=scm(pos,:);
[ssc,index]=sort(tmpRow,'descend');        % Sorted Similarity Coefficient
nope=[1:n;index]';                          % New and Old Position of Elements
x(:,nope(:,1))=x(:,nope(:,2));
scm(:,nope(:,1))=scm(:,nope(:,2));
fprintf('原始数据根据排序进行顺序调整,结果如下：\n');disp(x);
fprintf('相关系数矩阵根据排序进行顺序调整,结果如下：\n');disp(scm);
%4.计算生态距离
ssc(1)=1;
ed=zeros(1,n);    % Ecological Distance
for jc=1:n
    ed(jc)=(log(1)-log(ssc(jc)))/log(2);
end
fprintf('%d个样本点的生态距离如下\n',n);disp(ed)
%5.生态距离间隔
edi=zeros(1,n);
edi(1)=ed(2)-ed(1); % Ecological Distance Interval
for jc=2:n
    edi(jc)=ed(jc)-ed(jc-1);
```

```
end
fprintf('%d个样本点的生态距离间隔如下\n',n);disp(edi )
%6.计算生态重叠指数
olv=zeros(m);
for ilp=1:m
    for klp=1:m
        tl=[x(ilp,:); x(klp,:)];
        fz=sum(min(tl,[],1).*edi);
        fm=max(sum(x(ilp,:).*edi),sum(x(klp,:).*edi));
        olv(ilp,klp)=fz./fm;
    end
end
fprintf('%d个物种的生态重叠如下\n',m);disp(olv)
```

三、nobp 函数

```
function nobp(A,Notes)
%函数名称:nobp.m <== niche overlap/breadth print.
%实现功能:输出生态位宽度或重叠度计算结果.
%输入参数:函数共有2个输入参数,含义如下:
%          :(1),A,结果矩阵.
%          :(2),Notes,本次计算使用的计算方法名称,以字符串形式给出,包括:
%          :  (a),计算宽度的'Levins', 'Modified Levins','Shannon-Wiener','Smith'方法等4种;
%          :  (b),计算重叠度的'Schoener', 'Pianka', 'Petraits', 'Levins' ,'Morisita-Horn', 'Morisita',
%          :      'Horn'方法等,但不包括王刚重叠指数法.
%          :  (c),王刚重叠指数法单独编程,不在本函数内。
%输出参数:函数默认无输出参数.
%函数调用:实现函数功能不需要调用子函数.
%参考文献:实现函数算法,参阅了以下文献资料:
%          :(1),马寨璞,MATLAB语言编程[M],北京:电子工业出版社,2017.
%原始作者:马寨璞,wdwsjlxx@163.com.
%创建时间:2019.05.23,16:26:04.
%版权声明:未经作者许可,任何单位及个人不得以任何方式或理由网上传播、贩卖本代码!
%验证说明:本函数在MATLAB 2017b,2018b等版本运行通过.
%使用样例:常用以下格式,请参考数据格式并准备.例如,
%                nobp(nb,'Smith')
%
%breadth names
bns={'bLevins' ,'Modified Levins' ,'Shannon-Wiener' ,'Smith'};
%overlap names
ons={'Schoener','Pianka','Petraits','oLevins' ,'Morisita-Horn','Morisita','Horn'};
c=size(A,2);
if ismember(Notes,bns) && c==1
    fprintf('通过%s方法计算得到的%s如下:\n',Notes,'生态位宽度指数');disp(A);
end
if ismember(Notes,ons) && c>1
    fprintf('通过%s方法计算得到的%s如下:\n',Notes,'生态位重叠指数');disp(A);
end
```

第五章　空间格局分析

　　植物物种、植物群落和植被景观在空间分布的规律性称为(广义)分布格局。广义分布格局(extensive pattern)的范围很广，涵盖从一个低等植物的分布到整个世界植被的分布。但本章着重探讨小范围内的格局，即狭义分布格局(intensive pattern)。一个植物物种在一个群落里的分布包括随机型分布(random distribution)和非随机型分布(non-random distribution)。非随机分布包括集群型分布和均匀型分布，在自然群落中，多数为集群型分布，均匀型分布极少出现。

　　植物物种的分布格局有三个主要特征，一是格局规模(scale)，即物种的一个斑块(patch)和一个斑块间隙(gap)之和的平均长度，它等于一个斑块中心到另一个相邻斑块中心的距离，或者一个斑块间隙中心到另一个斑块间隙中心的距离，种群的斑块有大小，使得分布格局的规模有大小。格局强度(intensity)是分布格局的第二个主要特征，它描述了特定规模下斑块密度与斑块间隙密度的差异程度，在群落中，斑块是物种个体集中分布之地，间隙内(一般情况下)也有物种的分布，完全空白的斑块间隙很少出现，本章不作重点介绍。分布格局的第三个特征是格局纹理(grain)，它是指斑块和间隙的大小，一般以同一规模下的平均直径表示，但和格局规模不同的是，纹理分别探讨斑块的大小和斑块间隙的大小，而规模则研究了斑块和间隙共同组成的研究单元的大小。

　　对群落中各个物种进行格局分析(pattern analysis)是研究群落内部镶嵌结构的重要方法，物种斑块的形成与变化影响着整个群落结构的变化，阐明物种斑块的分布规律及它与周边环境的关系，有助于研究群落的空间配置、生态功能和动态变化。种群格局的形成，即有物种自身的原因，也有物种所在群落环境的影响。通过分析群落物种，可以揭示群落的分布格局；通过分析群落环境因子，也可以得到环境因子的分布格局，将种群分布格局与环境因子的分布格局统一起来，就可以揭示它们之间的生态关系。

第一节　种群分布类型及其判定

一、植物分布类型与模型描述

　　植物在空间的分布一般有三种类型，即①随机型分布(random distribution)；②均匀型分布(regular distribution)；③集群型分布(contagious distribution)，它们反映了植物物种的特征和环境特征。

　　随机型分布是指植物物种的个体在群落中的任何地方都有均等的出现机会，常以概率论中的泊松分布(Poisson distribution)描述，

$$P(x) = \frac{e^{-\lambda}\lambda^x}{x!}, \quad (x = 0,1,2,\cdots) \tag{5-1}$$

其中，λ 为样方中个体的平均值；x 为某物种出现的个体数。

　　均匀型分布是指植物物种的个体在群落中等间隔出现，常以正二项分布描述，

$$P(k) = \frac{n!}{k!(n-k)!} p^n (1-p)^{n-k} \tag{5-2}$$

$$k = \frac{m^2}{S^2 - m} \tag{5-3}$$

其中，n 为单个样方中可能出现的最大个体数；k 为个体间的聚集程度；m 为样方中个体的平均值；p 为所关心物种出现的平均概率；S^2 为方差。

集群型分布是指植物物种的个体以群、簇、斑块等形式集中出现，也是自然界中最常见的形式，以负二项分布描述，

$$P(x) = \left(1 + \frac{m}{k}\right)^{-k} \frac{(k+x-1)!}{x!(k-1)!} \left(\frac{m}{m+k}\right)^x \tag{5-4}$$

其中，m，k 和 x 的含义同前。

二、分布格局类型的验证

分布格局类型的验证一般以样带上的连续样方数据为基础，应用不同方法检验观测值与泊松分布的偏离程度。这些方法包括：①方差均值比；②χ^2 检验；③ψ 检验；④Morisita 指数检验；⑤C_A 扩散指数；⑥负二项分布法检验；⑦群集系数法；⑧平均拥挤度；⑨T 方指数等。本节只介绍前四种。

(一) 方差均值比

1. 基本原理

方差均值比也叫偏离系数(deviation coefficient，D_C)，它是在计算出数据方差 V 和数据均值 $\overline{X}$ 的基础上，以比值 $D_C = \dfrac{V}{\overline{X}}$ 作为评判个体分布属于何种类型的方法。当比值 $D_C = 1$ 时，表明种群分布完全符合泊松分布，呈现随机型分布；当比值 $D_C > 1$ 时，表明种群趋向于集群型分布；当比值 $D_C < 1$ 时，表明种群趋向于均匀型分布。

$$V = \frac{\sum\limits_{j=1}^{n} x_j^2 - \dfrac{1}{n}\left(\sum\limits_{j=1}^{n} x_j\right)^2}{n-1} \tag{5-5}$$

$$\overline{X} = \frac{1}{n} \sum_{j=1}^{n} x_j \tag{5-6}$$

其中，n 为样带中连续样方数；x_j 为第 j 个样方的观察值。对于偏离系数 D_C，其显著性可借助 t 检验进行检测。

$$t = \frac{\dfrac{V}{\overline{X}} - 1}{S} \tag{5-7}$$

$$S = \sqrt{\frac{2}{n-1}} \tag{5-8}$$

其中，S 为样本标准误。

在偏离系数的基础上，还可以演化出表征个体聚集程度的聚集指数 CI；表征平均拥挤程度的邻居数 m^*；以及每个个体含有单位邻居数 PAI。

定义下式

$$\text{CI} = D_C - 1 \tag{5-9}$$

为聚集指数(aggregation index)，它反映了个体聚集程度，当 CI=0 时为随机型分布；当 CI>0 时为聚集型分布；当 CI<0 时为均匀型分布。

定义下式

$$m^* = \bar{X} + D_C - 1 \tag{5-10}$$

为样方中每个个体的平均邻居数，则该式描述了一个样方内每个个体的平均拥挤度(average congestion degree)。

定义下式

$$\text{PAI} = \frac{m^*}{\bar{X}} \tag{5-11}$$

为聚块性指数(aggregation patch index)，则 PAI 测定了样方内每个个体平均有多少个邻居对它产生拥挤作用。PAI 是平均拥挤程度与平均密度的比值，当 PAI=1 时，为随机型分布；当 PAI<1 时为均匀型分布；当 PAI>1 时为聚集型分布。

例 1　假设在某植物群落中设置了由小样方组成的样带，共有样方 152 个，记录每一个小样方中某个物种的个体数，得到原始数据，并据原始数据统计不同个体的样方频率，结果列于表 5-1。试计算观测数据的方差均值比，并进行显著性检验。

表 5-1　不同个体数的样方频率

个体数	0	1	2	3	4	5	6	7	8	9	10
样方频数	100	30	10	5	3	0	1	1	1	0	1

解：根据表 5-1 中的数据，计算如下：

$$V = \frac{\sum_{j=1}^{n} x_j^2 - \frac{1}{n}\left(\sum_{j=1}^{n} x_j\right)^2}{n-1}$$

$$= \frac{\left(0^2 \times 100 + 1^2 \times 30 + 2^2 \times 10 + \cdots + 10^2 \times 1\right) - \dfrac{\left(0 \times 100 + 1 \times 30 + 2 \times 10 + \cdots + 10 \times 1\right)^2}{100 + 30 + 10 + \cdots + 0 + 1}}{\left(100 + 30 + 10 + \cdots + 0 + 1\right) - 1}$$

$$= \frac{412 - 76.7368}{151} = 2.2203$$

$$\bar{X} = \frac{1}{n}\sum_{j=1}^{n} x_j = \frac{0 \times 100 + 1 \times 30 + 2 \times 10 + \cdots + 10 \times 1}{100 + 30 + 10 + \cdots + 0 + 1} = \frac{108}{152} = 0.7105$$

$$D_C = \frac{V}{\bar{X}} = \frac{2.2203}{0.7105} = 3.1250$$

$$S = \sqrt{\frac{2}{n-1}} = \sqrt{\frac{2}{152-1}} = 0.1151$$

$$t = \frac{\dfrac{V}{\overline{X}} - 1}{S} = \frac{3.1248 - 1}{0.1151} = 18.4605$$

在显著性检验水平 $\alpha = 0.05$ ，自由度 $df = n - 1 = 152 - 1 = 151$ 的前提下， t 分布的上尾临界值 $t_\alpha = 1.6650$ ，由 $t = 18.4605$ ， $t > 1.6650$ ，可以判定检验显著。

2. 方差均值比的 MATLAB 实现

为了方便使用，下面给出根据基本概念编写的计算源码，读者可参考源码中的样例准备数据与使用。

```
function [sig,Dc]=DeviationCoefficient(f,r,p)
%函数名称:DeviationCoefficient.m
%实现功能:根据植物物种个体数与样方频率计算偏离系数,即方差均值比.
%输入参数:函数共有3个输入参数,含义如下:
%          :(1),f,包含记录个体数的样方频数.
%          :(2),r,每个样方中记录的个体数,一般以0,1,2,...,10等记录.
%          :(3),p,假设检验的显著性水平,缺省默认0.05.
%输出参数:函数默认2个输出参数,含义如下:
%          :(1),sig,方差均值比的检验显著性,取值为1,表示检验显著,取值为0,表示不显著.
%          :(2),Dc,方差均值比,或者偏离系数值.
%函数调用:实现函数功能不需要调用子函数.
%参考文献:实现函数算法,参阅了以下文献资料:
%          :(1),马寨璞,MATLAB语言编程[M],北京:电子工业出版社,2017.
%原始作者:马寨璞,wdwsjlxx@163.com.
%创建时间:2019.02.08,14:43:21.
%版权声明:未经作者许可,任何人不得以任何方式或理由对本代码进行网上传播、贩卖等.
%验证说明:本函数在MATLAB 2018a,2018b等版本运行通过.
%使用样例:常用以下两种格式,请参考准备数据格式等:
%          :例1,使用全参数格式:
%              r=0:10 %  个体数
%              f=[134,34,12,8,8,0,1,1,1,0,1]
%              p=0.05;
%              DeviationCoefficient(f,r,p)
%          :例2,使用缺省参数格式:
%              f=[134,34,12,8,8,0,1,1,1,0,1]
%              DeviationCoefficient(f)
%
%设置第1个输入参数的默认或缺省值
if nargin<1
    error('未输入样方频数,无法计算！')
end
%设置第2个输入参数的默认或缺省值
if nargin<2||isempty(r)
    r=0:length(f)-1;
```

```
        warning('未输入样方中的物种个体数,按照0,1,2,...进行默认计算设置');
elseif nargin==2 && length(r)~=length(f)
        error('数据个数不匹配！');
end
%设置第3个输入参数的默认或缺省值
if nargin<3||isempty(p)
        p=0.05;   % 显著性水平默认值.
else
        pFixedParams=[0.10,0.05,0.01,0.001];%参数p的取值限定范围
        if  ~ismember(p,pFixedParams)
                error('显著性检验水平取值不符合统计学习惯!');
        end
end
%计算方差均值比
xMean=sum(r.*f)/sum(f);
v=(sum((r.^2).*f)-sum(r.*f)^2/sum(f))/(sum(f)-1);
Dc=v/xMean;
fprintf('偏离系数Dc=%.2f,',Dc);
if Dc>1
        fprintf('据此判断:种群趋向于集群分布.');
elseif abs(Dc-1)<eps
        fprintf('据此判断:种群趋向于泊松分布(随机型分布).');
elseif Dc<1
        fprintf('据此判断:种群趋向于均匀型分布.');
end
%显著性检验
S=sqrt(2/(sum(f)-1));          % 样方标准误.
df=sum(f)-1;                   % 自由度.
t=(Dc-1)/S;                    % 统计量.
CutOff=tinv(1-p,df);          % 上分位数.
if t>abs(CutOff)
        fprintf('根据t-检验,在%.2f显著水平下,该判断具显著性.\n',p);sig=1;
else
        fprintf('根据t-检验,在%.2f显著水平下,该判断不具显著性.\n',p);sig=0;
end
% Other Coefficient
CI=Dc-1;
mStar=xMean+CI;
PAI=mStar/xMean;
fprintf('聚集指数：CI=%.2f;\n平均拥挤度：m*=%.2f;\n聚块性指数：PAI=%.2f\n',...
        CI,mStar,PAI)
```

(二) χ^2 检验

1. 基本方法

χ^2 检验是一种常用的方法,它通过检验不同样方个体频率的观测值与泊松分布理论值之

间的差异来做出评判，也是拟合优度检验的具体应用，在马寨璞的《基础生物统计学》(2018)一书中有详细的介绍，这里仅给出简要的公式与应用。

$$\chi^2 = \sum_{i=1}^{n} \frac{\left(O_i - T_i\right)^2}{T_i} \tag{5-12}$$

$$df = k - 2 \tag{5-13}$$

其中，k 为分组数；O_i 为观测值，即不同个体数出现频率的实测值；T_i 为理论值，是根据泊松分布按概率计算得到的值，df 为自由度。

设泊松分布的参数为 λ，即样方中个体的平均数，则个体数 0，1，2，…的概率为 $\frac{\lambda^k e^{-\lambda}}{k!}$，($k$=0，1，2，…)，当总个数 N 确定后，则频率的预测值如表 5-2 所示。

表 5-2   频率预测值表

样方中的个体数	0	1	2	3	4	…
频率预测值	$Ne^{-\lambda}$	$N \times \lambda e^{-\lambda}$	$N \times \frac{\lambda^2 e^{-\lambda}}{2!}$	$N \times \frac{\lambda^3 e^{-\lambda}}{3!}$	$N \times \frac{\lambda^4 e^{-\lambda}}{4!}$	…

在具体应用时，一般要求理论值 T_i 应满足不小于 5，且总数 N 不小于 50。当理论值小于 5 时，应将理论数较小的组合并。

例 2   接续例 1，则 χ^2 检验的计算过程如表 5-3 所示。

表 5-3 χ^2 检验的具体计算

个体数	预测值	观测值	χ^2
0	74.69	100	8.5767
1	53.07	30	10.0287
2	18.85	10	4.1550
≥ 3	5.39	12	8.1061
合计	152	152	30.8665

查表可知临界值 $\chi^2_{0.05} = 5.9915$，实际计算 $\chi^2 = 30.8665$，超过临界值，说明本次判断物种属于集群型分布，且经卡方检验该判断具显著性。

2. χ^2 检验的 MATLAB 实现

下面是进行 χ^2 检验的 MATLAB 源码，读者只需按照程序中的说明准备数据运行即可得到结果，上述例 2 的具体计算也由该程序提供。

```
function [sig,chi2,tvs]=ChiPatternTest(f,p)
%函数名称:ChiPatternTest.m
%实现功能:利用卡方检验判断格局类型.
%输入参数:函数共有2个输入参数,含义如下:
%          :(1),f,包含记录个体数的样方频数.(2),p,假设检验的显著性水平,缺省默认0.05.
%输出参数:函数默认3个输出参数,含义如下:
%          :(1),sig,显著性标识,取1说明物种为集群分布;取0说明物种为随机分布;检验均具显著性.
```

```
%              :(2),chi2,计算得到的卡方值.
%              :(3),tvs,与观测值对应的理论值或估计值.
%函数调用:实现函数功能不需要调用子函数.
%参考文献:实现函数算法,参阅了以下文献资料:
%              :(1),马寨璞,MATLAB语言编程[M],北京:电子工业出版社,2017.
%              :(2),马寨璞,基础生物统计学[M],北京:科学出版社,2018.
%原始作者:马寨璞,wdwsjlxx@163.com.
%创建时间:2019.02.08,22:26:25.
%版权声明:未经作者许可,任何人不得以任何方式或理由对本代码进行网上传播、贩卖等.
%验证说明:本函数在MATLAB 2018a,2018b等版本运行通过.
%使用样例:常用以下两种格式,请参考准备数据格式等:
%              :例1,使用全参数格式:
%                     f=[100,30,10,5,3,0,1,1,1,0,1];   % 样方频率
%                     p=0.05;
%                     ChiPatternTest(f,p)
%              :例2,使用缺省格式:
%                     f=[100,30,10,5,3,0,1,1,1,0,1];
%                     [sig,chi2,tvs]=ChiPatternTest(f);
%
%设置第1个输入参数的默认或缺省值
if nargin<1
    error('未输入样方频数,无法计算！');
else
    r=0:length(f)-1;
end
%设置第2个输入参数的默认或缺省值
if nargin<2||isempty(p)
    p=0.05;   % 显著性水平默认值.
else
    pFixedParams=[0.10,0.05,0.01,0.001];%参数p的取值限定范围
    if ~ismember(p,pFixedParams)
        error('显著性检验水平取值不符合统计学习惯!');
    end
end
%计算样方总数N,估计泊松分布的均值m
N=sum(f);
xMean=sum(f.*r)/sum(f);
%实施卡方检验
k=0:10;                                 %为了满足分组,初始分组默认设定11项,一般情况下足够
pk=xMean.^k*exp(-xMean)./factorial(k);  %根据泊松公式计算概率值
tvs=N*pk;                               %理论值,估计值tvs <- theoretical values
tsc=cumsum(tvs,'reverse');
nTerms=sum(tsc>5);                      %统计累积大于5的项数
tvs(1,nTerms)=sum(tvs(nTerms:end));
tvs(nTerms+1:end)=[];                   %将理论值小于5的各项合并,缩减项数
```

```
f(1,nTerms)=sum(f(nTerms:end));          %观测值也进行合并组
f(nTerms+1:end)=[];                       %观测值缩减项数
df=length(f)-2;
chi2=sum(((f-tvs).^2)./tvs);              %卡方值
CutOff=chi2inv(1-p,df);
%检验结论
if chi2>abs(CutOff)
    fprintf('本次判断物种属于集群分布,经卡方检验该判断具显著性.\n');sig=1;
else
    fprintf('本次判断物种属于随机分布,经卡方检验该判断具显著性.\n');sig=0;
end
%输出计算结果
fprintf('个体数,样方频数预测值,观测值\n');
r=0:nTerms-1;
re=[r',tvs',f'];
for i=1:nTerms
    fprintf('%3d\t%10.2f\t%5d\n',re(i,:));
end
```

(三) ψ 检验

ψ 检验又称 Moore 检验,该检验仅考虑前 3 个个体组的频数,即个体数分别为 0,1,2 的样方频数,分别记为 n_0, n_1, n_2,则 ψ 的计算公式为

$$\psi = \frac{2n_0 n_2}{n_1^2} \tag{5-14}$$

当 $\psi = 1$ 时,种群呈随机型分布;当 $\psi > 1$ 时,种群呈集群型分布;当 $\psi < 1$ 时,种群呈均匀型分布;在使用 ψ 值时,还需要进行显著性检验,这可通过均值百分数 R 辅助查表完成。

$$R = \frac{n_0 + n_1 + n_2}{N} \times 100$$

其中,N 为样方总数。

例 3　(接例 2)在例 2 中,前 3 个个体组的频数如表 5-4 所示。

表 5-4　某次调查的前 3 个个体组的频数

个体数	0	1	2
样方频数	100	30	10

则

$$\psi = \frac{2n_0 n_2}{n_1^2} = \frac{2 \times 100 \times 10}{30^2} = 2.2222$$

$$R = \frac{n_0 + n_1 + n_2}{N} \times 100 = \frac{100 + 30 + 10}{152} \times 100 = 92.1053$$

在 0.05 的检验水平下,当 $N = 92$,$R = 100$ 时,显著性临界值为 1.95。显然即使此例中的 R 小于 100,但 ψ 仍超限,说明该物种的个体呈现集群型分布。

(四) Morisita 指数检验

1. 基本方法

Morisita 指数的计算公式为

$$I_\delta = n \times \frac{\sum_{i=1}^{n} x_i (x_i - 1)}{N(N-1)} \tag{5-15}$$

其中，N 为在所有样方中观察到的个体总数；n 为样方总个数；x_i 为第 i 样方中观察到的个体数。根据 I_δ 的取值，可判断种群分布的类型：当 $I_\delta = 1$ 时，种群呈现随机型分布；当 $I_\delta > 1$ 时，种群呈现集群型分布；当 $I_\delta < 1$ 时，种群呈现均匀型分布。当 I_δ 的取值偏离 1 到何种程度才被认为显著，可通过 F 检验确定。

$$F = \frac{I_\delta (N-1) + n - N}{n-1} \tag{5-16}$$

例 4 对于前述的例 1，具体计算如下：

$$I_\delta = n \times \frac{\sum_{i=1}^{n} x_i (x_i - 1)}{N(N-1)} = (100 + 30 + 10 + \cdots + 1) \times$$

$$\frac{100 \times 0 \times (0-1) + 30 \times 1 \times (1-1) + \cdots + 1 \times 10 \times (10-1)}{(100 \times 0 + 30 \times 1 + \cdots + 1 \times 10)^2 - (100 \times 0 + 30 \times 1 + \cdots + 1 \times 10)} = 3.9986$$

$$F = \frac{I_\delta (N-1) + n - N}{n-1} = \frac{3.9986 \times (108-1) + 152 - 108}{152-1} = 3.1248$$

2. Morisita 指数检验的 MATLAB 实现

在具体计算时，可按照下述 Morisita 函数中的样例说明，准备符合函数要求的格式数据运行即可。

```
function [sig,mor]=Morisita(f,r,p)
%函数名称:Morisita.m
%实现功能:空间格局分布类型的Morisita指数检验.
%输入参数:函数共有3个输入参数,含义如下:
%        :(1),f,包含记录个体数的样方频数.
%        :(2),r,每个样方中记录的个体数,一般以0,1,2,...,10等记录.
%        :(3),p,假设检验的显著性水平,缺省默认0.05.
%输出参数:函数默认2个输出参数,含义如下:
%        :(1),sig,morisita检验显著性,取值为1,表示检验显著,取值为0,表示不显著.
%        :(2),mor,Morisita指数值.
%函数调用:实现函数功能不需要调用子函数.
%参考文献:实现函数算法,参阅了以下文献资料:
%        :(1),马寨璞,MATLAB语言编程[M],北京:电子工业出版社,2017.
%原始作者:马寨璞,wdwsjlxx@163.com.
%创建时间:2019.02.08,19:55:43.
%版权声明:未经作者许可,任何人不得以任何方式或理由对本代码进行网上传播、贩卖等.
%验证说明:本函数在MATLAB 2018a,2018b等版本运行通过.
```

```
%使用样例:常用以下3种格式,请参考准备数据格式等:
%          :例1,使用全参数格式:
%                r=0:10; %  个体数
%                f=[100,30,10,5,3,0,1,1,1,0,1];   %  样方频率
%                p=0.01;
%                [sig,mor]=Morisita(f,r,p)
%          :例2,使用部分参数缺省的格式:
%                f=[100,30,10,5,3,0,1,1,1,0,1];
%                p=0.01;
%                [sig,mor]=Morisita(f,[],p) %  省略r
%          :例3,使用缺省参数格式:
%                f=[134,34,12,8,8,0,1,1,1,0,1];
%                [sig,mor]=Morisita(f)
%
%设置第1个输入参数的默认或缺省值
if nargin<1
    error('未输入样方频数,无法计算! ');
end
%设置第2个输入参数的默认或缺省值
if nargin<2||isempty(r)
    r=0:length(f)-1;
    warning('未输入样方中的物种个体数,按照0,1,2,...进行默认计算设置');
elseif nargin==2 && length(r)～=length(f)
    error('数据个数不匹配! ');
end
%设置第3个输入参数的默认或缺省值
if nargin<3||isempty(p)
    p=0.05;   %  显著性水平默认值.
else
    pFixedParams=[0.10,0.05,0.01,0.001];%参数p的取值限定范围
    if ～ismember(p,pFixedParams)
        error('显著性检验水平取值不符合统计学习惯!');
    end
end
%  计算Morisita指数
fz=sum(f.*r.*(r-1));          %  指数公式的分子部分
fma=sum(f.*r);                %  指数公式的分母之A部分
fmb=fma-1;                    %  指数公式的分母之B部分
mor=sum(f)*fz/(fma*fmb);  %  Morisita指数
if mor<1
    fprintf('根据Morisita指数,可以断定种群分布趋向于均匀分布.');
elseif mor>1
    fprintf('根据Morisita指数,可以断定种群分布趋向于集群分布.');
elseif abs(mor-1)<eps
    fprintf('根据Morisita指数,可以断定种群分布趋向于随机分布.');
```

```
end
%显著性检验
F=(mor*(fma-1)+sum(f)-fma)/(sum(f)-1);
df1=sum(f)-1;
df2=1000; % 以1000代替无穷大
CutOff=finv(1-p,df1,df2);
if F>abs(CutOff)
    fprintf('经F检验,在%.2f显著水平下,该判断具显著性.\n',p);sig=1;
else
    fprintf('经F检验,在%.2f显著水平下,该判断不具显著性.\n',p);sig=0;
end
```

第二节　单种群格局规模分析

种群和群落格局分析的目的是判别斑块及间隙的大小，要求使用连续样方取样。连续样方取样有两种方法，一种是用由小样方组成的网格取样，另一种是由连续小样方组成的样带。样带涉及的范围大、代表性强，应用方便，是格局分析研究的主要取样方法。

格局分析中常用到盖度、个体数、密度、多度、生物量等数据。在环境因子数据中，微地形、土壤理化性质比较常用。

单种群格局分析一般都是以群落中的优势种或主要种类作为格局分析的对象。各种分析方法都是以连续小样方的观测值为基础，对不同区组进行方差分析，以便做出区组大小与均方(或方差)。

区组是进行格局分析的基本分析单位，下面以小样方组成的样带为例，对区组的概念与合并方法加以说明。假设连续样带由 16 个小样方组成，调查得到某个物种在 16 个小样方中的观测值如图 5-1 所示。

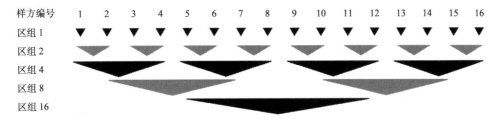

图 5-1　单种群格局分析的区组方法

区组 1 是原始 16 个小样方；区组 2 的值等于区组 1 中两相邻样方值相加；区组 4 的值等于区组 2 中两相邻样方组值之和，以此类推。由此可以看出，以区组为分析单位，则区组取值为 1，2，4，8，16 等，区组大小是 2 的乘方，这既是以区组为分析单位的特点，也是它的一个缺点，毕竟区组只能取 2 的乘方限制了其他区组取值的使用，好在目前已有其他修订方法解决了这个问题。

在得到各区组的观察值后，分别对各区组进行方差分析，得到均方或方差。以区组大小为横坐标，不同区组的组值(或方差)为纵坐标，可绘制区组-均方图，图中曲线的峰值所对应的区组大小代表着物种的分布格局规模。但需要说明一点，这里使用的"方差分析"一词，与《基础生物统计学》(马寨璞，2018)中依赖线性模型检验均值相等与否的"方差分析"稍有区别，平方和的计算方法也不相同，不要混淆了。

对单种群格局规模进行分析，目前已有多种方法，下面介绍三种典型的方法：①等级方差日分析法；②双项轨迹方差法；③随机配对法。

一、等级方差分析法

(一) 方法与步骤

等级方差分析法(hierarchical analysis of variance，HAOV)是由 Greig-Smith 于 1952 年首次提出的，起初使用网格法取样，故此也称作网格法。在 1957 年，Kershaw 研究后认为，样带取样对该法更为有效。等级方差分析是格局分析的开创性方法，对理解格局分析有重要的引领作用，但它有明显的四个缺点，一是起点样方对分析结果影响较大；二是区组必须是 2 的乘方；三是不能对峰值进行显著性检验；四是大区组的自由度太小，可信度低。若已得到的连续样方数据记录为 $a_1, a_2, \cdots, a_n$，n 为样方个数，则等级方差法的分析过程如下。

第一步，对每一区组计算各个元素的平方，并求和。

区组 1：

$$\sum x_1^2 = a_1^2 + a_2^2 + \cdots + a_n^2 \tag{5-17}$$

区组 2：

$$\sum x_2^2 = (a_1 + a_2)^2 + (a_3 + a_4)^2 + \cdots + (a_{n-1} + a_n)^2 \tag{5-18}$$

区组 4：

$$\sum x_4^2 = (a_1 + a_2 + a_3 + a_4)^2 + (a_5 + a_6 + a_7 + a_8)^2 + \cdots + (a_{n-3} + a_{n-2} + a_{n-1} + a_n)^2 \tag{5-19}$$

依此类推，计算各区组的值。

第二步，计算各区组的平方和(sum of square，SS)。

区组 1：

$$SS_1 = \frac{\sum x_1^2}{1} - \frac{\sum x_2^2}{2} \tag{5-20}$$

区组 2：

$$SS_2 = \frac{\sum x_2^2}{2} - \frac{\sum x_4^2}{4} \tag{5-21}$$

区组 4：

$$SS_4 = \frac{\sum x_4^2}{4} - \frac{\sum x_8^2}{8} \tag{5-22}$$

依此类推，计算各区组的平方和。

第三步，计算各区组的均方(mean square，MS)。均方是方差分析中用于构建检验统计量的必要构件，它等于区组平方和与相应自由度(degree of freedom)的比，即

$$MS = \frac{SS}{df} \tag{5-23}$$

各区组的自由度等于相应区组元素个数减去 1 再减去计算使用过的自由度，简而言之，若样带由 32 个小样方($n=32$)组成，则各区组的自由度为

区组 1：

$$df_1 = 32 - 1 - 15 = 16$$

区组 2：

$$df_2 = 16 - 1 - 7 = 8$$

区组 4：

$$df_4 = 8 - 1 - 4 = 3$$

当 $n=32$ 时，最大的区组为区组 32，但它的自由度为 0，不能求得其均方，故一般只考虑最大为 $\frac{1}{2}n$ 的区组，则均方为

区组 1：

$$\mathrm{MS}_1 = \frac{\mathrm{SS}_1}{df_1} \tag{5-24}$$

区组 2：

$$\mathrm{MS}_2 = \frac{\mathrm{SS}_2}{df_2} \tag{5-25}$$

最大区组：

$$\mathrm{MS}_{n/2} = \frac{\mathrm{SS}_{n/2}}{df_{n/2}} \tag{5-26}$$

第四步，作图与分析。以区组的大小为横坐标，以各区组的均方为纵坐标，绘制格局分布图，进行分析，得到结论。

(二) 实例计算

例 5 调查得到某个物种在由 32 个小样方组成的样带中的多度值为 1，2，2，5，5，1，8，6，6，1，7，8，8，7，7，5，2，4，2，1，8，3，3，3，4，6，1，7，5，7，3，4，试对其进行格局规模分析。

解：第一步，计算各元素的平方和。

区组 1：

$$\sum x_1^2 = 1^2 + 2^2 + 2^2 + 5^2 + \cdots + 5^2 + 7^2 + 3^2 + 4^2 = 814$$

区组 2：

$$\sum x_2^2 = (1+2)^2 + (2+5)^2 + (5+1)^2 + \cdots + (5+7)^2 + (3+4)^2 = 1492$$

区组 4：

$$\sum x_4^2 = (1+2+2+5)^2 + (5+1+8+6)^2 + \cdots + (4+6+1+7)^2 + (5+7+3+4)^2 = 2768$$

区组 8：

$$\sum x_8^2 = (1+2+2+5+5+1+8+6)^2 + \cdots + (4+6+1+7+5+7+3+4)^2 = 5346$$

区组 16：

$$\sum x_{16}^2 = \left(1+2+2+5+5+1+8+6+6+1+7+8+8+7+7+5\right)^2$$
$$+\left(2+4+2+1+8+3+3+3+4+6+1+7+5+7+3+4\right)^2$$
$$=10210$$

区组 32：

$$\sum x_{32}^2 = \left(1+2+2+5+\cdots+5+7+3+4\right)^2 = 20164$$

第二步，计算各区组的平方和。

区组 1：

$$SS_1 = \frac{\sum x_1^2}{1} - \frac{\sum x_2^2}{2} = \frac{814}{1} - \frac{1492}{2} = 68$$

区组 2：

$$SS_2 = \frac{\sum x_2^2}{2} - \frac{\sum x_4^2}{4} - = \frac{1492}{2} - \frac{2768}{4} = 54$$

依此类推，分别计算得到

$$SS_4 = 23.75,\ \ SS_8 = 30.13,\ \ SS_{16} = 8.00$$

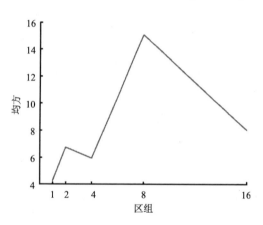

图 5-2　等级方差分析

第三步，计算各区组的均方。

区组 1：

$$MS_1 = \frac{SS_1}{df_1} = \frac{68}{16} = 4.25$$

区组 2：

$$MS_2 = \frac{SS_2}{df_2} = \frac{54}{8} = 6.75$$

依此类推，分别计算得到

$$MS_4 = 5.94,\ \ MS_8 = 315.06,\ \ MS_{16} = 8.00$$

第四步，作图与分析。根据上述计算得到的区组与均方，绘制如图 5-2，可知均方在区组 8 的地方存在峰值，说明所研究的物种小斑块的规模为 8×样方边长。

(三) 等级方差分析法的 MATLAB 实现

等级方差分析法计算比较繁琐，当小样方很多时，重复计算工作量很大，为方便计算，下面给出了该方法的通用计算绘图代码，前述的例题即由此计算，具体使用如下，

```
x=[1,2,2,5,5,1,8,6,6,1,7,8,8,7,7,5,2,4,2,1,8,3,3,3,4,6,1,7,5,7,3,4]
haov(x);
```

函数 haov 源码：

```
function [ms,h]=haov(x)
%函数名称:haov.m    <-- hierarchical analysis of variance.
%实现功能:单种格局分析中的等级方差分析法.
%输入参数:函数共有1个输入参数,含义如下:
%          :(1),x,连续小样方多度值序列.数据长度为2的乘方倍.
```

```
%输出参数:函数默认2个输出参数,含义如下:
%          :(1),ms,个区组的均方值.
%          :(2),h,格局分析图句柄.
%函数调用:实现函数功能不需要调用子函数.
%参考文献:实现函数算法,参阅了以下文献资料:
%          :(1),马寨璞,MATLAB语言编程[M],北京:电子工业出版社,2017.
%原始作者:马寨璞,wdwsjlxx@163.com.
%创建时间:2018.11.16,17:28:09.
%原始版本:1.0
%版权声明:未经作者许可,任何人不得以任何方式或理由对本代码进行网上传播、贩卖等.
%验证说明:本函数在MATLAB2017b,2018b等版本运行通过.
%使用样例:常用以下格式,请参考数据格式并准备.
%          例1: x=[0,0,2,1,3,1,3,0,0,2,1,0,4,2,5,2];   haov(x)
%          例2: k=6;n=2^k; x=randi(100,[1,n]);   haov(x);
%
if nargin<1||isempty(x)
    error('未输入数据!');
else
    [r,c]=size(x);n=r*c;
    if r>1&&c>1
        warning('输入数据为矩阵，默认按列重新组织数据为向量,这可能会改变数据的初始顺序!');
    elseif log2(n)~=fix(log2(n))
        error('等级方差分析法要求输入的数据个数必须是2的乘方倍!');
    else
        x=x(:)';   % 确保数据都是行向量格式
    end
end
close all;
fprintf('0.原始多度数据如下:');fprintf('%d,',x);fprintf('\b\n');
%
nSqu=log2(n)+1;           % 区组个数
eleSum=zeros(1,nSqu);     % 元素平方和
for iloop=1:nSqu
    squLen=2^(iloop-1);   % 区组长度
    container=reshape(x,squLen,n/squLen);
    if squLen>1
        container=sum(container,1);
    end
    eleSum(iloop)=sum(container.^2);
end
fprintf('1.各区组元素平方和:');fprintf('%d,',eleSum);fprintf('\b\n');
%
% 计算各区组的平方和
t=1:nSqu;
snSqu=2.^(t-1);                  % 区组序号
```

```
tmpA=eleSum./snSqu;
tmpB=tmpA(2:end);tmpB(end+1)=0;
squSum=tmpA-tmpB;
squSum(end)=[];                  %  去掉最后一个未处理的
fprintf('2.各区组平方和:');fprintf('%.2f',squSum);fprintf('\b\n');
%
%  计算自由度、均方
nEle=n./snSqu;                   %  各组的元素个数
df=nEle/2;
df(df<1)=[];                     %  去掉最大区组的自由度（其值为0,不能求均方）
ms=squSum./df;                   %  各组均方
fprintf('3.各区组的均方值为:');fprintf('%.2f',ms);fprintf('\b\n');
%
%  绘图
qz=snSqu(1:end-1); %  图中可显示的区组
h=plot(qz,ms,'r-','linewidth',1.6); box off;
xlabel('区组');ylabel('均方');
xtk=snSqu;set(gca,'xtick',xtk);   %  横坐标
set(gca,'linewidth',1.6,'fontsize',16,'fontname','times');
set(gcf,'color','w');
```

二、双项轨迹方差法

(一) 方法与步骤

双项轨迹方差法(two-term local variance，TTLV)是改进版的等级方差分析法，它克服了 HAOV 方法的两个缺点，一是区组均方计算使用的都是平均值，与样方起点不再关联；二是区组不再局限于 2 的乘方，可以是不大于 $\frac{1}{2}n$ 的任何值。若观测连续样方构成的样带，得到的数据记录为 $a_1,a_2,\cdots,a_n$，则双项轨迹方差法的计算过程如下。

区组 1：

$$\text{MS}_1 = \frac{1}{n-1} \times \left[\frac{1}{2}(a_1-a_2)^2 + \frac{1}{2}(a_2-a_3)^2 + \frac{1}{2}(a_3-a_4)^2 + \cdots + \frac{1}{2}(a_{n-1}-a_n)^2 \right] \quad (5\text{-}27)$$

区组 2：

$$\text{MS}_2 = \frac{1}{n-3} \times \left[\frac{1}{4}(a_1+a_2-a_3-a_4)^2 + \frac{1}{4}(a_2+a_3-a_4-a_5)^2 + \right. $$
$$\left. + \frac{1}{4}(a_3+a_4-a_5-a_6)^2 + \cdots + \frac{1}{4}(a_{n-3}+a_{n-2}-a_{n-1}-a_n)^2 \right] \quad (5\text{-}28)$$

区组不必是 2 的乘方，如对于随后的区组 3，

$$\text{MS}_3 = \frac{1}{6(n-5)} \left[(a_1+a_2+a_3-a_4-a_5-a_6)^2 + (a_2+a_3+a_4-a_5-a_6-a_7)^2 + \cdots \right. $$
$$\left. + (a_{n-5}+a_{n-4}+a_{n-3}-a_{n-2}-a_{n-1}-a_n)^2 \right] \quad (5\text{-}29)$$

依此类推，可求得各区组的均方，对于由 n 个小样方组成的样带，具体计算时区组号不

超过 $n/2$。

双项轨迹方差法由于消除了等级方差分析法的两个缺点，所以其分析结果优于等级方差分析法，但它仍存在等级方差分析法的另外两个缺点，一是不能对峰值进行显著性检验；二是大区组的自由度太小。但在生态研究的使用中，很多人并不在意这些缺点，所以该方法仍被广泛使用。

有了双项轨迹方差法的基础，有些人又提出了三项轨迹方差法，其基本原理与双项轨迹方差法类似，感兴趣的读者，可参阅相关的参考书(张金屯，2018)进行深入了解。此外，还有研究人员对双项轨迹方差法进行修订，提出了新双项轨迹方差法。相对而言，三项轨迹方差法和新双项轨迹方差法使用很少，故这里不再讨论。

(二) 实例计算

例6 设由 20 个连续样方测定的样带值为 2，4，1，6，4，2，3，10，7，5，10，2，8，8，6，2，6，3，2，3，试用双项轨迹方差法进行排序。

解： (1)计算各区组的均方，以 MS_1 为例

$$MS_1 = \frac{1}{20-1} \times \left[\frac{1}{2}(2-4)^2 + \frac{1}{2}(4-1)^2 + \frac{1}{2}(1-6)^2 + \cdots + \frac{1}{2}(2-3)^2 \right] = 7.39$$

区组 1 的均方计算比较简单，当区组号取 4，5 甚至更高的 8，9 时，具体计算时，一般是先按照错位移项做出数据计算表，再求和后计算平方均值，以 MS_5 的计算为例，区组 5 计算使用的移位数据列于表 5-5。

表 5-5　均方计算的移位数据

移位方向与符号	X_1	X_2	X_3	X_4	X_5	X_6	X_7	X_8	X_9	X_{10}	X_{11}
左移 0 位，+	2	4	1	6	4	2	3	10	7	5	10
左移 1 位，+	4	1	6	4	2	3	10	7	5	10	2
左移 2 位，+	1	6	4	2	3	10	7	5	10	2	8
左移 3 位，+	6	4	2	3	10	7	5	10	2	8	8
左移 4 位，+	4	2	3	10	7	5	10	2	8	8	6
左移 5 位，−	−2	−3	−10	−7	−5	−10	−2	−8	−8	−6	−2
左移 6 位，−	−3	−10	−7	−5	−10	−2	−8	−8	−6	−2	−6
左移 7 位，−	−10	−7	−5	−10	−2	−8	−8	−6	−2	−6	−3
左移 8 位，−	−7	−5	−10	−2	−8	−8	−6	−2	−6	−3	−2
左移 9 位，−	−5	−10	−2	−8	−8	−6	−2	−6	−3	−2	−3

则 MS_5 的计算如下：

$$MS_5 = \frac{1}{10 \times 11}(2+4+1+6+4-2-3-10-7-5)^2 + \frac{1}{10 \times 11}(4+1+6+4+2-3-10-7-5-10)^2 + \cdots$$
$$+ \frac{1}{10 \times 11}(10+2+8+8+6-2-6-3-2-3)^2 = 14.1909$$

观察可知，表 5-5 中的每一列，恰好是 MS_5 计算中圆括号内的数据，据此可很快完成计算。类似地，可计算 $MS_2, MS_3, \cdots, MS_{10}$ 等区组的均方，其结果列于表 5-6。

表 5-6　双项轨迹方差法各区组均值

MS$_1$	MS$_2$	MS$_3$	MS$_4$	MS$_5$	MS$_6$	MS$_7$	MS$_8$	MS$_9$	MS$_{10}$
7.3947	6.3676	6.6111	9.3846	14.1909	15.4444	14.3469	6.6250	3.8889	1.8000

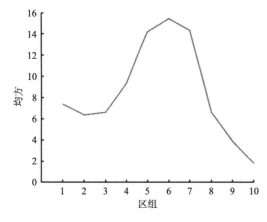

图 5-3　TTLV 计算的格局规模

(2)根据计算结果,绘制格局规模图(图 5-3)。

(三) 双项轨迹方差法的 MATLAB 实现

双项轨迹方差法计算时比较繁琐,根据其计算特点,采用错位移项求和,可快速完成计算,为此笔者编写了专门计算的 TTLV 函数,上述例题即由此计算完成,其实现如下:

x=[2,4,1,6,4,2,3,10,7,5,10,2,8,8,6,2,6,3,2,3]

ttlv(x)

下面是 TTLV 函数的源码,供读者使用。

```
function [MeanSquare]=ttlv(x)
%函数名称:ttlv.m
%实现功能:数量生态学中格局分析的双项轨迹方差法.
%输入参数:函数共有1个输入参数,含义如下:
%         :(1),x,物种多度原始观测数据,行向量格式.
%输出参数:函数默认1个输出参数,含义如下:(1),MeanSquare,区组均方行向量.
%函数调用:实现函数功能需要调用1个子函数,说明如下:
%         :(1),VectShift,实现行向量的左移位和右移位运算.
%参考文献:实现函数算法,参阅了以下文献资料:
%         :(1),马寨璞,MATLAB语言编程[M],北京:电子工业出版社,2017.
%原始作者:马寨璞,wdwsjlxx@163.com.
%创建时间:2018.11.17,13:55:37.
%版权声明:未经作者许可,任何人不得以任何方式或理由对本代码进行网上传播、贩卖等.
%验证说明:本函数在MATLAB2017a,2018b等版本运行通过.
%使用样例:常用以下格式,请参考数据格式并准备:
%         :例1, x=[0,0,2,1,3,1,3,0,0,2,1,0,4,2,5,2]; ttlv(x)
%         :例2, x=randi(10,[1,20]); ttlv(x)
%
%设置第1个输入参数的默认或缺省值
if nargin<1||isempty(x)
    error('未输入数据!');
else
    [row,col]=size(x);
    if row>1&&col>1
        warning('输入的是矩阵数据,将按列变形为向量,这可能会影响原始数据的顺序结果');
        x=x(:)'; % 转为行向量
    end
    clc; fprintf('原始数据:'); disp(x);
    szSamp=row*col;
end
```

```
%
SquNum=floor(szSamp/2);    % 最大区组数为数据量的一半
MeanSquare=zeros(1,SquNum);
for iSqu=1:SquNum
    tmpRow=2*iSqu;                    % 行数
    tmpCol=szSamp-(2*iSqu-1);         % 列数
    tmpArr=zeros(tmpRow,tmpCol);
    fprintf('\n计算汇报:区组%d的矩阵维数:%dX%d,',iSqu,tmpRow,tmpCol);
    for iShift=1:tmpRow
        LeftShift=1-iShift;   % 左移位数
        tmpX=VectShift(x,LeftShift);
        tmpArr(iShift,:)=tmpX(1:tmpCol);
    end
    % 将矩阵添加符号
    tmpSign=ones(tmpRow,1);
    tmpSign(tmpRow/2+1:end)=-1;
    tmpArr=tmpSign.*tmpArr;
    fprintf('区组%d的矩阵数据:\n',iSqu); disp(tmpArr);
    % 计算
    ms=mean((sum(tmpArr,1).^2)/tmpRow);
    fprintf('区组%d的均方:%.2f\n',iSqu,ms);
    MeanSquare(iSqu)=ms;
end
fprintf('全部区组均方:'); fprintf('%7.2f,',MeanSquare);fprintf('\b\n');
%
% 绘图
close all;
Square=1:SquNum;
plot(Square,MeanSquare,'r-','LineWidth',1.5); box off;
xlabel('区组');ylabel('均方')
set(gca,'xtick',Square);
set(gca,'LineWidth',1.5,'FontSize',14,'FontName','Times');
title('Two-term local variance,TTLV','FontSize',14,'FontName','Times');
set(gcf,'color','w')
```

在 TTLV 中,需要调用子函数 VectShift,实现行向量的左移位和右移位运算。函数 VectShift 的源码如下:

```
function [newX]=VectShift(x,k)
%函数名称:VectShift.m
%实现功能:实现行向量的左移位和右移位运算.
%输入参数:函数共有2个输入参数,含义如下:
%        :(1),x,行向量,原始数据.
%        :(2),k,整数数据,控制移位位数与方向:当取负值时,执行左移位;当取正值时,执行右移位;默认
%        :取零不移位.
%输出参数:函数默认1个输出参数,含义如下:
%        :(1),newX,移位后的结果.
```

```
%函数调用:实现函数功能不需要调用子函数.
%参考文献:实现函数算法,参阅了以下文献资料:
%         :(1),马寨璞,MATLAB语言编程[M],北京:电子工业出版社,2017.
%原始作者:马寨璞,wdwsjlxx@163.com.
%创建时间:2018.11.17,11:39:07.
%版权声明:未经作者许可,任何人不得以任何方式或理由对本代码进行网上传播、贩卖等.
%验证说明:本函数在MATLAB2017a等版本运行通过.
%使用样例:常用以下格式,请参考准备数据格式等:
%         :例1,使用全参数格式:  x=1:10;  k=3;  VectShift(x,k)
%
%  设置第1个输入参数的默认或缺省值
if nargin<1||isempty(x)
    error('没有输入数据,无法执行左右移位计算!');
else
    [r,c]=size(x);
    if r>1&&c>1
        warning('为了后续计算,矩阵按列串联为向量,这可能会影响原始数据的顺序');
        x=x(:)'; %  转为行向量
    end
    n=r*c;
end
%  设置第2个输入参数的默认或缺省值
if nargin<2||isempty(k)
    k=0;
elseif k~=fix(k)
    warning('移位位数必须为整数,你输入的为非整数,圆整后继续运算!');
    k=round(k);
end
%  执行移位
begin=1; finish=n;
if k<0 && abs(k)<n,    begin=1-k;finish=n;    end
if k>0 && abs(k)<n,    begin=1; finish=n-k;   end
newX=x(begin:finish);
if abs(k)>n
    newX=0;
    warning('All data are moved out!');
end
if k==0,    newX=x(:)';   end
```

三、随机配对法

(一) 方法原理

　　随机配对法(random pairing)可看作是等级方差分析法的改进版,与等级方差分析法相比,它的特点是:①第一个样方可以随机选取,满足了统计学分析的随机性要求;②区组可以取任意小于 n 的值,不再局限于 2 的乘方;③峰值可进行显著性检验,且各区组的自由度基本相等。

随机配对法既有较完美的理论性，也能提供较好的分析结果，是常用的格局分析方法之一。

随机配对法的具体做法如下：首先从 n 个小样方中随机选取一个小样方 i，再根据不同的区组来计算两个小样方 i 和 j 的方差 S_{ij}^2，

$$S_{ij}^2 = \frac{1}{2}\left(a_i - a_j\right)^2 \tag{5-30}$$

其中，a_i 和 a_j 分别为小样方 i 和 j 的观测值；i 为随机选择的小样方；j 有两个选择，对于区组 1 来说，它可以是 $i-1$，也可以是 $i+1$；对于区组 2，j 的两个选择为 $i-2$ 和 $i+2$ 等，对于这两个选择，仍用随机的方法确定。在计算时，已经使用过的小样方不再使用，用后予以淘汰。

随机配对法对所有区组先计算一个方差，然后重复进行多轮计算，最后计算方差平均值，这使得不同的区组有大致相同的自由度。随机配对法理论上可以计算出任何 $n-1$ 以下的区组，但对于特别大的区组，很少进行随机选取，故一般设定最大的区组为 $n/2$。

(二) 实例计算

例 7　设有某个物种在 20 个连续小样方中的观测值如表 5-7 所示。

表 5-7　20 个连续小样方数据

小样方号	1	2	3	4	5	6	7	8	9	10
测量值	1.6	1.9	0.6	0.0	2.3	0.3	1.8	0.2	5.3	3.8
小样方号	11	12	13	14	15	16	17	18	19	20
测量值	1.2	0.0	2.1	2.3	0.3	0.0	1.5	2.1	0.6	1.3

解：(1)确定研究的关注区组。在实践中，特别大的区组很少被随机选定而被关注，一般只选取小于 $n/2$ 的区组。本例中，为了详细阐述具体计算步骤和过程，不再只着重探讨区组 2，3，4 等，而是对所有 $n/2$ 以下的区组进行讨论。

(2)第 1 轮计算。

1)计算区组 1 的方差。随机选取一个小样方，如选定编号为 17 的样方，即 $i=17$，对于区组 1，确定另一个小样方 j 有两种选择，即小样方 $i-1=17-1=16$，或者小样方 $i+1=17+1=18$，上述的两个选择样方只能取其一，究竟选择哪一个，需要使用随机的方法确定，比如经随机选定样方 18，则方差为

$$S_{17,18}^2 = \frac{1}{2}\left(a_{17} - a_{18}\right)^2 = \frac{1}{2}\left(1.5 - 2.1\right)^2 = 0.18$$

在上述计算中，样方 17 和样方 18 已经被使用过，所以将其淘汰，后续的计算中将不再使用它们。

2)计算区组 2 的方差。和区组 1 类似，也是随机选取一个小样方，确定为 a 样方，然后再确定 b 样方，但本例计算时，由于随机产生的小样方号恰为已被删除的数据，故本轮区组 2 的计算缺失。

3)计算区组 3 的方差。同样地，随机选取第一个小样方，如选定编号为 10 的样方，即 $i=10$，对于区组 3，确定另一个小样方 j 可选择 $7(i-3=10-3=7)$ 或者小样方 $13(i+3=10+3=13)$，在样方 7 和样方 13 中只能取一个，按随机方法确定为 7，则方差为

$$S_{10,7}^2 = \frac{1}{2}(a_{10} - a_7)^2 = \frac{1}{2}(3.8 - 1.8)^2 = 2.0$$

在上述计算中，样方 10 和样方 7 已经被使用过，所以将其淘汰，后续的计算中将不再使用它们。

4)计算区组 4 的方差。在使用随机法确定样方后，由于样方已被上次计算后淘汰，故本轮计算中的区组 4 无法计算，暂时跳过。

5)计算区组 5 的方差。计算区组 5 使用的样方是 16 和 11，则方差为

$$S_{16,11}^2 = \frac{1}{2}(a_{16} - a_{11})^2 = \frac{1}{2}(0 - 1.2)^2 = 0.72$$

本次计算完毕，需将样方 16 和样方 11 淘汰。

6)计算区组 6 的方差。经随机选择，计算区组 6 的方差使用了随机确定的样方 15 和样方 9，其方差为

$$S_{15,9}^2 = \frac{1}{2}(a_{15} - a_9)^2 = \frac{1}{2}(0.3 - 5.3)^2 = 12.50$$

计算结束后淘汰样方 15 和样方 9。

继续计算区组 7～10，发现淘汰后的数据已不能支持计算，至此，第 1 轮计算完成。经过这轮计算，原始数据中部分数据使用后被淘汰，以 NaN(not a number)表示，则本轮计算结束后的数据如表 5-8 所示。

表 5-8 第 1 轮计算后剩余数据列表

小样方号	1	2	3	4	5	6	7	8	9	10
测定值	1.60	1.90	0.60	0.00	2.30	0.30	NaN	0.20	NaN	NaN
小样方号	11	12	13	14	15	16	17	18	19	20
测定值	NaN	0.00	2.10	2.30	NaN	NaN	NaN	NaN	0.60	1.30

(3)第 2 轮计算。在计算完成第 1 轮的基础上，继续第 2 轮的计算。在第 2 轮计算中，计算区组 1 的方差使用了第 3 和第 4 号样方数据，得到方差 $S_{3,4}^2 = 0.18$；在第 2 轮计算中，区组 2～7 和区组 9～10 由于前述淘汰数据的影响，无法实现计算，只有区组 8 使用的第 20 和第 12 号样方数据仍然可用，计算得到的方差为 $S_{20,12}^2 = 0.85$；在第 2 轮计算完成后原始数据变更如表 5-9 所示。

表 5-9 第 2 轮计算后剩余数据列表

小样方号	1	2	3	4	5	6	7	8	9	10
测定值	1.60	1.90	NaN	NaN	2.30	0.30	NaN	0.20	NaN	NaN
小样方号	11	12	13	14	15	16	17	18	19	20
测定值	NaN	NaN	2.10	2.30	NaN	NaN	NaN	NaN	0.60	NaN

(4)第 3 轮的计算。在第 3 轮计算中，区组 1～3、区组 5～8 和区组 10 因数据淘汰的影响无法完成计算。计算区组 4 的方差使用了第 2 和第 6 号样方数据，得到方差 $S_{2,6}^2 = 1.28$；区组 9 的计算使用了第 14 和第 5 号样方数据，得到方差 $S_{14,5}^2 = 0.00$；在第 3 轮计算完成后原始数据变更如表 5-10 所示。

表 5-10 第 3 轮计算后剩余数据列表

小样方号	1	2	3	4	5	6	7	8	9	10
测定值	1.60	NaN	NaN	NaN	NaN	NaN	NaN	0.20	NaN	NaN
小样方号	11	12	13	14	15	16	17	18	19	20
测定值	NaN	NaN	2.10	NaN	NaN	NaN	NaN	NaN	0.60	NaN

(5)汇总。在完成第 3 轮计算后，应该继续第 4 轮的计算，但经检测，按照前述随机产生的样方使用顺序，本例无法实现第 4 轮中任何一个区组的方差计算，至此，全部 3 轮计算完成后停止迭代。迭代结束后，区组 1~10 的方差如表 5-11 所示。

表 5-11 迭代结束后区组 1~10 的方差

区组	1	2	3	4	5	6	7	8	9	10
第 1 轮	0.18	0.00	2.00	0.00	0.72	12.50	0.00	0.00	0.00	0.00
第 2 轮	0.18	0.00	0.00	0.00	0.00	0.00	0.00	0.85	0.00	0.00
第 3 轮	0.00	0.00	0.00	1.28	0.00	0.00	0.00	0.00	0.00	0.00

同样得到各区组的自由度(列于表 5-12)，各区组的均方(列于表 5-13)。

表 5-12 区组 1~10 的自由度

区组	1	2	3	4	5	6	7	8	9	10
自由度	2	0	1	1	1	1	0	1	0	0

表 5-13 区组 1~10 的均方

区组	1	2	3	4	5	6	7	8	9	10
均方	0.18	0.00	2.00	1.28	0.72	12.50	0.00	0.85	0.00	0.00

(6)绘图。根据得到的均方，绘制出格局分析图，如图 5-4 所示。

本例通过完整的 3 轮迭代，计算了区组 1~10 的方差，主要是让读者对随机配对法有一个清晰的认识，在实际分析计算中，人们更关注特定的区组计算，如只关注区组 2、3 和 4，若只计算这 3 个区组，则和上述的计算结果不一定一致。

(三) 随机配对法的 MATLAB 实现

随机配对法的计算比较繁琐，下面的 RandPairAnalyze 函数是根据该法的基本计算原理编写的，用户只需将样方数据输入即可得到全部计算结果，上述例题的计算结果即来自该函数，具体计算参阅该函数的使用样例说明部分。

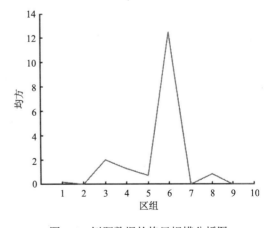

图 5-4 例题数据的格局规模分析图

```
function [MeanVar,hFig]=RandPairAnalyze(x)
%函数名称:RandPairAnalyze.m
%实现功能:数量生态学格局分析中的随机配对法.
%输入参数:函数共有1个输入参数,含义如下:x,物种多度原始观测数据,行向量格式.
%输出参数:函数默认2个输出参数,含义如下:
%          :(1),MeanVar,各区组的平均方差.
%          :(2),hFig,绘图的句柄.
%函数调用:实现函数功能不需要调用子函数.
%原始作者:马寨璞,wdwsjlxx@163.com.
%创建时间:2018.11.17,16:56:03.
%版权声明:未经作者许可,任何人不得以任何方式或理由对本代码进行网上传播、贩卖等.
%验证说明:本函数在MATLAB 2017a 等版本运行通过.
%使用样例:常用以下格式,请参考数据格式并准备:
%          :例1,x=[1.6, 1.9, 0.6, 0, 2.3, 0.3, 1.8, 0.2, 5.3, 3.8,...
%                  1.2, 0, 2.1, 2.3, 0.3, 0, 1.5, 2.1, 0.6, 1.3]; RandPairAnalyze(x)
%          :例2,x=randi(5,5);    RandPairAnalyze(x)
%
%设置第1个输入参数的默认或缺省值
if nargin<1||isempty(x)
    error('未输入数据!');
else
    [row,col]=size(x);
    if row>1&&col>1
        warning('输入的是矩阵数据,将按列变形为向量,这可能会影响原始数据的顺序结果');
        x=x(:)'; %  转为行向量
    end
    clc; fprintf('原始数据:'); disp(x);
    SampNum=row*col;
end
BigSqu=floor(SampNum/2);        %  理论最大区组到n-1,多数取n/2,多数只关注2,3,4区组
BigLoop=floor(SampNum/2);       %  最多迭代次数
SquVar=zeros(BigLoop,BigSqu);   %  行对应着迭代次数,列对应着区组方差
Count=0;   %  迭代次数计数器
OnOff=1;
% 1.多轮迭代
while OnOff
    Count=Count+1;
    for iSqu=1:BigSqu
        SquNum=iSqu; First=randi(SampNum,1); %  随即产生第一个样方号
        select=randi([0,1],1);          %  随机0,1选择下一个样方号
        nStep=0;                        %  确定步长
        if select==0, nStep=-SquNum; end
        if select==1, nStep=SquNum; end
        if First+nStep<1
            Second=First+abs(nStep);
```

```
        elseif First+nStep>SampNum
                Second=First-abs(nStep);
        else
                Second=First+nStep;
        end
        a=x(First);b=x(Second);
        if isnan(a)||isnan(b)
                continue;
        else
                s2=1/2*(a-b)^2; x(First)=0; x(Second)=0;% 用过的数据不能再用,即设定为0.
        end
        fprintf('第%d轮计算,区组%d的方差为%.2f,本次计算使用了[%d, %d]号数据\n',...
                Count,iSqu,s2,First,Second);
        SquVar(Count,iSqu)=s2;
    end
    fprintf('第%d轮计算完成后原始数据变更为:\n',Count);fprintf('%.2f,',x);fprintf('\b\n\n');
    tmp=SquVar(Count,:);
    if sum(tmp)<0.0001||Count==BigLoop
        OnOff=0;
        Count=Count-1;
    end
end
% 2.修整区组方差,计算平均方差
SquVar(Count+1:end,:)=[]; %  去除多余的零行
  fprintf('迭代结束后,区组%d-%d的方差为:\n',1,BigSqu);
  for ir=1:Count
      fprintf('%7.2f,',SquVar(ir,:));
      fprintf('\b\n');
  end
% 3.计算各区组的自由度
FreeDeg=SquVar;    % degree of freedom
FreeDeg(FreeDeg>0)=1;
FreeDeg=sum(FreeDeg,1);
fprintf('区组%d-%d的自由度:\n',1,BigSqu);
fprintf('%7d,',FreeDeg);fprintf('\b\n');
% 4.各区组的平均方差
MeanVar=sum(SquVar,1)./FreeDeg;
pos=isnan(MeanVar);
MeanVar(pos)=0; %  平均方差为0的单独处理
fprintf('区组%d-%d的平均方差:\n',1,BigSqu);
fprintf('%7.2f,',MeanVar);fprintf('\b\n');
% 5.绘图
close all;
Square=1:BigSqu;
hFig=plot(Square,MeanVar,'r-','LineWidth',1.5); box off;
```

```
xlabel('区组');ylabel('均方')
set(gca,'xtick',Square);
set(gca,'LineWidth',1.5,'FontSize',14,'FontName','Times');
title('Random Pairing','FontSize',14,'FontName','Times');
set(gcf,'color','w')
```

第三节　单种群格局纹理分析

在单种群格局的纹理分析中，常用的方法为斑块-间隙分析法(patch-gap analysis)。斑块-间隙分析法是专门研究斑块和间隙大小的分析方法，它在确定格局的规模后使用，一些研究人员建议该法最好和双项轨迹方差法结合着使用。

一、斑块-间隙分析法

(一)原理与步骤

对于只有一个规模的格局，斑块及间隙的大小易于计算，即在给定(多度或密度的)阈值后，将所有小样方的数据按照大于或小于阈值而分别记为 1 和 0，这样的处理方法，类似于统计学中的游程检验数据变换方法，对变换后的数据进行分析，可知，1 的长度代表斑块，0 的长度代表间隙，取其平均即可得到单一规模下斑块和间隙的大小。

对于含有两个及以上规模的格局，则需要分别计算，下面介绍其计算方法。

设有一个由 n 个连续小样方组成的样带，用 $a_1,a_2,\cdots,a_n$ 表示样方中(多度或密度等)的观测值，则格局纹理分析步骤如下。

第一步，将所有小样方观测数据按照由大到小的顺序排序，并为每一个样方数据添加一个次序编号，最大值编号为 1，最小值编号为 n。在排序编号过程中，数值相等的两个数(样方)依次排序，可任意先后，不影响结果。借助编号，将原始样方数据转换为以正整数序号表示的数据。这种处理方法与统计学中非参数检验中的秩类似，了解秩的概念，有助于对此法的理解。

例如，若有如下的 10 个样方构成的原始观测数据，则根据数据的排序规则，得到对应的编号数据，列于表 5-14。

表 5-14　原始数据与对应的编号数据

原始数据	0.59	0.22	0.75	0.26	0.51	0.70	0.89	0.96	0.55	0.14
编号数据	5	9	3	8	7	4	2	1	6	10

第二步，以编号数据为基础，确定样带中连续小样方的"k-谷"。谷，即山谷之意，是指最低值、最小值。所谓"k-谷"，即指有 k 个连续的样方，其编号值都小于两侧样方的编号值。例如，当 $k=2$ 时，一个"2-谷"则是指有两个相邻的样方，它们的编号值都小于两侧样方的编号值；当 $k=3$ 时，一个"3-谷"则指有三个相连的样方，它们的编号值都小于两侧样方的编号值。

上述例子中，编号(2，1)两侧分别为 4 和 6，两侧编号值都大于相邻的(2，1)小样方，则由(2，1)两个连续样方构成了一个"2-谷"。类似地，(4，2，1，6)四个连续小样方都小于两侧的 7 和 10，则这四个小样方构成了一个"4-谷"。

在"k-谷"概念的基础上，对于编号数据，从第 i 个样方开始 $(1 \leqslant i \leqslant n-k)$，找出"k-谷"的数目。例如，上述例子中，已经确定的"2-谷"和"4-谷"各 1 个，以 m_k 记录"k-谷"的个数，则所有统计结果如表 5-15 所示。

表 5-15　观测数据的 k-谷个数统计表

谷号	m_2	m_3	m_4	m_5	m_6	m_7	m_8
个数	1	1	1	1	0	1	0

第三步，计算斑块间隙指数 W_k。

$$W_k = \frac{m_k - E_{mk}}{\sqrt{V_{mk}}} \tag{5-31}$$

其中，E_{mk} 和 V_{mk} 为中间变量，分别计算如下：

$$E_{mk} = \frac{2n}{(k+1)(k+2)} \tag{5-32}$$

$$V_{mk} = \frac{2nk(4k^2 + 5k - 3)}{(k+1)(k+2)^2(2k+1)(2k+3)} \tag{5-33}$$

在得到 W_k 后，以 k 值为横坐标，W_k 为纵坐标，绘制间隙指数随 k 的变化曲线图，其中曲线峰值对应的 k 即为斑块间隙的大小(直径)。

第四步，再以编号数据为基础，计算连续小样方的"k-峰"。峰，即山峰，是指最大值、最高值。所谓"k-峰"，即指有 k 个连续的样方，其编号值都大于两侧样方的编号值。例如，当 k=2 时，一个"2-峰"则是指有两个相邻的样方，它们的编号值都大于两侧样方的编号值；当 k=3 时，一个"3-峰"则指有三个相连的样方，它们的编号值都大于两侧样方的编号值。

例如，仍考虑上述例中数据，当 k=2 时，编号(8，7)两侧分别是 3 和 4，显然编号(8，7)构成了一个"2-峰"，类似的还有(8，7，4)构成的"3-峰"；(5，9，3，8，7，4)构成的"6-峰"。以 U_k 表示"k-峰"的个数，则上述例中的"k-峰"个数统计如表 5-16 所示。

表 5-16　观测数据的 k-峰个数统计表

峰号	U_2	U_3	U_4	U_5	U_6	U_7	U_8	U_9
个数	3	1	0	0	1	1	0	0

第五步，计算斑块指数 y_k。

可以证明，U_k 和 m_k 具有相同的均值和方差，可以采用相同的计算方法计算斑块指数 y_k。

$$y_k = \frac{U_k - E_{uk}}{\sqrt{V_{uk}}} \tag{5-34}$$

其中，E_{uk} 和 V_{uk} 分别计算如下：

$$E_{uk} = \frac{2n}{(k+1)(k+2)} \tag{5-35}$$

$$V_{uk} = \frac{2nk(4k^2 + 5k - 3)}{(k+1)(k+2)^2(2k+1)(2k+3)} \tag{5-36}$$

分别以 k 和 y_k 作为横坐标与纵坐标绘制曲线图，则曲线图的峰值对应的 k 就是斑块的大小。例如，上述样例数据的纹理分析结果如图 5-5 所示。

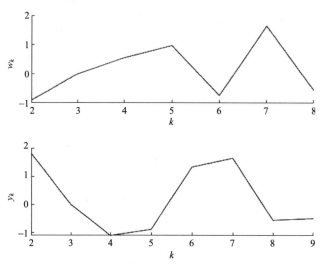

图 5-5　格局纹理分析结果

(二)斑块-间隙分析法的 MATLAB 实现

格局纹理的计算比较简单，上述介绍计算步骤时，已经给出了具体的实例，为方便读者使用该方法进行分析，下面给出笔者编写的通用代码，读者只需将测定数据按格式准备代入计算即可。例如，上述计算的实现为

x=[0.59,0.22,0.75,0.26,0.51,0.70,0.89,0.96,0.55,0.14]

PatchGapAnalyze(x);

下面是函数源码：

```
function [mk,uk,wk,yk]=PatchGapAnalyze(x)
%函数名称:PatchGapAnalyze.m
%实现功能:数量生态学格局纹理分析中的斑块-间隙分析法.
%输入参数:函数共有1个输入参数,含义如下:
%          :(1),x,原始观测数据,向量形式.
%输出参数:函数默认4个输出参数,含义如下:
%          :(1),mk,山谷的数目,指k-谷,cell数组类型,通过cellplot(mk)查看.
%          :(2),uk,山峰的数目,指k-峰,cell数组类型,通过cellplot(uk)查看.
%          :(3),wk,斑块间隙指数.
%          :(4),yk,斑块指数.
%函数调用:实现函数功能不需要调用子函数.
%参考文献:实现函数算法,参阅了以下文献资料:
```

```
%               :(1),马寨璞,MATLAB语言编程[M],北京:电子工业出版社,2017.
%原始作者:马寨璞,wdwsjlxx@163.com.
%创建时间:2018.11.15,16:31:23.
%版权声明:未经作者许可,任何人不得以任何方式或理由对本代码进行网上传播、贩卖等.
%验证说明:本函数在MATLAB2017b版本运行通过.
%使用样例:常用以下格式,请参考数据格式并准备.
%               x=rand(1,8);PatchGapAnalyze(x);
%
% 1. 检测输入数据
if nargin <1||isempty(x)
    error('未输入数据!');
else
    close all;clc; x=x(:);x=x';   % 全部转为行向量
end
% 2. 将原始数据改成序号值
n=length(x);
[~,ind]=sort(x,'descend');
xSn=zeros(1,n);
for ilp=1:n
    xSn(ilp)=find(ind==ilp);
end
fprintf('原始数据及其序号值为:\n');
fprintf('%10.2f,',x);fprintf('\b\n');
fprintf('%10d,',xSn);fprintf('\b\n');
% 3. 初始化mk,用来存放k-谷数据
nValleys=length(2:n-2); % 谷数
mk=cell(2,nValleys);
for jc=1:nValleys
    mk{1,jc}=sprintf('%d-谷',jc+1);
end
% 4. 计算数据的山谷数,[2,n-2]谷.
for k=2:n-2
    count=0;
    fprintf('下面是计算%d-谷的具体结果:\n',k);
    for ilp=2:n-k
        piece=xSn(ilp:ilp+k-1);      % 数据连续片段
        pBig=max(piece(:));          % 片段极大值
        if pBig<xSn(ilp-1) && pBig<xSn(ilp+k)
            count=count+1;
            fprintf('\t当前片段:[');fprintf('%2d,',piece);
            fprintf('\b],两侧临界值,左侧:%d,右侧:%2d,',xSn(ilp-1),xSn(ilp+k))
            fprintf('满足%d-谷条件, +++++ \n',k);
        else
            fprintf('\t当前片段:[');fprintf('%2d,',piece);
            fprintf('\b],两侧临界值,左侧:%d,右侧:%2d,',xSn(ilp-1),xSn(ilp+k))
```

```
            fprintf('不满足%d-谷条件\n',k);
          end
      end
      mk{2,k-1}=count;
end
ftbl = figure('Position', [100,500,1000,300]);
uitable(ftbl,'Data',cell2mat(mk(2,:)),'ColumnName',mk(1,:),'Position',[20,180,800,80]);
% 5. 计算Emk和Vmk
k=2:n-2;
Emk=2*n./((k+1).*(k+2));
uVmk=2*n*k.*(4*k.^2+5*k-3);
dVmk=(k+1).*(k+2).^2.*(2*k+1).*(2*k+3);
Vmk=uVmk./dVmk;
mks=cell2mat(mk(2,:));
% 6. 计算斑块间隙指数Wk,并绘制图形
wk=(mks-Emk)./sqrt(Vmk);
figure;subplot(2,1,1),plot(k,wk,'r-');
title('Gap index Wk','fontsize',16,'fontname','Times');
xlabel('k');ylabel('Wk');
box off; hold on;
% 7. 初始化yk,用来存放k-峰数据
nPeaks=length(2:n-1); %  峰数
uk=cell(2,nPeaks);
for jc=1:nPeaks
      uk{1,jc}=sprintf('%d-峰',jc+1);
end
% 8. 计算数据的山峰数,[2,n-1]峰.
for k=2:n-1
      count=0;
      fprintf('下面是计算%d-峰的具体结果:\n',k);
      for ilp=1:n-k+1
          piece=xSn(ilp:ilp+k-1);          %  数据连续片段
          pSmall=min(piece(:));            %  片段极大值
          fprintf('\t当前片段:[');fprintf('%2d,',piece);
          if ilp==1 && pSmall>xSn(ilp+k) %  最左片段
              count=count+1;
              fprintf('\b],是第一个峰值片段,其右侧临界值:%d,',xSn(ilp+k));
              fprintf('满足%d-峰条件, +++++ \n',k);
          elseif ilp==n-k+1 && pSmall>xSn(ilp-1)    %  最右片段
              count=count+1;
              fprintf('\b],是最右侧峰值片段,其左侧临界值:%d,',xSn(ilp-1));
              fprintf('满足%d-峰条件, +++++ \n',k);
          elseif ilp~=1 && ilp~=n-k+1 && pSmall>xSn(ilp-1) && pSmall>xSn(ilp+k)
              count=count+1;
              fprintf('\b],两侧临界值,左侧:%d,右侧:%d,',xSn(ilp-1),xSn(ilp+k))
```

```
            fprintf('满足%d-峰条件,+++++\n',k);
        elseif ilp==1
            fprintf('\b],是第一个峰值片段,其右侧临界值:%d,',xSn(ilp+k));
            fprintf('不满足%d-峰条件\n',k);
        elseif ilp==n-k+1
            fprintf('\b],是最右侧峰值片段,其左侧临界值:%d,',xSn(ilp-1));
            fprintf('不满足%d-峰条件\n',k);
        else
            fprintf('\b],两侧临界值,左侧:%d,右侧:%d,',xSn(ilp-1),xSn(ilp+k))
            fprintf('不满足%d-峰条件\n',k);
        end
    end
    uk{2,k-1}=count;
end
uitable(ftbl,'Data',cell2mat(uk(2,:)),'ColumnName',uk(1,:),'Position',[20,50,800,80]);
% 9. 计算斑块指数yk
k=2:n-1;
Euk=2*n./((k+1).*(k+2));
uVuk=2*n*k.*(4*k.^2+5*k-3);
dVuk=(k+1).*(k+2).^2.*(2*k+1).*(2*k+3);
Vuk=uVuk./dVuk;
uks=cell2mat(uk(2,:));
% 10. 计算斑块间隙指数Yk,并绘制图形
yk=(uks-Euk)./sqrt(Vuk);
subplot(2,1,2),plot(k,yk,'r-');
xlabel('k');ylabel('Yk');
title('Patch index Yk','fontsize',16,'fontname','Times');
box off; hold on; set(gcf,'color','w');
```

第四节　大尺度格局分析

等级方差分析法和随机配对法等方法主要用于研究群落内部结构关系。当研究地段或地区内群落面积较大、区域内部含有多种植物时,尤其是要研究种群分布规律,或者研究环境因子对种群分布的影响时,前述方法就不再适用,必须使用与之配套的大尺度格局分析(large scale pattern analysis),如趋势面分析和典范趋势面分析。下面着重介绍这两种方法的使用。

一、趋势面分析

(一) 原理与步骤

物种分布在一定范围内会发生变化,当研究范围较大时,引起这种变化的因素,既包括大的气候因素,如降水、季节变化等,也包括小范围内的土壤、地形等方面。物种分布的变化,从大的范围看,属于系统变化趋势,从小的范围看,属于内部的差异,这一大一小两种范围内的变化,就是趋势部分和偏差部分,所谓趋势面分析(trend surface analysis, TSA),就

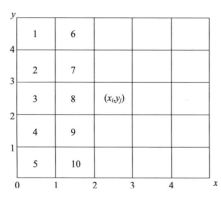

图 5-6　样方分布示意图

是对大的系统变化趋势进行分析。趋势面分析是大尺度格局分析的一种常用方法，它将回归或拟合过程应用进来，以期得到系统的变化趋势。

趋势面分析的主要目的是找到系统变化趋势，在这种情况下，空间地理位置将被看作环境因子，以此研究植物物种随空间地理位置的分布变化趋势。由此可以看出，要进行趋势面分析，就必须详细记录样方的地理位置(坐标)。常见的做法是：将样方的横坐标以 x 表示，默认东西方向，若 x 方向有 m 个坐标，则样方的 x 坐标分别记为 $x_1, x_2, \cdots, x_i, \cdots, x_m$；将纵坐标以 y 表示，默认南北方向，若 y 方向有 n 个坐标，则样方的 y 坐标分别记为 $y_1, y_2, \cdots, y_j, \cdots, y_n$，由此，任意样方的坐标值可记为 (x_i, y_j)，其理想分布如图 5-6 所示。样方中关于多度、盖度等的观测值，以 z 表示，并记录所有样方的观测数据。

为了方便分析拟合，对上述 $m \times n$ 个样方的坐标，按照列优先顺序排列为 (x_1, y_1)，(x_2, y_2)，$\cdots$，(x_i, y_i)，$i = 1, 2, \cdots, m \times n$。当使用一次趋势面进行分析时，则用一次多项式拟合，形如

$$\hat{z}(x_i, y_i) = b_0 + b_1 x_i + b_2 y_i \tag{5-37}$$

当用二次趋势面分析时，使用二次多项式拟合，模型为

$$\hat{z}(x_i, y_i) = b_0 + b_1 x_i + b_2 y_i + b_3 x_i^2 + b_4 x_i y_i + b_5 y_i^2 \tag{5-38}$$

三次趋势面分析使用的三次多项式拟合模型为

$$\hat{z}(x_i, y_i) = b_0 + b_1 x_i + b_2 y_i + b_3 x_i^2 + b_4 x_i y_i + b_5 y_i^2 + b_6 x_i^3 + b_7 x_i^2 y_i + b_8 x_i y_i^2 + b_9 y_i^3 \tag{5-39}$$

更高次的趋势面与此类似，不再给出。

具体计算时，按照如下的步骤进行。

第一步，拟合计算。利用最小二乘法进行拟合，得到系数向量 b。

第二步，计算趋势值。将系数代入本次拟合选定的多项式中，计算出 z 的估计值，也就是趋势值。

第三步，评估拟合程度。使用方差分析的基本原理，计算回归分析中的回归平方和与残差平方和，通过这些平方和查看拟合的优劣，具体以参数 C 代表拟合程度(百分数)，有

$$C = \left(1 - \frac{\sum_{i=1}^{N}(X_i - \hat{X}_i)^2}{\sum_{i=1}^{N}(X_i - \bar{X}_i)^2}\right) \times 100, \quad N = m \times n \tag{5-40}$$

C 值越高，说明拟合程度越大。其中，$\bar{X}_i$ 为 X_i 的平均值；$\hat{X}_i$ 为估计值；N 为样方总数。当无法确定多项式拟合的最优阶次时，可通过逐次拟合，挑选出最好(阶次的)结果。

第四步，绘制种群分布趋势图。根据得到的回归方程，在 x 轴和 y 轴构成的空间上绘制出趋势值的变化，以等值线表示。一般而言，稍高次的拟合会得到较满意的结果，但并不是

阶次越高拟合得就越好。

(二) 实例计算

例 8　设有布置为 12×15 的某次调查，样方观测数据如表 5-17 所示，使用趋势面进行分析。

解：首先将 180 个样方数据(含坐标)形成列向量，以满足拟合函数要求的格式，转换结果列于表 5-18，需要指出，表中只给出了起始和结束位置的各 17 个样方的数据，其余的均被省略。

表 5-17　调查 180 个样方数据(盖度)

编号	1	2	3	4	5	6	7	8	9	10	11	12	13	14	15
1	66	32	66	67	35	83	93	30	82	44	64	95	48	95	27
2	40	86	77	43	47	24	42	81	68	69	92	46	34	17	66
3	14	93	84	83	44	56	64	47	24	27	27	32	74	50	70
4	14	95	77	68	21	35	14	53	30	15	61	50	18	18	49
5	14	39	47	62	91	87	29	25	47	63	17	23	19	72	23
6	16	35	39	47	40	16	85	23	12	69	56	23	73	88	46
7	11	26	14	92	81	77	49	87	33	35	82	33	40	17	61
8	93	73	80	80	13	24	21	95	94	59	13	75	59	54	37
9	73	71	19	10	46	71	49	43	36	37	38	62	35	57	81
10	74	26	10	22	16	29	80	81	59	79	71	93	71	68	20
11	12	47	33	51	36	27	84	92	62	41	83	76	41	35	31
12	20	13	91	59	91	28	35	86	87	70	53	59	71	61	90

表 5-18　向量形式的坐标

第 1~17 号样方坐标与观测值																	
X	1	1	1	1	1	1	1	1	1	1	1	1	2	2	2	2	2	...
Y	1	2	3	4	5	6	7	8	9	10	11	12	1	2	3	4	5	...
Z	66	40	14	14	14	16	11	93	73	74	12	20	32	86	93	95	39	...

第 164~180 号样方坐标与观测值																	
X	...	14	14	14	14	14	15	15	15	15	15	15	15	15	15	15	15	15
Y	...	8	9	10	11	12	1	2	3	4	5	6	7	8	9	10	11	12
Z	...	54	57	68	35	61	27	66	70	49	23	46	61	37	81	20	31	90

为了清楚每一步的计算，本例从一次趋势面开始进行拟合，下面是使用一次趋势面拟合得到的一次多项式

$$\hat{v} = 48.2899 + 0.3292x + 0.0981y$$

将坐标代入拟合式，计算趋势面的值，结果如图 5-7(a)所示，计算评估拟合程度参数 C，得到 $C=0.3220\%$。由图 5-7(a)看出，一次趋势面结果不理想，需要进行更高阶次的拟合分析，二次趋势面分析拟合得到的多项式为

$$\hat{v} = 67.9470 + 1.0456x - 7.5997y - 0.1462x^2 + 0.2498xy + 0.4384y^2$$

将坐标代入拟合式，再次计算趋势面的值，结果如图 5-7(b)所示，拟合程度参数 $C=6.1597\%$。

继续提高趋势面的阶次，设定拟合多项式的次数为 3，则拟合结果为

$$\hat{v} = 70.8812 + 1.6849x - 11.0402y - 0.3093x^2 + 0.1368xy$$

$$+ 1.3326y^2 + 0.0148x^3 - 0.0296x^2y + 0.0451xy^2 - 0.0644y^3$$

计算趋势面的值，结果如图 5-7(c)所示，拟合程度参数 C=8.3167%。继续提高趋势面的阶次到 4，拟合得到的趋势面多项式为

$$\hat{v} = 32.9690 + 27.1726x - 7.3334y - 4.4868x^2 - 4.4063xy + 3.1052y^2$$

$$+ 0.2888x^3 + 0.3754x^2y + 0.3198xy^2 - 0.3807y^3 - 0.0063x^4 - 0.0111x^3y$$

$$- 0.0107x^2y^2 - 0.0053xy^3 + 0.0138y^4$$

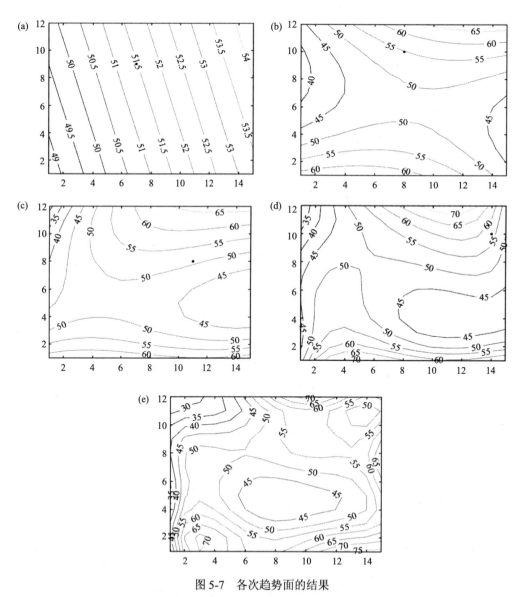

图 5-7　各次趋势面的结果

(a)一次趋势面的结果分析，C=0.3220%；(b)二次趋势面的结果分析，C=6.5197%；(c)三次趋势面的结果分析，C=8.3167%；

(d)四次趋势面的结果分析，C=10.2893%；(e)五次趋势面的结果分析，C=8.6170%

计算趋势面的值,结果如图 5-7(d)所示,拟合程度参数 C=10.2893%。继续提高趋势面的阶次 K,令 K=5,此时回归得到的多项式为

$$\hat{v} = -48.4972 + 74.1822x + 55.5387y - 20.8132x^2 - 6.1560xy - 23.9588y^2$$
$$+ 2.5771x^3 + 0.8250x^2y + 0.6188xy^2 + 4.5014y^3 - 0.1408x^4 - 0.0957x^3y$$
$$+ 0.0505x^2y^2 - 0.0880xy^3 - 0.3681y^4 + 0.0028x^5 + 0.0036x^4y - 0.0024x^3y^2$$
$$- 0.0002x^2y^3 + 0.0033xy^4 + 0.0109y^5$$

计算得到的趋势值结果如图 5-7(e)所示,其中 C=8.6170%。

从拟合优化指标 C 来看,$C_3 < C_4 > C_5$,三次和五次多项式的拟合结果不如四次的理想,故最佳趋势面分析按阶次 $K = 4$ 取定。还需要指出,本例数据并不是某次实际观测结果,所有数据均为伪数据,由计算机生成,目的仅为说明趋势面分析的具体计算过程,因此忽略了数据生态学意义的解读。

(三) 趋势面分析的 MATLAB 实现

趋势面分析中,既有趋势的计算,也包含着回归的计算,两个计算过程交织在一起,计算量比较大,为此,根据其计算原理,编写了如下的源码,方便读者学习使用。

1. 例题计算

```
mRow=12;% 样方行数,南北方向
nCol=15;% 样带列数,东西方向
y=1:mRow;   x=1:nCol;
z=[ 66,32,66,67,35,83,93,30,82,44,64,95,48,95,27;40,86,77,43,47,24,42,81,68,69,92,46,34,17,66;
    14,93,84,83,44,56,64,47,24,27,27,32,74,50,70;14,95,77,68,21,35,14,53,30,15,61,50,18,18,49;
    14,39,47,62,91,87,29,25,47,63,17,23,19,72,23;16,35,39,47,40,16,85,23,12,69,56,23,73,88,46;
    11,26,14,92,81,77,49,87,33,35,82,33,40,17,61;93,73,80,80,13,24,10,95,94,59,13,75,59,54,37;
    73,71,19,10,46,71,49,43,36,37,38,62,35,57,81;74,26,10,22,16,29,80,81,59,79,71,93,71,68,20;
    12,47,33,51,36,27,84,92,62,41,83,76,41,35,31;20,13,91,59,91,28,35,86,87,70,53,59,71,61,90];
v=TrendSurfaceAnalysis(x,y,z)
```

2. 函数 TrendSurfaceAnalysis 源码

```
function [v3d]=TrendSurfaceAnalysis(x,y,z,k)
%函数名称:TrendSurfaceAnalysis.m
%实现功能:数量生态学中大尺度格局分析的趋势面分析法.
%输入参数:函数共有4个输入参数,含义如下:
%        :(1),x,观测样方的横坐标位置向量,默指东西方向,坐标个数xLen.
%        :(2),y,观测样方的纵坐标位置向量,默指南北方向,坐标个数yLen.
%        :(3),z,观测样方中研究对象的观测值,如盖度、多度等,符合(yLen,xLen)二维矩阵格式.
%        :(4),k,趋势面多项式的预估最高阶次,默认k=10,即最高使用10次多项式进行拟合.
%输出参数:函数默认1个输出参数,含义如下:
%        :(1),v3d,经过回归后得到的趋势值.该矩阵为三维矩阵,其中第三维对应着趋势面阶次,仅供参考.
%函数调用:实现函数功能需要调用5个子函数,说明如下:
%        :(1),MakePolynomial,根据给定的参数,创建多项式.
%参考文献:实现函数算法,参阅了以下文献资料:
%        :(1),马寨璞,MATLAB语言编程[M],北京:电子工业出版社,2017.
%原始作者:马寨璞,wdwsjlxx@163.com.
```

```
%创建时间:2019.05.07,22:23:11.
%版权声明:未经作者许可,任何人不得以任何方式或理由对本代码进行网上传播、贩卖等.
%验证说明:本函数在MATLAB 2017b,2018b等版本运行通过.
%使用样例:常用以下格式,请参考准备数据格式.
%          :例1,使用缺省格式:
%                  close all;clear;clc
%                  mRow=12; %  样方行数,南北方向
%                  nCol=15; %  样带列数,东西方向
%                  x=1:nCol;   y=1:mRow;
%                  z=randi([10,95],mRow,nCol) %  介于10～95之间的随机数
%                  TrendSurfaceAnalysis(x,y,z)
%
xLen=length(x);yLen=length(y);
if nargin<4||isempty(k)
    k=10;
end
if nargin<3||isempty(z)%检测第3个输入参数
    error('缺少观测数据矩阵！')
else
    [zr,zc]=size(z);
    if xLen～=zc || yLen～=zr
        error('观测数据维数与坐标个数不匹配!');
    end
end
[x,y]=meshgrid(x,y);    %将样方位置坐标转成二维,与Z匹配
x=x(:);y=y(:);z=z(:);%#ok<NASGU> %  将数据转为向量,以方便回归分析
v3d=zeros(zr,zc,k); %存放各阶次的趋势值(拟合值)
%以不同阶次多项式进行回归计算
for klp=1:k    % Order of polynomials 多项式阶次,以备挑选
    %1.制作回归专用矩阵
    terms=MakePolynomial(klp);
    n=length(terms);
    formu='w=[ones(size(z))';
    for ilp=2:n
        str=strrep(char(terms(ilp)),'^','.^');
        str=strrep(str,'*','.*');
        formu=strcat(formu,[',',str]);
    end
    formu=strcat(formu,'];');
    eval(formu);
    b=regress(z,w); %回归分析得到参数向量
    %2.创建多项式并计算
    est='v=';    %以v作为z的估计值
    for jc=1:n
        str=strrep(char(terms(jc)),'^','.^');
```

```
        str=strrep(str,'*','.*');
        if b(jc)>=0
            tStr=[sprintf('+%.4f*',b(jc)),str];
        else
            tStr=[sprintf('%.4f*',b(jc)),str];
        end
        est=strcat(est,tStr);
    end
    est=strcat(est,';'); %禁止输出中间过程
    eval(est);
    %3.评测拟合程度系数 C
    fz=sum((z-v).^2);
    zm=mean(z);
    fm=sum((z-zm).^2);
    C=(1-fz/fm)*100;
    %4.准备输出和返回值
    v2d=reshape(v,yLen,xLen);%转回2维矩阵格式
    v3d(:,:,klp)=v2d(:,:);
    %5.禁止过拟合
    if C<=0
        v3d(:,:,klp:end)=[]; break;%过拟合跳出
    end
    %6.输出到表格,方便阅读
    f=figure('Position',[100,400,1500,140],'color','w');
    data=b';
    termStr=cell(1,n);
    for jc=1:n
        termStr{jc}=char(terms(jc));
    end
    title(['Term and coefficient, ',sprintf('k=%d ',klp)]);axis off;
    uitable(f,'Data',data,'ColumnName',termStr,'Position',[20,20,1300,80]);
    %7.画等值线图
    figure('color','w');
    [cc,hh]=contour(v2d);
    clabel(cc,hh,'fontName','times','fontsize',15,'linewidth',1.);
    xlabel(sprintf('(k=%d, C=%.4f%%)',klp,C),...
        'fontName','times','fontsize',15);
    set(gca,'fontName','times','fontsize',15,'linewidth',1.2);
end
```

3. 函数 MakePolynomial 源码

```
function [terms,tiop]=MakePolynomial(k,x,y)
%函数名称:MakePolynomial.m
%实现功能:根据给定的参数,创建多项式,以用于大尺度格局分析中的趋势面分析.
%输入参数:函数共有3个输入参数,含义如下:
%       :(1),k,正整数,多项式的最高阶次,理论上可以无限,但根据实际应用,超过5次给予提示警告.
```

```
%            :(2),x,字符串类型,样方空间位置的横坐标符号,默认对标东-西方向,缺省设置为x.
%            :(3),y,字符串类型,样方空间位置的横坐标符号,默认对标南-北方向,缺省设置为y.
%输出参数:函数默认2个输出参数,含义如下:
%            :(1),terms,k次趋势面的多项式中的各因子项,不含系数b.
%            :(2),tiop,k次趋势面的多项式中的各因子项,含系数b.
%函数调用:实现函数功能不需要调用子函数.
%参考文献:实现函数算法,参阅了以下文献资料:
%            :(1),马寨璞,MATLAB语言编程[M],北京:电子工业出版社,2017.
%原始作者:马寨璞,wdwsjlxx@163.com.
%创建时间:2019.05.05,10:46:42.
%原始版本:1.0
%版权声明:未经作者许可,任何人不得以任何方式或理由对本代码进行网上传播、贩卖等.
%验证说明:本函数在MATLAB2017b,2018a等版本运行通过.
%使用样例:常用以下两种格式,请参考数据格式并准备.
%            :例1,使用全参数格式:
%                    k=5;x='u';y='v'; % u代表x轴,v代表y轴
%                    [f,t]=MakePolynomial(k,x,y)
%            :例2,使用缺省参数格式:
%                    f=MakePolynomial(3);
%
% 检测输入的参数
if nargin<1||isempty(k)
    k=1;
elseif ～isscalar(k)||k<0
    error('多项式的阶次必须为标量正整数!');
elseif k>=6
    warning('真的需要[k=%d]这么高次的多项式吗?',k);
end
if nargin<2||isempty(x), x='x'; end
if nargin<3||isempty(y), y='y'; end
if strcmp(x,y), error('坐标轴不能同名!'); end
% 根据给定的次数k,形成多项式的各项(不带系数)
X=cell(1,k+1);Y=cell(k+1,1);
for ilp=1:k+1
    X{ilp}=sprintf('%s^%d',x,ilp-1);
    Y{ilp}=sprintf('%s^%d',y,ilp-1);
end
X=str2sym(X);
Y=str2sym(Y);
A=Y*X;
N=fliplr(A);
terms=sym(zeros(1,(1+k)*k/2)); % 用来存放因式
count=0;
for ilp=k:-1:0
    tmp=spdiags(N,ilp);
```

```
        tmp(tmp==0)=[];
        tLen=length(tmp);
        count=count+tLen;
        posA=count-tLen+1;    % position A, 存放位置起始处
        posZ=count;           % position Z, 存放位置结束处
        terms(posA:posZ)=tmp;
end
% 形成多项式各分项的系数
bs=cell(1,(1+k)*(k+2)/2); %  用来存放系数
for ilp=1:(1+k)*(k+2)/2
        bs{ilp}=sprintf('b%d',ilp-1);
end
bs=str2sym(bs);
% 合成多项式各分项(含系数)
tiop=bs.*terms;    % The Items Of Polynomials --> tiop
```

二、典范趋势面分析

(一) 原理与步骤

　　趋势面分析是通过地理位置来反映环境影响的，若有多个具体环境因子的观测值，则趋势面分析方法就不再适用，这就需要能够处理更多环境因子的新分析方法。典范趋势面分析(canonical trend surface analysis，CTSA)正是这样的一种方法。典范趋势面分析本质上是典型相关分析(canonical correlation analysis，CCA)与趋势面分析相结合而形成的分析方法，它一方面具有典型相关分析处理多变量相关的能力，同时又叠加了趋势面的应用，以期同时表现一组生态变量共同的空间变化格局。

　　典型相关分析是研究两组变量之间关系的一种分析方法，它解释了两组变量之间内在的联系。具体实施时，借助主成分分析的思想，首先把两组变量之间的相关转化为两个新(综合)变量之间的相关，然后借助新变量揭示两组数据的关联性。

　　设有 X、Y 两组变量，分别构建 X 中各因素的线性组合 U 和 Y 中各因素的线性组合 V，则 (U, V) 构成了一对新组合变量。典型相关分析就是找出 U、V 之间最大的相关性。在构建组合变量 U、V 的过程中，按照主成分分析的理念，这种线性组合不止一个，所以实际计算时会构建多对组合变量，如 (U_1, V_1)，(U_2, V_2)，(U_3, V_3) 等，这些新"组合变量对"之间进行了正交处理，各"组合变量对"之间的信息不会存在冗余，但各"组合变量对"提取的信息量会逐渐减少。

　　设 $X = (X_1, X_2, \cdots, X_p)'$ 表示 X 中的各个随机变量，设 $Y = (Y_1, Y_2, \cdots, Y_q)'$ 表示 Y 组中的各个随机变量，则构造 X 和 Y 中各个随机变量的线性组合 U_1 和 V_1，这第一对组合变量如下：

$$U_1 = a_{1,1}X_1 + a_{1,2}X_2 + \cdots + a_{1,p}X_p \tag{5-41}$$

$$V_1 = b_{1,1}Y_1 + b_{1,2}Y_2 + \cdots + b_{1,q}Y_q \tag{5-42}$$

典型相关分析就是在相关系数 $\rho(U_1, V_1)$ 最大的前提下，确定各个系数 $a_{1,1}, a_{1,2}, \cdots, a_{1,p}$ 和 $b_{1,1}, b_{1,2}, \cdots, b_{1,q}$。其中，

$$\rho(U_1, V_1) = \frac{Cov(U_1, V_1)}{\sqrt{Var(U_1)}\sqrt{Var(V_1)}} \tag{5-43}$$

若典范相关系数 ρ 绝对值很大，接近于 1，或者经检验具有显著性统计学意义，则说明两组变量紧密相关，可以进一步建立组合变量 U 和 V 的线性回归方程 $U_1 = b_0 + b_1 V_1$ (或者 $V_1 = a_0 + a_1 U_1$)。这样，可用自变量 V 预报出因变量 U 的变化趋势(或相反由 U 预报 V)。

在生态学中，若 Y 是观测得到的各种属性数据，如盖度、多度等，而 X 是空间位置和环境因子等，则属性数据与环境因子之间经过典范趋势面分析，可得到综合变量的变化趋势图。典范趋势面分析的步骤如下。

第一步，将两组变量数据整理成矩阵形式，矩阵的每列对应一个属性数据或位置坐标。例如，设某调查区的样方布置,按行布置 m 行，每行按列布置 n 列，则样方坐标记录为 (x_j, y_i)，$(i=1,2,\cdots,m)$，$(j=1,2,\cdots,n)$，样方中某属性的测量数据按 m 行 n 列布置，共计 $m \times n$ 个数据。例如，若某调查区域样方设置为 4 行 5 列，共计 20 个样方，每个样方调查 4 种属性数据，则所有样方中属性 1 的数据记录如图 5-8 所示。

```
Z(:,:,1) =                              Z(:,:,3) =
    79    38    25    66    78              64    66    12    41    25
    74    56    31    90    59              40    62    46    82    92
    20    44    11    24    47              95    43    25    73    32
    55    45    89    89    32              29    22    72    59    89
Z(:,:,2) =                              Z(:,:,4) =
    74    67    43    77    91              29    25    66    88    42
    29    71    80    83    48              42    13    43    78    63
    15    65    37    53    15              17    72    63    74    59
    75    46    80    64    84              65    39    11    79    55
```

图 5-8　样方数据的初始整理

上述数据不适合进行典型相关分析，需要按照每列一个属性数据转换为矩阵。例如，上述样方数据的坐标，原始记录 $x = 1$，2，3，4，5，$y = 1$，2，3，4，则坐标与属性数据转换结果见表 5-19(表中数据仅为说明格式，中间数据有省略)。

表 5-19　数据转换为每列一个属性的格式

x	y	z_1	z_2	z_3	z_4
1	1	79	74	64	29
1	2	74	29	40	42
1	3	20	15	95	17
1	4	55	75	29	65
2	1	38	67	66	25
…	…	…	…	…	…
5	2	59	48	92	63
5	3	47	15	32	59
5	4	32	84	89	55

第二步，进行典型相关分析。典型相关分析是多元统计分析中的内容，《高级生物统计学》等(马寨璞，2016)教材中有专门的详细介绍，这里借用该方法计算结果。上述样例中，当 x, y 作为一组变量，各属性 z 值作为一组变量，则典型相关分析得到了两对有效组合变量，其中第一对的相关系数为

$$\rho(U_1, V_1) = 0.5404$$

其中，

$$U_1 = 0.0077z_1 + 0.2260z_2 + 0.4152z_3 + 0.9504z_4$$

$$V_1 = 0.9939x + 0.1102y$$

第三步，根据各对典型变量的相关系数，判断是否可进行趋势面分析。若两对变量之间关联紧密，则进一步执行趋势面分析。和趋势面分析方法类似，这一步可计算不同阶次的趋势面拟合，但典型相关分析的第一对典型变量之间具有最大相关系数，故一般首先考虑第一对典型变量，当其提取的信息不满足要求时，会提取第二对典型变量，依此类推第三对及更多对的典型变量。每对典型变量的拟合程度可由参数 C 给出。

第四步，绘制分布趋势图。

(二) 实例计算

例 9　为了充分说明典范趋势面分析的具体计算，下面是对某虚拟观测数据的计算过程，该虚拟观测数据样方设定为 80 个，按照 8 行 10 列的形式布置，每个样方测定 2 个观测数据。

解：(1)通过典型相关分析，取一次趋势面，计算第一组典型相关变量，结果如下：

$$\rho(u_{1,1}, v_{1,1}) = 0.1491$$

其中，

$$\begin{cases} u_{1,1} = 0.7642z_1 + 0.6255z_2 \\ v_{1,1} = 0.6703x + 0.7421y \end{cases}$$

此时得到的趋势面方程为

$$f(x,y) = 64.2191 + 0.9412x + 0.8385y$$

对应的如图 5-9(a)所示，此时的回归程度不好，C 值很低。

(2)提高趋势面的阶次到二次继续计算，得到其第一组典型相关变量，结果如下：

$$\rho(u_{2,1}, v_{2,1}) = 0.2621$$

其中，

$$\begin{cases} u_{2,1} = -0.5108z_1 - 0.8466z_2 \\ v_{2,1} = -1.3943x - 0.2528y + 2.7715x^2 - 1.3731xy + 1.5698y^2 \end{cases}$$

此时得到的趋势面方程为

$$f(x,y) = -69.0757 + 3.3774x + 0.5016y - 0.7345x^2 + 0.4043xy - 0.2746y^2$$

对应的如图 5-19(b)所示，此时的回归 C 值有所改善。

(3)从实时计算可知，提高趋势面的阶次，有助于改善回归的 C 值，且相关性也有所提高，于是继续计算三阶趋势面，结果如下：

$$\rho\left(u_{3,1}, v_{3,1}\right) = 0.2705$$

其中,

$$
\begin{cases}
u_{3,1} = -0.5230z_1 - 0.8389z_2 \\
v_{3,1} = -0.2507x - 0.4079y + 2.1129x^2 - 4.4367xy + 4.6216y^2 \\
\qquad + 0.0206x^3 + 0.6647x^2y + 2.0540xy^2 - 2.8651y^3
\end{cases}
$$

此时得到的趋势面方程为

$$
f(x, y) = -64.9791 + 0.5351x + 0.8157y - 0.5793x^2 + 1.3615xy - 0.8327y^2 \\
\qquad + 0.0004x^3 - 0.0280x^2y - 0.0639xy^2 + 0.0511y^3
$$

对应的如图 5-9 (c)所示, 此时的回归 C 值继续改善。

　　将计算过程继续下去, 则可以解得四阶、五阶甚至六阶趋势面, 具体过程类似, 不再一一列出(图 5-9)。需要说明的是, 前面只给出了每阶趋势面的第一组典型变量的结果, 实际上, 当第一组典型变量不能充分揭示变化趋势时, 还可以引入第二组典型变量, 甚至第三组、第四组及更高组次的典型变量, 这些计算在给出的源码中, 可通过设定输入参数 only 为 false, 计算到全部结果。虽然可以计算得到高阶趋势面的趋势分布, 但用户需要通过综合评定后确定试验观测数据趋势面的合理阶次。

(三) 典范趋势面分析的 MATLAB 实现

　　本组典范趋势面分析计算程序共包括 7 个函数, 分别为: ①CanonicalTrendSurfaceAnalysis 函数; ②MakePolynomial 函数(请参阅上一节内容); ③CanonicalCorrelationAnalysis 函数; ④vNorm 函数; ⑤OutVarExpr 函数; ⑥Analyze 函数; ⑦CovXY 函数等。

1. CanonicalTrendSurfaceAnalysis 函数

```
function [v4d]=CanonicalTrendSurfaceAnalysis(x,y,z,only,k,p)
%函数名称:CanonicalTrendSurfaceAnalysis.m
%实现功能:数量生态学中,进行大尺度格局分析,计算多对典型变量的趋势面分析法.
%输入参数:函数共有6个输入参数,含义如下:
%          :(1),x,观测样方的横坐标位置向量,默指东西方向.
%          :(2),y,观测样方的纵坐标位置向量,默指南北方向.
%          :(3),z,三维矩阵,存放观测样方中研究对象的观测值,按[row,cow,page]格式布置,每page存放
%          :   一个属性,如盖度等,设page=1存放盖度,则矩阵的(:,:,1)数据是按照样方位置存放的盖度值.
%          :(4),only,控制计算典型相关对的个数,选项包括True和False两种,当取值为True时,只计算各阶
%          :   趋势面的第1对典型变量,也是最大相关的一对典型变量;当取值为False时,计算某一阶趋势
%          :   面的所有对典型相关变量.程序缺省设置时按true取值.
%          :(5),k,趋势面多项式的预估最高阶次,默认k=10,即最高使用10次多项式进行拟合.
%          :(6),p,显著性检验水平,默认取值0.05.
%输出参数:函数默认1个输出参数,含义如下:
%          :(1),v4d,各阶次趋势面数据,第三维是典型变量组序号,即第几组典型变量,第四维是趋势面的阶次.
%函数调用:实现函数功能需要调用2个子函数,说明如下:
%          :(1),MakePolynomial,根据给定的参数,创建多项式.
%          :(2),CanonicalCorrelationAnalysis,用来执行典型相关分析.
%参考文献:实现函数算法,参阅了以下文献资料:
%          :(1),马寨璞,高级生物统计学[M],北京:科学出版社,2016.
```

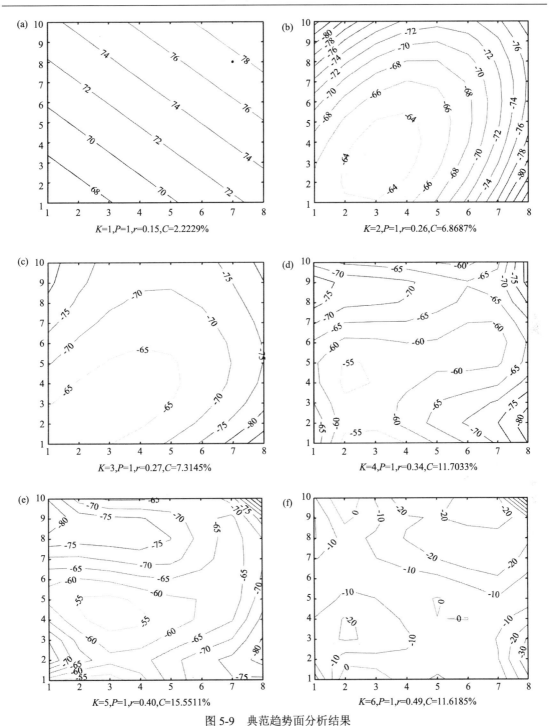

图 5-9 典范趋势面分析结果

K 为拟合式的阶次；P 为典型相关变量的组次；r 为相关系数；C 为拟合程度参数

```matlab
%验证说明:本函数在MATLAB2017b,2018b等版本运行通过.
%使用样例:常用以下格式,请参考数据格式并准备.
%                mRow=12; %  样方行数,南北方向
%                nCol=15; %  样带列数,东西方向
%                x=1:nCol;
%                y=1:mRow;
%                szSpecies=4; % 每个样方中记录不同属性的数据个数,比如某样方上测得的多度、盖度等.
%                z=randi([10,95],mRow,nCol,szSpecies); %  介于10~95之间的随机数,用于调试程序.
%                CanonicalTrendSurfaceAnalysis(x,y,z);
%
if nargin<4||~ischar(only)
    only='True'; %  缺省设置,默认输出第一对典型变量.
else
    choice={'True','False'};
    only=internal.stats.getParamVal(only,choice,'TYPE');
end
if nargin<5||isempty(k)
    k=10; %  缺省设置,趋势面多项式阶次默认不超过10次.
end
if nargin<6||isempty(p)
    p=0.05; %  缺省设置,显著性检验水平默认0.05
else
    ps=[0.1,0.05,0.01,0.001];
    if  ~ismember(p,ps)
        error('显著性水平输入不符合常用值习惯!');
    end
end
nCol=length(x);
mRow=length(y);
%将样方的位置坐标转成二维格式
[x,y]=meshgrid(x,y);
x=x(:);y=y(:); %#ok<NASGU>
[row,col,szSpec]=size(z); % szSpec 样方中属性数据的个数,比如测得的多度、盖度等.
if mRow~=row || nCol~=col
    error('坐标与数据个数不匹配!');
end
% 转为符合CCA要求的矩阵形式,每列对应1个观测种类
w=zeros(mRow*nCol,szSpec);
for ilp=1:szSpec
    zTmp=z(:,:,ilp);
    w(:,ilp)=zTmp(:);
end
pair=10; % 默认不超过10对典型变量,超过则截断.
v4d=zeros(mRow,nCol,pair,k);        %返回值初始化
xtPos0=150;ytPos0=150;delt=20;        %控制图表输出位置
```

```
xcPos0=450;ycPos0=450;                    %控制图像输出位置
for klp=1:k
    fprintf('\n==下面是%d次趋势面的计算输出==\n',klp);
    terms0=MakePolynomial(klp);
    uTerms=terms0(2:end); %  删除常数项
    un=length(uTerms);
    formu='zb=[';
    for ilp=1:un
        str=strrep(char(uTerms(ilp)),'^','.^');
        str=strrep(str,'*','.*');
        if ilp~=un
            formu=strcat(formu,[str,',']);
        else
            formu=strcat(formu,str);
        end
    end
    formu=strcat(formu,'];');eval(formu);
    [rs,su]=CanonicalCorrelationAnalysis(w,zb,p); %  典型相关分析
    szr=length(rs); %  计算多对典型变量的趋势面
    rs=sort(rs,'descend');
    C=1;% C初始化为大于0的值以便于判断后跳出.
    if strcmp(only,'True')
        szr=1;
    elseif szr>pair
        szr=pair;
        fprintf('提示:本次计算将计算所有各对典型相关变量.\n');
    end
    for iSurf=1:szr
        r=rs(iSurf);
        fprintf('典型相关第%d分量的相关系数：r1=%.2f\n',iSurf,r)
        %  当r1->1时,说明U1和V1这对向量联系密切,可以进行回归分析,否则,不应该进行后续的计算.
        %  但这里并未对较低r1值的典型变量切断执行后续计算,而是将结果输出,由用户决定是否舍去.
        if r<0.80
            fprintf('第1对典型变量之间的相关系数太小,后续计算意义不大!\n');
        end
        %.创建U多项式并计算
        uComp='uc='; %  U为各种属性的典型变量    u1 composed by zi
        uCol=size(su,2);
        uTmp=su(iSurf,:);
        for jc=1:uCol
            if uTmp(jc)>=0
                tStr=[sprintf('+%.4f*',uTmp(jc)),'w(:,',num2str(jc),')'];
            else
                tStr=[sprintf('%.4f*',uTmp(jc)),'w(:,',num2str(jc),')'];
            end
```

```
        uComp=strcat(uComp,tStr);
    end
uComp=strcat(uComp,';');
eval(uComp);
% 制作满足回归分析的数据格式
formu='V=[ones(mRow*nCol,1)';
vn=length(terms0);
for ilp=2:vn
    str=strrep(char(terms0(ilp)),'^','.^');
    str=strrep(str,'*','.*');
    formu=strcat(formu,[',',str]);
end
formu=strcat(formu,'];');
eval(formu);
%回归分析得到参数向量
b=regress(uc,V);
uPre='ue=';   %以u1e作为U1的预报值,estimation for u1.
for jc=1:vn
    str=strrep(char(terms0(jc)),'^','.^');
    str=strrep(str,'*','.*');
    if b(jc)>=0
        tStr=[sprintf('+%.4f*',b(jc)),str];
    else
        tStr=[sprintf('%.4f*',b(jc)),str];
    end
    uPre=strcat(uPre,tStr);
end
uPre=strcat(uPre,';'); %禁止输出中间过程
eval(uPre);
%.评测拟合程度系数 C
fz=sum((uc-ue).^2);   % 计算式的分子部分
um=mean(uc);
fm=sum((uc-um).^2);     % 计算式的分母部分
C=(1-fz/fm)*100;
%.准备输出和返回值
v2d=reshape(ue,mRow,nCol);%转回2维矩阵格式
v4d(:,:,iSurf,klp)=v2d(:,:);       %创建返回值
if C<=0 %禁止过拟合
    v4d(:,:,iSurf:end,klp)=NaN; break;%一旦过拟合,则跳出
end
%.输出到表格,方便阅读
xtPos=xtPos0+(klp-1)*delt;
f=figure('Position',[xtPos,ytPos0,1500,150],'color','w');
data=b';
termStr=cell(1,vn);
```

```
    for jc=1:vn
        termStr{jc}=char(terms0(jc));
    end
    uitable(f,'Data',data,'ColumnName',termStr,'Position',[20,20,1300,75],...
        'fontName','times','fontsize',12);
    title(['Term and coefficient:',sprintf('K=%d,Pair=%d.',klp,iSurf)]);axis off;
    %.画等值线图
    xcPos=xcPos0+(klp-1)*delt;
    figure('color','w','Position',[xcPos,ycPos0,600,500]);
    [cc,hh]=contour(v2d);
    clabel(cc,hh,'fontName','times','fontsize',15,'linewidth',1.);
    xlabel(sprintf('Param:K=%d,Pair=%d,r=%.2f,C=%.4f%%',klp,iSurf,r,C),...
        'fontName','times','fontsize',15);
    set(gca,'fontName','times','fontsize',15,'linewidth',1.2);
    end
    if C<=0 %禁止过拟合
        v4d(:,:,:,klp:end)=[];break;%一旦过拟合,则跳出
    end
end
```

2. CanonicalCorrelationAnalysis 函数

function [rho,suAns,svAns]=CanonicalCorrelationAnalysis(A,B,p)

%函数名称:CanonicalCorrelationAnalysis.m

%实现功能:对给定的两组数据进行典型相关分析.

%输入参数:函数共有3个输入参数,含义如下:

%　　　　　:(1),A,第1组原始数据矩阵,每列对应一个属性,暂不支持直接使用相关矩阵.

%　　　　　:(2),B,第2组原始数据矩阵,每列对应一个属性,暂不支持直接使用相关矩阵.

%　　　　　:(3),p,显著性检验水平,默认取值0.05.

%输出参数:函数默认3个输出参数,含义如下:

%　　　　　:(1),rho,各对典型向量的相关系数,已经从大到小排序.

%　　　　　:(2),suAns,典型向量U矩阵,即A的各分量的系数.

%　　　　　:(3),svAns,典型向量V矩阵,即B的各分量的系数.

%函数调用:实现函数功能需要调用4个子函数,说明如下:

%　　　　　:(1),vNorm,将特征向量构成的矩阵U利用R进行标准化.

%　　　　　:(2),OutVarExpr,输出原始变量的公因子表达形式,形成可供阅读的数学表达式.

%　　　　　:(3),Analyze,按照一般性讨论,输出各变量的简单分析结论.

%　　　　　:(4),CovXY,计算X和Y的协方差.

%参考文献:实现函数算法,参阅了以下文献资料:

%　　　　　:(1),马寨璞,高级生物统计学[M],北京:科学出版社,2016.

%　　　　　:(2),马寨璞,MATLAB语言编程[M],北京:电子工业出版社,2017.

%原始作者:马寨璞,wdwsjlxx@163.com.

%创建时间:2011.05.11,04:09.

%修订时间:2019.05.20,18:13.

%当前版本:1.1

%版权声明:未经作者许可,任何单位及个人不得以任何方式或理由网上传播、贩卖本代码!

%验证说明:本函数在MATLAB2017b,2018b等版本运行通过.

```
%使用样例:常用以下两种格式,请参考数据格式并准备.
%        例1,使用全参数格式:
%                X=randi([10,90],[40,4])
%                Y=randi([10,20],[40,6])
%                [r,u,v]=CanonicalCorrelationAnalysis(X,Y,0.05)
%        例2,使用缺省p格式:
%                X=[...
%                    25,125,30,83.5;26,131,25,82.9;28,128,35,88.1;29,126,40,88.4;
%                    27,126,45,80.6;32,118,20,88.4;31,120,18,87.8;34,124,25,84.6;
%                    36,128,25,88.0;38,124,23,85.6;41,135,40,86.3;46,143,45,84.8;
%                    47,141,48,87.9;48,139,50,81.6;45,140,55,88.0;
%                    ];
%                Y=[...
%                    70,130,85;72,135,80;75,140,90;78,140,92;
%                    73,138,85;70,130,80;68,135,75;70,135,75;
%                    75,140,80;72,145,86;76,148,88;80,145,90;
%                    82,148,92;85,150,95;88,160,95;
%                    ];
%                CanonicalCorrelationAnalysis(X,Y）
%
% 输入数据预处理
if nargin<3||isempty(p)
    p=0.05;
else
    ps=[0.1,0.05,0.025,0.01,0.005,0.001];
    if ～ismember(p,ps)
        error('输入的检验水平值不符合常规习惯！');
    end
end
[aRows,aCols]=size(A);
[bRows,bCols]=size(B);
if aRows～=bRows
    error('两组数据的行数不一致！');
end
% 计算典型相关系数矩阵
R11=corrcoef(A);
R22=corrcoef(B);
R12=CovXY(zscore(A,1),zscore(B,1));
R21=CovXY(zscore(B,1),zscore(A,1));
M1z=R11\R12*(R22\R21);
M2z=R22\R21*(R11\R12);
[u,uD]=eig(M1z);
[dSort,uIndex] = sort(diag(uD),'descend');
u = u(:,uIndex); % u经过了排序
su=vNorm(u,R11);
```

```
Lambda=dSort'; %取出各特征值
suAns=su';  %  返回值
fprintf('Note 1:各对典型变量的相关系数（大->小）\n');
rho=sqrt(Lambda);disp(rho)  %  返回值
fprintf('Note 2:求得典型向量U\n'); OutVarExpr(su',{'U'},{'*stdX'});
[v,vD]=eig(M2z);
[~,vIndex] = sort(diag(vD),'descend');
v = v(:,vIndex); % v经过了排序
sv=vNorm(v,R22);
svAns=sv'; %  返回值
fprintf('Note 3:求得典型向量V\n');OutVarExpr(sv',{'V'},{'*stdY'});
%  典型荷载分析
fprintf('Note 4:额外结果:U和X的典型荷载分析\n'); covUX=su'*R11;
Analyze('U','X',covUX);
fprintf('Note 5:额外结果:U和Y的典型荷载分析\n'); covUY=su'*R12;
Analyze('U','Y',covUY);
fprintf('Note 6:额外结果:V和X的典型荷载分析\n'); covVX=sv'*R21;
Analyze('V','X',covVX);
fprintf('Note 7:额外结果:V和Y的典型荷载分析\n'); covVY=sv'*R22;
Analyze('V','Y',covVY);
%  检验显著性
k=0;
for ir=1:size(M1z,1)
    rs=min(aCols,bCols);
    lamda=sort(eig(M1z),1,'descend');
    mk=(aRows-k-1)-0.5*(aCols+bCols+1);
    s=1;
    for jc=ir:rs
        s=s*(1-lamda(jc));
    end
    Q0=-1*mk*log(s);
    fk=(aCols-k)*(bCols-k);
    kaFang=chi2inv(1-p,fk);
    if (Q0>kaFang)
        fprintf('当alpha=%.3f时,至少一个典型相关系数大于0;',p);
    else
        fprintf('最终,具有显著性的典型相关变量有%d组\n',ir); return;
    end
    k=k+1;
end
```

3. vNorm 函数

```
function [nv]=vNorm(U,R)
%函数名称:vNorm.m
%实现功能:将特征向量构成的矩阵U利用R进行标准化.
%输入参数:函数共有2个输入参数,含义如下:
```

```
%           :(1),U,由原始非标准化的特征向量组成的矩阵.
%           :(2),R,矩阵,在将特征向量标准化的过程中,这里的矩阵U和R有着特殊的关系.
%输出参数:函数默认1个输出参数,含义: nv,经过标准化后的向量.
%函数调用:实现函数功能不需要调用子函数.
%参考文献:实现函数算法,参阅了以下文献资料:
%           :(1),马寨璞,MATLAB语言编程[M],北京:电子工业出版社,2017.
%原始作者:马寨璞,wdwsjlxx@163.com.
%创建时间:2015.06.09.
%修订时间:2019.05.13,18:40:00.
%版权声明:未经作者许可,任何单位及个人不得以任何方式或理由网上传播、贩卖本代码!
%验证说明:本函数在MATLAB2017b,2018b等版本运行通过.
%使用样例:常用以下格式,请参考数据格式并准备.
%           :例1,nv=vNorm(U,R)
%
[nRow,nCol]=size(U);
nv=zeros(nRow,1);
for jc=1:nCol
    A=U(:,jc);    temp=A'*R*A;
    if (abs(temp-1)<=(10^(-6)))
        nv(:,jc)=A;
    else
        st=1/sqrt(temp); nv(:,jc)=st.*A;
    end
end
```

4. OutVarExpr 函数

```
function OutVarExpr(A,VarIn,VarOut,Const)
%函数名称:OutVarExpr.m
%实现功能:输出原始变量的公因子表达形式,形成可供阅读的数学表达式.
%输入参数:函数共有4个输入参数,含义如下:
%           :(1),A,系数矩阵,必须提供,不可缺省.
%           :(2),VarIn,被输出的变量名列表,缺省时默认以Y作为变量名称,用户自己准备变量名称时,则按照
%           :    用户给定的名称输出.需要指出,当用户只输入一个变量名称时,则按照该变量名称,以数字作
%           :    为角标形成输入变量名称列表.
%           :(3),VarOut,欲输出使用的变量名列表,缺省时默认以X作为变量名称,用户自备变量名称时,则按照
%           :    用户给定的名称输出.需要指出,当用户只输入一个变量名称时,则按照该变量名称,以数字作为
%           :    角标形成输出变量名称列表.变量全部默认时,输出格式如下:
%           :        Y01 = 0.7804*X1 + 0.2203*X2 + 0.8842*X3 + ...
%           :    有完整准备变量名称时,则按完备名称输出:
%           :        Ya = 0.8383*Xa + 0.2076*Xb + 0.8051*Xc + ....
%           :(4),Const,常数量值,默认输出.
%输出参数:函数默认无输出参数.
%函数调用:实现函数功能不需要调用子函数,说明如下.
%参考文献:实现函数算法,参阅了以下文献资料:
%           :(1),马寨璞,高级生物统计学[M],北京:科学出版社,2016.
%           :(2),马寨璞,MATLAB语言编程[M],北京:电子工业出版社,2017.
```

```matlab
%原始作者:马寨璞,wdwsjlxx@163.com.
%创建时间:2013.05.05.
%修订时间:2019.05.13,18:48:32.
%版权声明:未经作者许可,任何单位及个人不得以任何方式或理由网上传播、贩卖本代码!
%验证说明:本函数在MATLAB 2017b,2018b等版本运行通过.
%使用样例:常用以下格式,请参考数据格式并准备.
%                A=rand(5,5);
%                In={'Ya','Yb','Yc','Yd','Ye'};
%                In={'F'}
%                Out={'Fa','Fb','Fc','Fd','Fe'};
%                Out={'S'};
%                B=A(:,end);
%                OutVarExpr(A);%格式1
%                OutVarExpr(A,In);%格式2
%                OutVarExpr(A,In,Out);%格式3
%                OutVarExpr(A,In,Out,B);%格式4
%
[nRows,nCols]=size(A);
%  被表达变量名称
if nargin<2||isempty(VarIn)
    Var='Y';
    for ir=1:nRows
        if nRows>9 && nRows<=99    %控制整齐对齐
            VarIn{ir}=sprintf('%s%d',Var,ir);
        else
            VarIn{ir}=sprintf('%s%d',Var,ir);
        end
    end
else
    varLong=length(VarIn); %测输入的长度
    if varLong==1     % 只输入一个时扩充
        Var=VarIn{1};
        for ir=1:nRows
            if nRows>9 && nRows<=99    %控制整齐对齐
                VarIn{ir}=sprintf('%s%d',Var,ir);
            else
                VarIn{ir}=sprintf('%s%d',Var,ir);
            end
        end
    elseif varLong~=nRows
        fprintf('输出变量  n = %d,矩阵行数： row = %d,不匹配！ \n',...
            varLong,nRows);
        error('检查数据与变量名称个数！ ');
    end
end
```

```
% 要使用的变量名称
if nargin<3||isempty(VarOut)
    Var='X';
    for jc=1:nCols
        if nCols>9 && nCols<=99   %控制整齐对齐
            VarOut{jc}=sprintf('%s%d',Var,jc);
        else
            VarOut{jc}=sprintf('%s%d',Var,jc);
        end
    end
else
    varLong=length(VarOut);
    if varLong==1
        Var=VarOut{1};
        for jc=1:nCols
            if nCols>9 && nCols<=99   %控制整齐对齐
                VarOut{jc}=sprintf('%s%d',Var,jc);
            else
                VarOut{jc}=sprintf('%s%d',Var,jc);
            end
        end
    elseif varLong~=nCols
        fprintf('变量系数 n = %d 个.\n',nCols);
        error('变量名称个数与系数个数不匹配！');
    end
end
% 常数项
if nargin<4||isempty(Const)
    Const=zeros(nRows,1);iFlag=0;
else
    iFlag=1;
    if(nRows~=size(Const,1))
        error('常数项：维数不匹配!');
    end
end
% 输出准备
for ir=1:nRows
    fprintf('%s=',VarIn{ir});
    sg=sign(A(ir,:));
    for jc=1:nCols
        switch sg(jc)
            case 1
                if (1==jc)
                    fprintf(blanks(1));
                else
```

```
                    fprintf('+');
                end
                fprintf('%.4f%s',A(ir,jc),VarOut{jc});
            case -1
                fprintf('-%.4f%s',abs(A(ir,jc)),VarOut{jc});
        end
    end
    if iFlag
        fprintf('+%.4f',Const(ir));
    end
    fprintf(';\n');
end
```

5. Analyze 函数

```
function Analyze(VarNameA,VarNameB,CovArr)
%函数名称:Analyze.m
%实现功能:按照一般性讨论,输出各变量的简单分析结论.
%输入参数:函数共有3个输入参数,含义如下:
%          :(1),VarNameA,字符型变量,指标1的名称.
%          :(2),VarNameB,字符型变量,指标2的名称.
%          :(3),CovArr,载荷矩阵.
%输出参数:函数默认无输出参数.
%函数调用:实现函数功能不需要调用子函数.
%参考文献:实现函数算法,参阅了以下文献资料:
%          :(1),马寨璞,高级生物统计学[M],北京:科学出版社,2016.
%          :(2),马寨璞,MATLAB语言编程[M],北京:电子工业出版社,2017.
%原始作者:马寨璞,wdwsjlxx@163.com.
%创建时间:2015.06.09.
%修订时间:2019.05.13,18:58:06.
%版权声明:未经作者许可,任何单位及个人不得以任何方式或理由网上传播、贩卖本代码!
%验证说明:本函数在MATLAB2017b,2018b等版本运行通过.
%
absUX=abs(CovArr);
Y=max(absUX,[],2);
[nRow,nCol]=size(CovArr);
for ir=1:nRow
    fprintf('第%d典型变量%s%d与%s相关系数分别是:',ir,VarNameA,ir,VarNameB);
    for jc=1:nCol
        fprintf('与%s%d为%.4f,',VarNameB,jc,CovArr(ir,jc));
    end
    temp=Y(ir);
    [row,col]=find(absUX==temp);
    if length(row)>1 && length(col)>1 %  防止全0出现重复
        row=row(1,1);
        col=col(1,1);
    end
```

```
        if sign(CovArr(row,col))>0.
            fprintf('\b.其中,绝对值最大的相关系数为%.4f,属于正相关.',CovArr(row,col));
        elseif sign(CovArr(row,col))<0.
            fprintf('\b.其中,绝对值最大的相关系数为%.4f,属于负相关.',CovArr(row,col));
        end
        temp=0;
        for jc=1:nCol
            temp=temp+CovArr(ir,jc)^2;
        end
        temp=temp/nRow;
        fprintf('第%d典型变量解释的方差,占总体比例为：%6.4f%%.\n',ir,temp*100);
    end
end
fprintf('\n');
```

6. CovXY 函数

```
function Sxy=CovXY(X,Y)
%函数名称:CovXY.m
%函数功能:计算X和Y的协方差。
%输入参数:函数共有2个输入参数,含义如下:(1),X,矩阵X.(2),Y,矩阵Y.
%输出参数:函数共有1个输入参数,含义如下:(1),Sxy,X和Y的协方差.
%辅助说明:因为计算样本使用了似然估计,这和MATLAB内置的函数稍有差别,故自编代码实现计算.
%        :经对比,使用标准cov也可以得到和本代码相同的结果,即:
%                cov(X,1),      给出标志位1
%                      ^^^
%                但计算cov(X,Y,1)时出错,原cov不执行.
%原始作者:马寨璞,wdwsjlxx@163.com.
%创建时间:2011.06.09.
%修订时间:2019.05.13.
%版权声明:未经作者许可,任何单位及个人不得以任何方式或理由网上传播、贩卖本代码!
%验证说明:本函数在MATLAB2017b,2018b等版本运行通过.
%
[xRows,xCols]=size(X);
[~,yCols]=size(Y);
xm=mean(X);
ym=mean(Y);
Sxy=zeros(xCols,yCols);
for ir=1:xCols
    for jc=1:yCols
        temp=0;
        for kp=1:xRows
            temp=temp+(X(kp,ir)-xm(ir))*(Y(kp,jc)-ym(jc));
        end
        Sxy(ir,jc)=temp/xRows; %  理论上除以(n-1),似然估计时是除以n
    end
end
```

第六章 排 序

排序是生态学研究中经常用到的一种数据分析方法，本意是指将植被样方在某空间上进行排列，这里的空间，既可以是一维的，也可以是多维的，在生态学中，多指植物种空间或环境因素空间。排序也叫梯度分析(gradient analysis)，它是依排序轴将样方或植物种排列在空间中，排序轴能够反映一定的生态梯度，可以解释植被或植物种的分布与环境因子之间的关系，即揭示植被-环境间的生态关系，这也是进行排序的目的。

依照排序对象的不同，排序可以分为两种，一种是把样方(实体)作为点在 P 维种类(属性)空间进行排列，这种排列能够客观反映样方间的相互关系，像这种用属性(物种或环境因子)对实体(样方)进行排序的过程叫正排序(normal ordination)或正分析(normal analysis)；另一种则是把属性作为点在样方空间进行排列，与正排序相反，称为逆排序(inverse ordination)或逆分析(inverse analysis)。

排序的目的是揭示植被与环境因子间的生态关系，实现排序目的的所有排序方法都建立在一定的模型之上，这些模型既可以是反映植物物种与环境之间关系的模型，也可以是描述某一环境梯度上各物种间关系的模型，按照类型可以分为线性模型和非线性模型。

线性模型描述的关系包括直线线性关系和曲线线性关系。线性关系是指某个植物物种随着某环境因子的变化而呈现线性变化，反映在关系对应图上，如图 6-1(a)和(b)所示。实践调查研究表明，植物物种和环境间的关系多数情况下不是线性关系，而是非线性关系，反映在关系对应图上，如图 6-1(c)和(d)所示，其中最著名的生态关系模型是二次曲线模型——高斯模型。在自然植物种群中，植物物种和环境间的关系非常复杂，不可能完全满足高斯曲线，但无论满足与否，多数物种的关系曲线表现为单峰曲线。

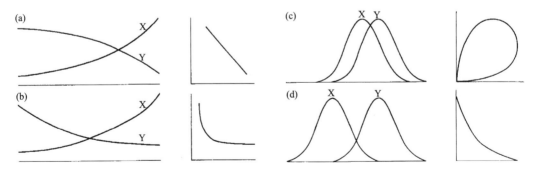

图 6-1　两个物种 X 和 Y 在某环境梯度上的关系

图中每个关系描述分左右两侧，其中左侧图表示两个物种对环境梯度的反应，
右侧图表示模型对应的关系。(a)、(b)为线性模型；(c)、(d)为非线性模型

在数量生态学中，排序方法众多，较简单的排序方法包括加权平均法(weighted average)、梯度分析法(gradient analysis)、连续带分析法(continuous band analysis)和极点排序法(polar ordination)。在第一节中，将以极点排序法为例具体介绍排序的基本知识。

以主成分分析法(principal component analysis，PCA)为基础发展起来的排序方法应用广泛，除 PCA 外，这类排序方法还包括典范主成分分析法(canonical principal component analysis，CPCA)、主坐标分析法(principal coordinates analysis，PCoA)，这三种方法分别在第二节至第四节予以介绍。

以对应分析法(correspondence analysis，CA)为基础的排序方法，目前应用得越来越广泛，除基础的 CA 方法外，这类方法还包括修订型对应分析法(modified correspondence analysis/reciprocal averaging，MCARA)、除趋势对应分析法(detrended correspondence analysis，DCA)、典范对应分析法(canonical correspondence analysis，CCA)、除趋势典范对应分析法(detrended canonical correspondence analysis，DCCA)，这 5 种方法分别在第五节至第九节予以介绍。

除了上述这些排序方法，还有模糊数学排序法、神经网络映射法、无度量多维标度法等，这些方法或源于数学原理，或适用于特定的数据类型，本书不再介绍，感兴趣的读者请参阅相关的参考书。

第一节　极点排序法

一、步骤

极点排序法是由 Bray 和 Curtis 创立的，该方法计算简单，结果直观，易于理解，有助于教学中学习排序的基本知识。极点排序法的基本步骤如下。

第一步，计算研究对象(样方)间的相异系数矩阵。在计算距离时，可以采用不同的距离定义，如欧氏距离、Bray-Curtis 距离、绝对距离等。以 Bray-Curtis 距离为例，则距离矩阵中的元素可按照式(6-1)计算。

$$D_{jk} = \frac{\sum_{i=1}^{P} \left| x_{ij} - x_{ik} \right|}{\sum_{i=1}^{P} \left(x_{ij} + x_{ik} \right)}, \quad (i=1,2,\cdots,P; \quad j,k=1,2,\cdots,N) \tag{6-1}$$

其中，D_{jk} 为样方 j 和样方 k 之间的距离系数；x_{ij} 为物种 i 在第 j 个样方中的观察值；x_{ik} 为物种 i 在第 k 个样方中的观察值；P 为物种的总个数；N 为样方总个数。

第二步，选择 x 轴的端点，选择相异系数最大的两个样方作为第一排序轴的端点，其中一个坐标值记为 0，另一个坐标值等于两端点样方间的距离系数。若是使用相似系数，则以相异系数替代距离系数，其中，

相似系数=1−相异系数

第三步，计算其他样方在 x 轴上的坐标 x_c，以及对 x 轴的偏离值(poorness of fit value)。

$$x_c = \frac{D_{ab}^2 + D_{ac}^2 - D_{bc}^2}{2 \times D_{ab}} \tag{6-2}$$

$$h = \sqrt{D_{ac}^2 - x_c^2} \tag{6-3}$$

其中，各符号含义如图 6-2 所示，a 和 b 为已选出的作为

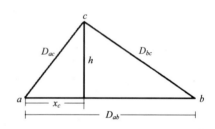

图 6-2　计算坐标与偏离值的符号说明

端点使用的两个样方,第三个样方 c 在 x 轴上的坐标值为 x_c,D_{ab} 为两端点样方 a,b 之间的距离;D_{ac} 和 D_{bc} 分别为样方 c 与样方 b 之间的相异系数;h 为样方 c 对 x 轴的偏离。

第四步,选择 y 轴的端点。首先选择与 x 轴的偏离值最大的样方作为 y 轴的一个端点,以使 y 轴尽量垂直于 x 轴。然后选择第二个端点,使其与 y 轴上的第一个端点间的相异系数最大,并尽可能使得选定的这两个端点在 x 坐标轴上的坐标差异最小。

第五步,同样计算其他样方在 y 轴上的坐标值。

第六步,用计算得到的 x 轴和 y 轴组成排序图。

第七步,检验排序效果。极点排序一般只求出前两个排序轴,其结果能否很好地反映各样方(林分)间的关系,需要进行检验,检验方法是:以排序坐标为基础,求出样方间的欧氏距离,再计算欧氏距离和样方间相异系数的相关性,若两者之间的相关系数在 0.9 以上,则认为排序较好地拟合了原始数据所含的信息。

二、实例计算

例 1 设有含 8 个物种 10 个样方的多度观测数据,试对此进行极点排序分析。

表 6-1　8 个物种在 10 个样方中的多度

物种	样方									
	1	2	3	4	5	6	7	8	9	10
1	9	0	5	0	5	6	10	4	6	6
2	5	1	4	0	0	7	8	1	7	5
3	7	5	8	5	0	6	3	2	6	3
4	10	4	10	5	2	9	9	0	5	7
5	3	2	3	2	7	8	9	5	0	0
6	8	8	4	4	6	9	2	10	1	0
7	7	6	9	7	6	7	8	5	9	9
8	2	10	8	1	0	1	5	0	5	4

解:具体计算步骤如下。

第一步,计算两样方之间的 Bray-Curtis 相异系数,建立相异系数矩阵。为了计算方便,可以将计算系数值同时扩大或缩小,本题目中,将各系数值同时放大 100 倍。例如,样方 1 和样方 2 之间的相异系数为

$$D_{12} = \frac{|9-0|+|5-1|+|7-5|+|10-4|+|3-2|+|8-8|+|7-6|+|2-10|}{(9+0)+(5+1)+(7+5)+(10+4)+(3+2)+(8+8)+(7+6)+(2+10)} \times 100 = 36$$

同样可计算出 10 个样方间两两的相异系数,利用相似系数与相异系数的关系,还可以同时得到两两之间的相似系数,其具体结果列于表 6-2,在表中,相似系数均以下画线数据标出。

第二步,选择 x 轴的端点。由表 6-2 可知,样方 8 和样方 9(或 10)的相异系数最大,且取值为 61,选定样方 8 与样方 9(这里人为取舍,舍去样方 10)作为 x 轴的两个端点,坐标值分别记为 0 和 61。

第三步，按照给出的公式计算其他样方的坐标值与偏离值。例如，样方 2 的坐标值 x_2 为

$$x_2 = \frac{D_{ab}^2 + D_{ac}^2 - D_{bc}^2}{2 \times D_{ab}} = \frac{61^2 + 43^2 - 41^2}{2 \times 61} \approx 32$$

样方 2 对 x 轴的偏离值 h_2 为

$$h_2 = \sqrt{D_{ac}^2 - x_c^2} = \sqrt{43^2 - 32^2} \approx 29$$

表 6-2　10 个样方的相似系数与相异系数

样方	样方										
	1	2	3	4	5	6	7	8	9	10	
1		<u>64</u>	<u>82</u>	<u>64</u>	<u>57</u>	<u>87</u>	<u>76</u>	<u>59</u>	<u>71</u>	<u>71</u>	
2	36		<u>69</u>	<u>73</u>	<u>52</u>	<u>61</u>	<u>51</u>	<u>57</u>	<u>59</u>	<u>51</u>	
3	18	31		<u>64</u>	<u>52</u>	<u>75</u>	<u>74</u>	<u>49</u>	<u>78</u>	<u>75</u>	
4	36	27	36		<u>56</u>	<u>62</u>	<u>51</u>	<u>51</u>	<u>60</u>	<u>55</u>	相
5	43	48	48	44		<u>66</u>	<u>55</u>	<u>75</u>	<u>43</u>	<u>43</u>	似
6	13	39	25	38	34		<u>80</u>	<u>65</u>	<u>72</u>	<u>67</u>	系
7	24	49	26	49	45	20		<u>47</u>	<u>75</u>	<u>75</u>	数
8	41	43	51	49	25	35	53		<u>39</u>	<u>39</u>	
9	29	41	22	40	57	28	25	61		<u>88</u>	
10	29	49	25	45	57	33	25	61	12		
相异系数											

进行相同的计算，得到其他样方的坐标值和偏离值，计算结果如表 6-3 所示。

表 6-3　坐标计算结果

样方	x 轴坐标	对 x 轴的偏离值	y 轴坐标
1	37	17	32
2	32	29	7
3	48	18	31
4	37	<u>32</u>	0
5	9	23	24
6	34	8	35
7	48	22	49
8	0	0	20
9	61	0	34
10	60	12	39

第四步，选定 y 轴端点。根据表 6-3 中的偏离值，可知样方 4 与 x 轴的偏离值最大，达到 32，选其为 y 轴的 0 点，样方 7(或 8)与样方 4 的距离系数最大，这里选定样方 7(舍去 8)作为第二个 y 轴端点。在选择 y 轴的两个端点时，除了要满足两个端点之间的相异系数最大外，还要尽量使得选定的两个端点在 x 轴上的坐标值相差最小，但在实际应用中，这两个条

件往往难以同时满足。

第五步，利用式(6-2)计算其他样方在 y 轴上的坐标值。例如，

$$y_1 = \frac{D_{47}^2 + D_{14}^2 - D_{17}^2}{2 \times D_{47}} = \frac{49^2 + 36^2 - 24^2}{2 \times 49} \approx 32$$

将各样方的计算结果填入表 6-3 中，则得到它们的坐标，再以此绘制排序图。图 6-3 是完成排序后的结果，其中 A～C 分别代表样方 1～10。

第六步，检验排序效果。根据得到的各样方坐标值(x，y)，计算排序图中样方间两两的欧氏距离。例如，样方 1 和样方 2 之间的欧氏距离为

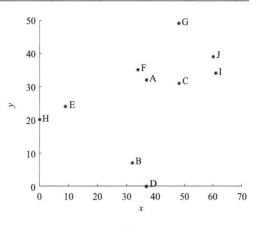

图 6-3 10 个样方(A～J)的二维极点排序图

$$D_{12} = \sqrt{(0.37-0.32)^2 + (0.32-0.07)^2} = 0.25$$

同样可计算其他样方间的距离系数，所有计算结果列于表 6-4。

表 6-4 极点排序效果检验相关分析使用数据

样方对	欧氏距离	相异系数	样方对	欧氏距离	相异系数	样方对	欧氏距离	相异系数
(01，02)	0.25	0.36	(02，09)	0.40	0.41	(05，06)	0.27	0.34
(01，03)	0.11	0.18	(02，10)	0.43	0.49	(05，07)	0.46	0.45
(01，04)	0.32	0.36	(03，04)	0.33	0.36	(05，08)	0.10	0.25
(01，05)	0.29	0.43	(03，05)	0.40	0.48	(05，09)	0.53	0.57
(01，06)	0.04	0.13	(03，06)	0.15	0.25	(05，10)	0.53	0.57
(01，07)	0.20	0.24	(03，07)	0.18	0.26	(06，07)	0.20	0.20
(01，08)	0.39	0.41	(03，08)	0.49	0.51	(06，08)	0.37	0.35
(01，09)	0.24	0.29	(03，09)	0.13	0.22	(06，09)	0.27	0.28
(01，10)	0.24	0.29	(03，10)	0.14	0.25	(06，10)	0.26	0.33
(02，03)	0.29	0.31	(04，05)	0.37	0.44	(07，08)	0.56	0.53
(02，04)	0.09	0.27	(04，06)	0.35	0.38	(07，09)	0.20	0.25
(02，05)	0.29	0.48	(04，07)	0.50	0.49	(07，10)	0.16	0.25
(02，06)	0.28	0.39	(04，08)	0.42	0.49	(08，09)	0.63	0.61
(02，07)	0.45	0.49	(04，09)	0.42	0.40	(08，10)	0.63	0.61
(02，08)	0.35	0.43	(04，10)	0.45	0.45	(09，10)	0.05	0.12

计算欧氏距离与相异系数的相关性，得到 Pearson 系数 $r = 0.944$，说明排序较好地拟合了原始数据中包含的信息。

极点排序法计算简单，形象直观，虽然随着分析方法的丰富，其逐渐被更完善的分析方法所替代，但它仍不失为一种可供使用、适应性强的排序技术。

三、极点排序法的 MATLAB 实现

和其他排序方法相比，虽然极点排序法计算简单，但当数据量较大时，使用相关软件进

行计算则不可避免,为方便教学与使用,根据极点排序法的实现步骤,利用 MATLAB 语言,编写了专用的 PolarOrdination 排序函数,该函数针对性强,读者只需准备好样方物种的规范化数据,即可直接调用程序计算得到结果,函数使用样例与源码如下。

(一) 样例计算

A=[9,0,5,0,5,6,10,4,6,6;5,1,4,0,0,7,8,1,7,5;7,5,8,5,0,6,3,2,6,3;
　　10,4,10,5,2,9,9,0,5,7;3,2,3,2,7,8,9,5,0,0;8,8,4,4,6,9,2,10,1,0;
　　7,6,9,7,6,7,8,5,9,9;2,10,8,1,0,1,5,0,5,4];

　　PolarOrdination(A)

(二) 函数源码

```
function PolarOrdination(A)
%函数名称:PolarOrdination.m
%实现功能:数量生态学中极点排序过程的具体实现.
%输入参数:函数共有1个输入参数,含义如下:A,样方多度矩阵.
%输出参数:函数默认无输出参数.
%函数调用:实现函数功能不需要调用子函数.
%参考文献:实现函数算法,参阅了以下文献资料:
%           :(1),马寨璞,高级生物统计学[M],北京:科学出版社,2016.
%原始作者:马寨璞,wdwsjlxx@163.com.
%创建时间:2018-10-29,17:39.
%版权声明:未经作者许可,任何单位及个人不得以任何方式或理由对本代码进行网上传播、贩卖等.
%验证说明:本函数在MATLAB 2015a等版本运行通过.
%使用样例:常用以下一种格式,请参考数据格式并准备.
%           :例1,数据摘自张金屯,数量生态学(第二版)[M],北京:科学出版社,2011.
%                 A=[10,0,8,0,1,8;   8,4,5,0,0,7; 6,6,7,3,3,1; 4,10,5,4,2,0;
%                    2,7,5,5,6,4; 0,3,0,8,10,8; 0,0,0,10,8,2];
%                 PolarOrdination(A)
%
% 检测输入
if nargin～=1||isempty(A)
    error('输入的参数有误! ');
else
    fprintf('输出汇报\n1.输入的原始数据如下,请查验! \n');disp(A);
    cols=size(A,2);
end
% 第1步,计算样方间的相异系数,为了计算方便,所有值扩大100倍
dissimilar=zeros(cols);
for ir=1:cols
    for jc=1:cols
        dissimilar(ir,jc)=sum(abs(A(:,ir)-A(:,jc)))/sum(A(:,ir)+A(:,jc))*100;
    end
end
dissimilar=round(dissimilar);
similarity=100-dissimilar;%相似系数
% 输出合并矩阵
```

```
uXs=triu(similarity)-diag(diag(similarity));
syntheArr=(tril(ones(cols))-diag(diag(ones(cols)))).*dissimilar+uXs;
fprintf('2.相似与相异系数矩阵如下,下三角为相异值,上三角为相似值.\n');
disp(syntheArr);
% 第2步,选定x轴端点
ltm=tril(dissimilar);                    % 取下三角矩阵 Lower triangular matrix
xBig=max(ltm(:));                        % 以相异系数最大的两个样方作为x轴的端点
[br,bc]=find(ltm==xBig);                 % 确定x轴端点的两个样方序号
if length(br)>1, br=br(1); end           % 去重：当出现两个以上相同的最大值时,取第一个,这不一定最好,
if length(bc)>1, bc=bc(1); end           % 但可防止程序不运行,下同
xa=min(br,bc);                           % 确定两端点中的a端点,准备计算坐标值
xb=max(br,bc);                           % 确定两端点中的b端点,准备计算坐标值
Dab=xBig;                                % 端点之最大距离
fprintf('3.选定x轴的端点样方: [%d,%d].\n',xa,xb);
% 第3步,计算其他样方在x轴上的坐标,以及偏离值h,保存到xh中
xh=zeros(cols,2);
for ir=1:cols
    Dac=dissimilar(ir,xa);
    Dbc=dissimilar(ir,xb);
    x=(Dab^2+Dac^2-Dbc^2)/(2*Dab);
    h=sqrt(Dac^2-x^2);
    x=round(x);
    h=round(h);
    xh(ir,:)=[x,h];
end
fprintf('4.提示:各样方x轴坐标,偏离值h,参见后续输出坐标计算表的前2列.\n');
% 第4步,选定y轴端点
ya=find(xh(:,2)==max(xh(:,2))); % 第1个端点
if length(ya)>1,ya=ya(1);end
fprintf('5.y轴第1个端点的样方号:ya=%d,',ya);
Dab=max(dissimilar(ya,:));
yb=find(dissimilar(ya,:)==Dab); % 方法1：按最大偏移确定第2个端点
if length(yb)>1, yb=yb(1);end
fprintf('y轴第2个端点的样方号:yb=%d\n',yb);
dx=abs(xh(:,1)-xh(ya,1)); % 方法2：按样方x轴坐标最接近原则确定第2个端点
dx(ya)=[];
[xp,~]=find(dx==min(dx));
if xp>=ya, xp=xp+1;end
fprintf('6.提示：按最大偏离选定样方(%d)为y起始端点;按x坐标接近选定(%d)为y起始端点;',yb,xp)
if yb~=xp
    fprintf('经计算,无法同时保证最大偏离和x坐标相近,故y轴第2个端点按照偏离值取定.\n');
end
% 第5步,计算其他样方在y轴上的坐标
yh=zeros(cols,1);
for ir=1:cols
```

```matlab
        Dac=dissimilar(ir,ya);
        Dbc=dissimilar(ir,yb);
        y=(Dab^2+Dac^2-Dbc^2)/(2*Dab);
        y=round(y);
        yh(ir,:)=y;
    end
fprintf('7.坐标计算表如下:\n');
names={'x','h','y'};
fprintf('%6s',names{:});fprintf('\n');
tbl=[xh,yh];
if ~isreal(tbl)
    tbl=abs(tbl);
end
disp(tbl);
% 第6步,绘图
abscissa=xh(:,1);ordinate=yh;
plot(abscissa,ordinate,'r*');box off;
ptStr=cell(1,cols);% 设置点位标记符
for ilp=1:cols
    if cols<=26    % 26个点以内使用A,B,C,...
        ptStr{ilp}=char(65+ilp-1);
    else           % 超过26个点,使用X1,X2,X3,...
        ptStr{ilp}=sprintf('X%d',ilp);
    end
end
for ir=1:cols    % 标记
    text(abscissa(ir,1)+1,ordinate(ir,1)+1,ptStr{1,ir},...
        'fontname','times','fontsize',15);
    hold on;
end
set(gca,'fontname','times','fontsize',15);
set(gcf,'color','w');
% 第7步,排序效果检验
Coordinate=tbl(:,[1,3]);
EuclidDist=pdist(Coordinate);
EuclidDist=EuclidDist';
% 样方对编号
n=cols*(cols-1)/2;
PairName=cell(n,1);
CoeffDissimilar=zeros(n,1); % 相异系数
count=0;
for ilp=1:cols-1
    for jlp=ilp+1:cols
        count=count+1;
        PairName{count}=sprintf('(%2.2d,%2.2d)',ilp,jlp);
```

```
            CoeffDissimilar(count)=ltm(jlp,ilp)/100;
        end
    end
fprintf('8.排序效果检验用到的数据资料:\n')
fprintf('\t%4s\t%s\t%s\n','样方对','欧氏距离','相异系数');
for ilp=1:n
fprintf('\t%7s\t%6.2f\t%6.2f\n',PairName{ilp,:},EuclidDist(ilp)/100,…
CoeffDissimilar(ilp));
end
r=corr(EuclidDist,CoeffDissimilar,'type','Pearson');
if r>=0.9
    fprintf('r=%.3f,排序较好地拟合了原始数据包含的信息!\n',r);
else
    fprintf('r=%.3f,排序未能较好地拟合了原始数据包含的信息!\n',r);
end
```

第二节　主成分分析法

一、主成分分析概述

主成分分析法(principal component analysis，PCA)是多元统计分析中非常重要的一个方法，它广泛应用于生物学研究。从应用上讲，主成分分析法是一种简化数据、降低数据维数的方法。当使用多维变量描述实验结果时，随着变量个数的增加，相应的处理分析也就愈加困难和复杂。为了减少变量的个数、降低分析处理的困难和复杂程度，同时还保留尽可能多的信息，我们自然想用较少的变量来尽可能多的表达原来数据中包含的信息，且希望这些变量能独立的"担当"一面(变量之间不存在关联性，减少信息冗余)，这实际上是既要变量的个数少(一少)，又要变量表达的信息多(一多)。

遵从上述的"一少一多"要求，既然使用的变量少，则每一个变量就要充分发挥最大的携带能力，携带尽可能多的信息。对于一组确定的变量，要想使得各变量携带信息最多，则各变量携带的信息就应该毫无重复，即变量之间具有正交性。此外，虽然变量描述了研究对象的方方面面，但它们(指各变量)的身份是不一样的，也可以说，它们的权重不一样，虽然在测定数据时都一视同仁，但在表述事物本质上，各变量之间存在差别是正常的。

现在的问题是：假如描述某个事物原来使用了 10 个变量，现在若要使用个数较少的一组新变量描述，该如何选出这组新变量?

答案是我们自然会考虑舍去那些信息含量小的变量，留下信息含量大的变量。而主成分分析就是找到这些信息含量大的变量的过程：首先找到含信息量最大的那个变量，然后考察该变量包含多少信息，当它不足以表达原始数据所含信息时，则继续寻找下一个变量，然后再次考察已找到的这两个变量包含的信息表达原始信息的额度，额度百分比不够的话，则继续找第三个，第四个……直到满足表达要求。一般说来，使用较少的新变量，就可以足够准确地表达数据中所包含的信息，这些新变量的个数少于原来变量的个数，实现了"降低维数"和"简化数据"。所以，从方法论的角度来讲，主成分分析是"抓住主要矛盾"或者"抓住矛盾的主要方面"的具体数学实现。

　　了解了主成分分析法的思想，再谈谈数据中的信息。所谓数据中的信息，实质就是数据本身的一些特征描述了什么含义。例如，数据的平均数，在概率中称作数学期望，不论怎么称呼，其本质就是表达了数据的中心，即事物在哪儿出现最多。再例如方差，其本质是事物偏离其中心程度大小的平均度量，值越大，偏离越大，但也可以认为数据"经历"的范围越大，它包含的信息也就越多。因此在主成分分析法中，标准差/方差既表达了事物的变异，也是信息的表达。

二、主成分分析排序步骤

　　基于主成分分析的排序步骤，主要是借用主成分分析的"压缩"、"抓大放小"功能，排序的基本步骤如下。

　　第一步，原始数据标准化，进行主成分分析之前，一般首先要进行原始数据的标准化，常用的标准化方法包括属性中心化或离差标准化，中心化之后的数据矩阵记为 $X = \{X_{ij}\}$。

　　第二步，计算属性(指标)间的内积矩阵 $S = XX^T$。

　　第三步，求解内积矩阵 S 的特征值 $\lambda_1, \lambda_2, \cdots, \lambda_P$，根据 S 矩阵的特征方程

$$|S - \lambda I| = \begin{pmatrix} (S_{11} - \lambda) & S_{12} & \cdots & S_{1P} \\ S_{21} & (S_{22} - \lambda) & \cdots & S_{2P} \\ \vdots & \vdots & \ddots & \vdots \\ S_{P1} & S_{P2} & \cdots & (S_{PP} - \lambda) \end{pmatrix} = 0 \tag{6-4}$$

可求解得到 P 个特征值，并依大小排列 P 个特征值，使得 $\lambda_1 \geqslant \lambda_2 \geqslant \cdots \geqslant \lambda_P$。

　　第四步，求特征值对应的特征向量。根据 S 矩阵的特征方程，第 i 个特征值和第 i 个特征向量的关系为

$$(S - \lambda I)U_i = \begin{pmatrix} (S_{11} - \lambda_i) & S_{12} & \cdots & S_{1P} \\ S_{21} & (S_{22} - \lambda_i) & \cdots & S_{2P} \\ \vdots & \vdots & \ddots & \vdots \\ S_{P1} & S_{P2} & \cdots & (S_{PP} - \lambda_i) \end{pmatrix} \begin{pmatrix} U_{1i} \\ U_{2i} \\ \vdots \\ U_{Pi} \end{pmatrix} = \begin{pmatrix} 0 \\ 0 \\ \vdots \\ 0 \end{pmatrix} \tag{6-5}$$

求解该方程可以得到特征向量 U_i，重复求解可得到全部 P 个特征向量，将每个得到的特征向量转置，使之成为行向量，作为构建矩阵 U 的一个行向量。

$$U = \begin{pmatrix} U_{11} & U_{12} & \cdots & U_{1P} \\ U_{21} & U_{22} & \cdots & U_{2P} \\ \vdots & \vdots & \ddots & \vdots \\ U_{P1} & U_{P2} & \cdots & U_{PP} \end{pmatrix} \tag{6-6}$$

　　第五步，求排序坐标矩阵 Y。根据 $Y=UX$，可求出 N 个样方 P 个分量的坐标。一般来说不需要计算每个分量的值，只需要求出前 2 个或 3 个的主要分量，以便在二维或三维中绘图表示。K 个主成分的总贡献率可用其特征值占所有特征值之和的百分数表示，即

$$I_i = \frac{\sum\limits_{i=1}^{K} \lambda_i}{\sum\limits_{i=1}^{P} \lambda_i} \tag{6-7}$$

第六步，计算属性的负荷量。虽然所有属性在样方排序中都有贡献，但各属性贡献的大小并不相等，属性的负荷量(loading)就是这种贡献大小的具体表示。设 L_{ij} 为第 i 个属性(物种)对第 j 个主分量的负荷量(贡献)，则

$$L_{ij} = \sqrt{\lambda_j}\, U_{ji}, \quad (i, j = 1, 2, \cdots, P) \tag{6-8}$$

将所有的 L_{ij} 以矩阵表示，则

$$L = \left\{ L_{ij} \right\} \tag{6-9}$$

主成分分析的主要目的是对相关性明显的数据进行降维，如果原始数据之间相关性较弱或很弱，则主成分分析的降维效果就比较差，此时使用主成分分析进行排序，其效果就不太理想。因此在进行主成分分析排序之前，一般要先进行数据的检验，以确定将被处理的数据是否适用于主成分分析排序，而 KMO 和 Bartlett 球形检验是两种常用的检验方法。

Bartlett 球形检验以 χ^2 统计量进行检验，当显著性小于给定的检验水平(默认 $\alpha = 0.05$)时，则认为主成分分析有效，计算得到的 χ^2 越大，则变量之间的相关性越强，数据越适合于主成分分析降维排序，关于 Bartlett 检验更完备的介绍与计算，请参阅《基础生物统计学》(马寨璞，2018)中的相关介绍。

KMO 的值介于 0~1 之间，该值越大，数据越适合于主成分分析，一般当 KMO 大于 0.5 时，就认为该数据适合于主成分分析。KMO 适合程度的详细资料如表 6-5 所示。

表 6-5　KMO 取值与适用于主成分分析的程度

KMO	>0.9	0.8~0.9	0.7~0.8	0.6~0.7	0.5~0.6	<0.5
接受程度	很好	良好	中等	一般	不好	不接受

三、实例计算

例 2　某次采样调查观测的原始数据如表 6-6，数据含有 5 个物种 10 个样方，试对此数据进行主成分分析排序。

表 6-6　基于主成分分析排序的样方伪数据

物种	样方									
	1	2	3	4	5	6	7	8	9	10
1	8	10	4	8	7	5	5	0	8	9
2	7	5	1	2	3	9	8	1	8	10
3	5	5	8	9	2	2	1	7	5	10
4	10	8	6	9	1	1	0	5	3	7
5	5	4	7	3	7	4	6	5	1	0

解：按照主成分分析排序的计算要求，各步计算如下：

将数据表达成矩阵，则

$$Z = \begin{pmatrix} 8 & 10 & 4 & 8 & 7 & 5 & 5 & 0 & 8 & 9 \\ 7 & 5 & 1 & 2 & 3 & 9 & 8 & 1 & 8 & 10 \\ 5 & 5 & 8 & 9 & 2 & 2 & 1 & 7 & 5 & 10 \\ 10 & 8 & 6 & 9 & 1 & 1 & 0 & 5 & 3 & 7 \\ 5 & 4 & 7 & 3 & 7 & 4 & 6 & 5 & 1 & 0 \end{pmatrix}$$

(1)将数据进行中心化，结果如下：

$$X = \begin{pmatrix} 1.6 & 3.6 & -2.4 & 1.6 & 0.6 & -1.4 & -1.4 & -6.4 & 1.6 & 2.0 \\ 1.6 & -0.4 & -4.4 & -3.4 & -2.4 & 3.6 & 2.6 & -4.4 & 2.6 & 4.0 \\ -0.4 & -0.4 & 2.6 & 3.6 & -3.4 & -3.4 & -4.4 & 1.6 & -0.4 & 4.0 \\ 5.0 & 3.0 & 1.0 & 4.0 & -4.0 & -4.0 & -5.0 & 0.0 & -2.0 & 2.0 \\ 0.8 & -0.2 & 2.8 & -1.2 & 2.8 & -0.2 & 1.8 & 0.8 & -3.2 & -4.0 \end{pmatrix}$$

(2)计算内积矩阵 S：

$$S = XX^T = \begin{pmatrix} 78.4 & 40.4 & 7.4 & 35.0 & -29.8 \\ 40.4 & 106.4 & -26.6 & -25.0 & -40.8 \\ 7.4 & -26.6 & 86.4 & 73.0 & -30.8 \\ 35.0 & -25.0 & 73.0 & 116.0 & -20.0 \\ -29.8 & -40.8 & -30.8 & -20.0 & 49.6 \end{pmatrix}$$

(3)计算 S 的特征值：

$$|S - \lambda I| = \begin{vmatrix} 78.4-\lambda & 40.4 & 7.4 & 35.0 & -29.8 \\ 40.4 & 106.4-\lambda & -26.6 & -25.0 & -40.8 \\ 7.4 & -26.6 & 86.4-\lambda & 73.0 & -30.8 \\ 35.0 & -25.0 & 73.0 & 116.0-\lambda & -20.0 \\ -29.8 & -40.8 & -30.8 & -20.0 & 49.6-\lambda \end{vmatrix} = 0$$

需要说明，当矩阵 S 维数较高时，并不直接这样求解高阶方程，而是通过诸如奇异值分解(singular value decomposition，SVD)等专门的计算方法求解特征值，经计算，得到的特征值(由大到小)排列如下：

$$\lambda = \{198.7403, 158.5263, 51.4815, 21.9675, 6.0844\}$$

(4)计算特征向量矩阵。和计算特征值一样，对于高维数据，采用 SVD 分解求解特征值时，也同时计算出其对应的特征向量，基于此，由各特征向量转置成行向量构成的特征向量矩阵如下：

$$U = \begin{pmatrix} -0.2496 & 0.1553 & -0.5842 & -0.7223 & 0.2249 \\ -0.5015 & -0.7657 & 0.1080 & 0.0414 & 0.3858 \\ 0.6257 & -0.2349 & -0.5095 & 0.2884 & 0.4589 \\ 0.5147 & -0.4889 & 0.2501 & -0.5814 & -0.3090 \\ -0.1728 & -0.3089 & -0.5700 & 0.2354 & -0.7032 \end{pmatrix}$$

(5)特征值与累积占比列于表6-7。

表 6-7　矩阵 S 特征值与累积占比百分数

序号	特征值	累积占比百分数/%
1	198.7403	45.4992
2	158.5263	81.7918
3	51.4815	93.5779
4	21.9675	98.6070
5	6.0844	100.0000

由表6-7可知，选择前两个特征值，即可累计超过80%，故只需2个主成分分量就能较好地描述原始数据信息。

(6)计算样方(物种)排序坐标，结果如表6-8所示。

表 6-8　主成分分析计算得到的样方排序坐标

样方序号	x	y
1	−3.3487	−1.5551
2	−2.9387	−1.4953
3	−1.6959	5.9752
4	−6.1896	1.8924
5	4.9828	2.0841
6	5.7390	−2.6644
7	7.3400	−1.2765
8	0.1590	7.0600
9	0.9631	−4.1538
10	−5.0111	−5.8667

(7)根据排序坐标，绘制样方的二维排序，如图6-4所示。

(8)为方便分析，下面给出全部属性(物种)的负荷量

$$L = \begin{pmatrix} -3.5181 & -6.3142 & 4.4893 & 2.4123 & -0.4262 \\ 2.1893 & -9.6403 & -1.6851 & -2.2917 & -0.7619 \\ -8.2361 & 1.3604 & -3.6559 & 1.1720 & -1.4059 \\ -10.1826 & 0.5211 & 2.0689 & -2.7250 & 0.5805 \\ 3.1704 & 4.8580 & 3.2928 & -1.4481 & -1.7345 \end{pmatrix}$$

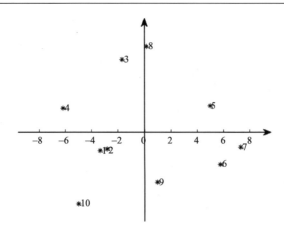

图 6-4　10 个样方模拟数据的主成分分析排序

四、主成分分析的 MATLAB 实现

基于主成分分析的排序不需要主观选择端点和权重，分析结果更接近于实际，但 PCA 计算复杂，必须借助计算机计算才能完成，为此，笔者给出如下的排序代码，以方便读者使用。对于上述例题中的数据，可参照如下的格式输入，直接运行即可得到包括排序图在内的各种分析结果。

(一) 样例计算

```
X=[ 8, 10,  4,  8,  7,  5,  5,  0,  8,  9;
    7,  5,  1,  2,  3,  9,  8,  1,  8, 10;
    5,  5,  8,  9,  2,  2,  1,  7,  5, 10;
   10,  8,  6,  9,  1,  1,  0,  5,  3,  7;
    5,  4,  7,  3,  7,  4,  6,  5,  1,  0 ];
pcao(X);
```

(二) 主成分分析排序函数源码

1. 排序函数 pcao

```
function [orLamb,rLoads,LoadArray]=pcao(X)
%函数名称:pcao.m
%实现功能:主成分分析法在数量生态学排序中的应用.
%输入参数:函数共有1个输入参数,含义如下:(1),X,样方数据,其中行代表样本点,列代表数据的属性.
%输出参数:函数默认3个输出参数:
%          :(1),orLamb,从大到小排序后的特征值.
%          :(2),rLoads,特征根累积占比百分数.
%          :(3),LoadArray,属性的负荷量矩阵.
%函数调用:实现函数功能需要调用1个子函数,说明如下:
%          :(1),ShiftAxisToOrigin,用来将绘图坐标轴配置到符合数学习惯.
%          :(2),LocalPrint,用来输出符合数学习惯的中间计算过程结果.
%参考文献:实现函数算法,参阅了以下文献资料:
%          :(1),马寨璞,高级生物统计学[M],北京:科学出版社,2016.
%          :(2),马寨璞,MATLAB语言编程[M],北京:电子工业出版社,2017.
```

```
%原始作者:马寨璞,wdwsjlxx@163.com.
%创建时间:2018-10-31,08:44:18.
%版权声明:未经作者许可,任何单位及个人不得以任何方式或理由对本代码进行网上传播、贩卖等.
%验证说明:本函数在MATLAB 2015a等版本运行通过.
%使用样例:常用以下格式,请参考数据格式并准备.
%          :例1, X=[5,6,4,6,0,3;11,8,7,6,2,2]; pcao(X);
%          :例2, X=randi([0,10],[3,8]); pcao(X);
%
if nargin~=1||isempty(X)
    error('输入参数错误|没有数据,无法实施计算');
else
    close all;
end
[szSpec,szSamp]=size(X);      % szSpecies-物种数；szSample-样方数
% 第1步,数据中心化,这里采用了种中心化方法
X=X-mean(X,2);
fprintf('1.数据中心化后,结果如下：\n');LocalPrint(X);
% 第2步,计算内积矩阵
S=X*X';
fprintf('2.内积矩阵如下：\n');LocalPrint(S);
% 第3步,求特征根L及特征向量U
[U,L]=eig(S);
% 第4步,排序特征根,形成矩阵nU
orLamb=sort(L(:), 'descend');    % ordered lambda
orLamb=orLamb(1:szSpec);
fprintf('3.内积矩阵S的特征根排序后下：\n');LocalPrint(orLamb)
NewArrU=zeros(szSpec); % new array U
n=length(orLamb);
for ilp=1:n
    if orLamb(ilp)~=0
        [~,tmpCol]=find(L==orLamb(ilp));
        NewArrU(ilp,:)=U(:,tmpCol)';
    end
end
fprintf('4.特征向量矩阵如下：\n'); LocalPrint(NewArrU);
% 第5步,计算排序坐标
Y=NewArrU*X;
% 第6步，确定特征根占比百分数
sumLoads=sum(orLamb);
rLoads=cumsum(orLamb)/sumLoads*100; % 百分比
fprintf('5.特征值与累积占比百分数：\n');
LocalPrint([orLamb,rLoads]);
if rLoads(2)>=80
    FigDim=2;nStr={'x','y'};% 绘制二维图
elseif rLoads(3)>=80
```

```
        FigDim=3;nStr={'x','y','z'};
    else
        FigDim=szSpec;nStr={};
    end
    fprintf('6.样方(物种)排序坐标如下：\n');
    if ～isempty(nStr)
        fprintf('%7s',nStr{:});fprintf('\n');
    end
    Yt=Y'; LocalPrint(Yt(:,1:FigDim));
    % 绘图
    if FigDim==2
        zbx=Y(1,:); zby=Y(2,:); plot(zbx,zby,'r*');
        tStr=cell(1,szSamp);
        for ilp=1:szSamp
            tStr{ilp}=sprintf('%d',ilp);
        end
        text(zbx+0.2,zby+0.2,tStr); %其中0.2是偏移量,勿改.
        set(gcf,'color','w'); box off;hold on;
        ShiftAxisToOrigin(gca);
        axis off;set(gcf,'color','w');
    elseif FigDim>=3
        zbx=Y(1,:);zby=Y(2,:);zbz=Y(3,:);
        plot3(zbx,zby,zbz,'r*');
        tStr=cell(1,szSamp);
        for ilp=1:szSamp
            tStr{ilp}=sprintf('%d',ilp);
        end
        text(zbx+0.2,zby,zbz+0.2,tStr); hold on;
        xlabel('x');ylabel('y'); grid on;axis on;
    end
    % 第7步,计算属性的负荷量
    LoadArray=zeros(szSpec);
    for ir=1:szSpec
        for jc=1:szSpec
            LoadArray(ir,jc)=sqrt(orLamb(jc))*NewArrU(jc,ir);
        end
    end
    fprintf('7.属性的负荷量：\n');LocalPrint(LoadArray);
```

2. 排序子函数 ShiftAxisToOrigin

```
function NewFigHandle=ShiftAxisToOrigin(FigHandle)
%函数名称:ShiftAxisToOrigin.m
%实现功能:移动坐标轴,使得图形原点与数据(0,0)匹配,符合数学做图习惯.
%输入参数:函数共有1个输入参数,含义如下:FigHandle,要处理的图形句柄,一般为gca.
%输出参数:函数默认1个输出参数:NewFigHandle,新图形的句柄.
%函数调用:实现函数功能不需要调用子函数.
```

%参考文献:实现函数算法,参阅了以下文献资料:

% :(1),马寨璞,MATLAB语言编程[M],北京:电子工业出版社,2017.

%验证说明:本函数在MATLAB 2015a版本运行通过.

%使用样例:常用以下格式,请参考数据格式并准备.

% :例1,ShiftAxisToOrigin(gca)

%

% 0.处理默认输入

```
if nargin~=1||isempty(FigHandle)
    FigHandle=gca;
end
```

% Create a new figure

```
figure('Name','shift_axis_to_origin','NumberTitle','off')
```

% 1.拷贝图形到一个新的窗口

```
NewFigHandle = copyobj(FigHandle,gcf);
xL=xlim ;yL=ylim ;
xt=get(gca,'xtick');
yt=get(gca,'ytick');
set(gca,'XTick',[],'XColor','w');
set(gca,'YTick',[],'YColor','w');
```

% 2.为了视觉上的美感,把x和y坐标轴的两个方向各延长10%

```
xExtend=(xL(2)-xL(1))*0.1; yExtend=(yL(2)-yL(1))*0.1;
xxL=xL+[-xExtend,xExtend]; yyL=yL+[-yExtend,yExtend];
set(gca,'xlim',xxL); set(gca,'ylim',yyL);
pos=get(gca,'Position'); box off;
```

% 3.确定坐标的移动量

```
xShift=abs(yyL(1)/(yyL(2)-yyL(1))) ;
yShift=abs(xxL(1)/(xxL(2)-xxL(1))) ;
tempA = axes('Position',pos+[0,pos(4)*xShift,0,-pos(4)*xShift*0.99999]);
xlim(xxL);box off ;
set(tempA,'xTick',xt,'Color','none','yTick',[]);
set(tempA,'yColor','w');
tempB = axes('Position',pos+[pos(3)*yShift,0,-pos(3)*yShift*0.99999,0]);
ylim(yyL) ;box off ;
set(tempB,'YTick',yt,'Color','none','XTick',[]) ;
set(tempB,'XColor','w') ;
```

% 4.添加坐标轴的箭头

```
BasePos=get(NewFigHandle,'Position') ;
xArrow=BasePos(2)-BasePos(4)*yyL(1)/(yyL(2)-yyL(1));
yArrow=BasePos(1)-BasePos(3)*xxL(1)/(xxL(2)-xxL(1));
annotation('arrow',[BasePos(1),BasePos(1)+BasePos(3)],...
    [xArrow,xArrow],'Color','k');
annotation('arrow',[yArrow,yArrow ],...
[BasePos(2),BasePos(2)+BasePos(4)],'Color','k');
```

第三节　典范主成分分析法

一、原理与步骤

将主成分分析与环境因子结合起来，以便于研究环境因子对群落的作用，就构成了典范主成分分析法(canonical principal component analysis，CPCA)。CPCA 是 PCA 与多元回归的结合，在 PCA 完成后的每一步，都将分析结果与环境因子进行回归处理，再将回归系数结合到下一步排序值的计算中。

设 y_j 是第 j 个实体(样方)的排序值；设 q 为环境因子的个数；b_0 为截距；b_i 为第 i 个环境因子的回归系数 $(i=1,2,\cdots,q)$；z_{ij} 为第 i 个环境因子的观测值，则回归式为

$$y_j = b_0 + b_1 z_{1j} + b_2 z_{2j} + \cdots + b_q z_{qj} \tag{6-10}$$

CPCA 的计算过程以迭代实现，首先对原始数据进行中心化，将中心化后的数据矩阵记为 $X = \{x_{ij}\}$，则 CPCA 的计算步骤如下。

第一步，任意选择一组实体(样方)排序初始值 y_j，要求 y_j 不能全部为 0，$j = 1,2,\cdots,N$。

第二步，计算物种(属性)的排序值 m_k，

$$m_k = \sum_{j=1}^{N} x_{kj} y_j, \quad (k=1,2,\cdots,P) \tag{6-11}$$

其中，x_{kj} 为第 k 个物种在第 j 个样方中的值，即 X 矩阵中第 k 行第 j 列的元素；P 为物种数。

第三步，计算新的样方排序值 y_j'，

$$y_j' = \sum_{k=1}^{P} x_{kj} m_k \tag{6-12}$$

第四步，以多元线性回归求解各环境因子的回归系数 $b_0,b_1,b_2,\cdots,b_q$，将回归系数 $b_0,b_1,b_2,\cdots,b_q$ 应用到式(6-10)中，计算出新的样方排序值，新得到的排序值是结合了环境因子的排序值，以 y_j^* 标记。

第五步，对排序值 y_j^* 进行离差标准化，

$$y_j^{*'} = \frac{y_j^*}{S} \tag{6-13}$$

其中，$y_j^{*'}$ 为标准化后的值；S 为离差。

第六步，重新返回到第二步，计算物种的排序新值，一直迭代下去，直到两次迭代的结果基本一致，此时得到 CPCA 的第一排序轴，它包括了物种的第一排序轴和样方的第一排序轴。

第七步，求第二排序轴。求解第二排序轴的 1～4 步同上：首先选出样方初始值 y_j；其次计算物种排序值 m_k；再计算新的样方排序值 y_j'；然后计算回归系数，并求出样方排序新值 y_j^*；接下来对样方排序值进行正交化，以确保第二轴与第一轴垂直相交。

计算正交化系数 v，

$$v = \sum_{j=1}^{N} x_j y_j^*$$ (6-14)

其中，x_j 为第 j 样方在第一排序轴上的坐标值。

正交化

$$y_j^{*'} = y_j^* - v x_j$$ (6-15)

对正交化后的样方排序值再进行标准化，方法同第一轴的第五步和第六步，最终求得第二轴的排序值。若要求第三轴，则要针对前两个轴进行正交化，以此类推。用前两三个轴就可绘制二维或三维排序图。

二、实例计算

例3　设有含 5 个种物 8 个样方的伪数据 X 列于表 6-9，以及包括 3 个环境因子的伪数据 Z 列于表 6-10，试对此进行 CPCA。

表 6-9　含 5 个物种 8 个样方的伪数据 X

物种	样方							
	1	2	3	4	5	6	7	8
1	10	1	9	7	0	2	10	0
2	3	0	9	9	0	6	1	7
3	5	10	10	4	10	9	0	1
4	3	6	0	2	4	6	10	1
5	0	8	1	6	8	10	1	5

表 6-10　环境因子的数据 Z

环境因子	样方							
	1	2	3	4	5	6	7	8
1	0.9487	0.0703	0.8569	0.1626	0.9453	0.5977	0.7885	0.5497
2	0.7411	0.3061	0.8908	0.1760	0.6580	0.2346	0.5891	0.3530
3	0.6723	0.9368	0.5886	0.7476	0.5438	0.8198	0.4363	0.9958

解：根据 CPCA 的要求，具体计算如下，首先对原始数据进行中心化，将中心化后的数据矩阵记为 X，则有

$$X = \begin{pmatrix} 5.1250 & -3.8750 & 4.1250 & 2.1250 & -4.8750 & -2.8750 & 5.1250 & -4.8750 \\ -1.3750 & -4.3750 & 4.6250 & 4.6250 & -4.3750 & 1.6250 & -3.3750 & 2.6250 \\ -1.1250 & 3.8750 & 3.8750 & -2.1250 & 3.8750 & 2.8750 & -6.1250 & -5.1250 \\ -1.0000 & 2.0000 & -4.0000 & -2.0000 & 0.0000 & 2.0000 & 6.0000 & -3.0000 \\ -4.8750 & 3.1250 & -3.8750 & 1.1250 & 3.1250 & 5.1250 & -3.8750 & 0.1250 \end{pmatrix}$$

对环境因子数据进行同样的中心化，结果记为 Z，则有

$$Z = \begin{pmatrix} 0.3337 & -0.5447 & 0.2419 & -0.4524 & 0.3303 & -0.0173 & 0.1735 & -0.0653 \\ 0.2475 & -0.1875 & 0.3972 & -0.3176 & 0.1644 & -0.2590 & 0.0955 & -0.1406 \\ -0.0453 & 0.2192 & -0.1290 & 0.0300 & -0.1738 & 0.1022 & -0.2813 & 0.2782 \end{pmatrix}$$

(1)计算第一轴排序值,任意设定样方的排序编号,采用随机值为:$y_0 = \{7, 2, 4, 5, 3, 8, 1, 6\}$。

(2)计算物种(属性)的排序值 m_k,以 m_1 为例,具体计算为

$$m_1 = \sum_{j=1}^{N} x_{1j} y_j = x_{11} y_1 + x_{12} y_2 + \cdots + x_{1N} y_N$$
$$= 5.1250 \times 7 + (-3.8750) \times 2 + 4.1250 \times 4 + \cdots + 5.1250 \times 1 + (-4.8750) \times 6$$
$$= -6.50$$

其他物种的排序值同样可计算得到,全部结果如下:

$$m_k = \{-6.50, 35.50, 2.50, -25.00, 9.50\}$$

(3)计算样方新排序值 y'_j,以 y'_1 为例,具体计算为

$$y'_1 = \sum_{k=1}^{P} x_{k1} m_k = x_{11} m_1 + x_{21} m_2 + \cdots + x_{P1} m_P$$
$$= 5.1250 \times (-6.50) + (-1.3750) \times 35.50 + (-1.1250) \times 2.50 + (-1.00) \times (-25.00) + (-4.8750) \times 9.50$$
$$= -106.25$$

其他样方排序值可同样计算得到,全部结果如下:

$$y'_j = \{-106.25, -140.75, 210.25, 205.75, -84.25, 82.25, -355.25, 188.25\}$$

(4)利用多元线性回归求解各环境因子的回归系数 $b_0, b_1, b_2, \cdots, b_q$,具体计算结果如下:

$$b = \{47.4653, 91.6238, 620.4618\}$$

利用回归系数对排序值进行重新计算,如 y_1 的计算为[①]

$$y_1 = b_0 + b_1 z_{11} + b_2 z_{21} + \cdots + b_q z_{q1}$$
$$= 0 + 47.4653 \times 0.3337 + 91.6238 \times 0.2475 + 620.4618 \times (-0.0453)$$
$$= 10.3966$$

则全部计算后,新排序结果如下:

$$y^*_j = \{10.3966, 92.9588, -32.1773, -31.9718, -77.1081, 38.8469, -157.5632, 156.6181\}$$

(5)对样方排序值 y^*_j 进行离差标准化,具体结果如下:

$$y^{*'}_j = \{0.0400, 0.3575, -0.1237, -0.1230, -0.2965, 0.1494, -0.6059, 0.6023\}$$

得到上述计算结果后,重新带入到第(2)步进行迭代循环,直到两次迭代结果基本一致,在本例中,经过充分迭代后,排序值稳定,则第一轴的最终结果记为

$$y_{10} = \{-0.1782, 0.1630, -0.5424, 0.1799, -0.2168, 0.4659, -0.3497, 0.4783\}$$

在得到第一轴后,采用类似的步骤计算第二轴,前 4 步计算的第一次迭代结果如下:

---

① 注:y_1 的计算结果(10.3966)与手工计算该式的结果(10.4091)有些差异,这源于计算中截断误差的累积影响,并非计算错误。该结果为计算机程序连续计算的中间输出,按 32 位精度计算,累积截断误差更小。下同。

(1)计算第 2 轴排序值，随机排序编号：$y_0 = \{2, 7, 4, 6, 1, 8, 5, 3\}$

(2)计算得到物种(属性)的排序值：$m_k = \{-4.50, 12.50, 8.50, 21.00, 28.50\}$

(3)计算样方新排序值，得

$$y_j' = \{-209.75, 126.75, -122.25, 20.25, 89.25, 245.75, -101.75, -48.25\}$$

(4)回归计算环境因子的回归系数，结果为

$$b = \{92.3491, -499.0218, -38.3206\}$$

利用回归系数计算新排序值，得

$$y_j^* = \{-90.9569, 34.8623, -170.9307, 115.5592, -44.8780, 123.7308, -20.8562, 53.4695\}$$

(5)计算正交化系数

$$v = \sum_{j=1}^{N} x_j y_j^* = x_1 y_1^* + x_2 y_2^* + \cdots + x_N y_N^*$$

$$= (-0.1782) \times (-90.9569) + 0.1630 \times 34.8623 + (-0.5424) \times (-170.9307) + \cdots$$

$$+ (-0.3497) \times (-20.8562) + 0.4783 \times 53.4695$$

$$= 235.6248$$

正交化处理完毕后，计算新排序值，以 y_1^* 为例，则有

$$y_1^{*'} = y_1^* - v x_1 = -90.9569 - 235.6248 \times (-0.1782) = -48.9740$$

其他排序值依此计算，得

$$y_j^{*'} = \{-48.9740, -3.5470, -43.1361, 73.1778, 6.2069, 13.9601, 61.5515, -59.2392\}$$

(6)排序值 $y_j^{*'}$ 再次进行离差标准化，得

$$y_j^{*''} = \{-0.3739, -0.0271, -0.3293, 0.5587, 0.0474, 0.1066, 0.4699, -0.4522\}$$

至此，第二轴第一次计算结束，在此基础上，重新开始迭代计算，直到计算稳定。本例最终稳定到 y_{20}，

$$y_{20} = \{-0.2823, -0.2825, -0.3905, 0.4220, 0.1710, 0.2453, 0.5133, -0.3963\}$$

最终的坐标为 y_{10} 和 y_{20}，以它们为轴，绘制出排序图，如图 6-5 所示。

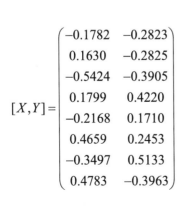

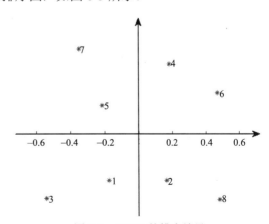

图 6-5　CPCA 的排序结果

三、典范主成分排序的 MATLAB 实现

实现 CPCA 的计算共有 4 个函数，其中 cpca 函数为主函数。其他的三个函数，Out2Scr 函数、DivLine 函数和 ShiftAxisToOrigin 函数属于辅助子函数。

```
function zbwz=cpca(x,z,y0)
%函数名称:cpca.m   <= Canonical principal component analysis
%实现功能:实现典范主成分分析的计算与绘图表示.
%输入参数:函数共有3个输入参数,含义如下:
%          :(1),X,样方与物种数据矩阵,结构构成:每行对应一个物种,共P个物种;每列一个样方,共N个样方,数据
%          :    表现为P*N维的矩阵.
%          :(2),Z,环境因子观测矩阵,结构构成:每行对应一个环境因子,共Q个种;每列一个样方,共N个样方,
%          :    数据表现为Q*N维的矩阵.
%          :(3),y0,样方初始排序值,如5个样方的排序:1,5,4,2,3,可任意给出,但不应全部为0.可缺省.
%输出参数:函数默认1个输出参数,含义如下:zbwz,坐标位置,计算得到的两个轴上的坐标.
%函数调用:实现函数功能需要调用3个子函数,说明如下:
%          :(1),Out2Scr,用来输出中间计算结果,以备使用.
%          :(2),DivLine,绘制输出分割线,方便阅读.
%          :(3),ShiftAxisToOrigin,用来将绘图坐标轴配置到符合数学习惯.
%参考文献:实现函数算法,参阅了以下文献资料:
%          :(1),马寨璞,MATLAB语言编程[M],北京:电子工业出版社,2017.
%          :(2),马寨璞,高级生物统计学[M],北京:科学出版社,2016.
%原始作者:马寨璞,wdwsjlxx@163.com.
%创建时间:2019.03.10,14:30:36.
%版权声明:未经作者许可,任何人不得以任何方式或理由对本代码进行网上传播、贩卖等.
%验证说明:本函数在MATLAB 2018a,2018b等版本运行通过.
%使用样例:常用以下两种格式,请参考准备数据格式等:
%          例1: 三个参数全部给定
%              % 原始样方和物种观测数据,含5个物种8个样方
%              X =[10,1,9,7,0,2,10,0;3,0,9,9,0,6,1,7;5,10,10,4,10,9,0,1;
%                  3,6,0,2,4,6,10,1;0,8,1,6,8,10,1,5];
%              % 原始环境因子观测数据,含3个环境因子的8个样方采集值
%              Z =[0.9487,0.0703,0.8569,0.1626,0.9453,0.5977,0.7885,0.5497;
%                  0.7411,0.3061,0.8908,0.1760,0.6580,0.2346,0.5891,0.3530;
%                  0.6723,0.9368,0.5886,0.7476,0.5438,0.8198,0.4363,0.9958];
%              %两个排序轴的初始排序值
%              y0=[7,2,4,5,3,8,1,6; 2,7,4,6,1,8,5,3]; cpca(X,Z,y0)
%          例2: 伪随机值,供准备数据参考
%              X=randi([0,10],[5,8])
%              [P,N]=size(X); H=3; Z=rand([H,N]); cpca(X,Z)
%
%检测第1个输入参数
if nargin<1||isempty(x)
    error('未输入样方数据！')
else
```

```
        [p,n]=size(x);
end
%检测第2个输入参数
if nargin<2||isempty(z)
        error('未输入环境因子数据！')
else
        [～,nz]=size(z);
        if nz～=n,error('环境因子数据个数与样方数不匹配!');end
end
%设置第3个输入参数的默认值
if nargin<3||isempty(y0)
        y10=randperm(n); y20=randperm(n);
elseif n==size(y0,2)
        y10=y0(1,:); %  第1步,任意选择一组实体(样方)排序初始值y0
        y20=y0(2,:);
else
        error('初始排序数据有误！')
end
%  数据中心化,这里采用了种中心化方法
x=x-mean(x,2);fprintf('1.样方数据中心化后,结果如下：\n');Out2Scr(x);
z=z-mean(z,2);fprintf('2.环境因子数据中心化后,结果如下：\n');Out2Scr(z);
%  确定第1轴
fprintf('3.计算第1轴排序值,随机排序编号：');
fprintf('%d,',y10);fprintf('\b\n');
OnOff=1; LoopCount=0; MaxLoops=500;
while OnOff
        LoopCount=LoopCount+1;
        fprintf('\t3.1  计算第1轴排序值,第%3.3d次迭代\n',LoopCount);
        mk=zeros(p,1);       %  第2步,计算物种(属性)的排序值mk
        for ir=1:p
                mk(ir)=sum(x(ir,:).*y10);
        end
        fprintf('\t3.2  物种(属性)的排序值：');Out2Scr(mk);
        tmpY1=zeros(size(y10));     %  第3步,计算新的样方排序值,y1初始化
        for jc=1:n
                tmpY1(jc)=sum(x(:,jc).*mk);
        end
        fprintf('\t3.3  新的样方排序值y1：');Out2Scr(tmpY1);
        b=regress(tmpY1',z');%  第4步,回归求解各环境因子的回归系数
        fprintf('\t3.4  各环境因子的回归系数b：');Out2Scr(b);
        tmpY2=zeros(size(y10));
        for jc=1:n
                tmpY2(jc)=sum(b.*z(:,jc));
        end
        fprintf('\t3.5  回归计算得到新排序值y2：');Out2Scr(tmpY2)
```

```
    y2m=mean(tmpY2); %  第5步,对样方排序值y2进行离差标准化
    tmpY2=(tmpY2-y2m)/sqrt(sum((tmpY2-y2m).^2));
    fprintf('\t3.6 排序值y2离差标准化之后：');Out2Scr(tmpY2)
    bigDiff=max(abs(tmpY2(:)-y10(:)));
    if bigDiff<0.0001 || LoopCount>MaxLoops
        OnOff=0; fprintf('3.充分迭代后,排序值：');
        fprintf('%.4f,',tmpY2);fprintf('\b\n');
        y10=tmpY2;
    else
        y10=tmpY2;
    end
    DivLine;
end
% 确定第二轴
OnOff=1; LoopCount=0; MaxLoops=500;
fprintf('4.计算第2轴排序值,随机排序编号：');
fprintf('%d,',y20);fprintf('\b\n');
while OnOff
    LoopCount=LoopCount+1;
    fprintf('\t4.1 计算第2轴排序值,第%3.3d次迭代\n',LoopCount);
    mk=zeros(p,1);
    for ir=1:p
        mk(ir)=sum(x(ir,:).*y20);
    end
    fprintf('\t4.2 物种(属性)的排序值：');Out2Scr(mk); tmpY1=zeros(size(y20));
    for jc=1:n
        tmpY1(jc)=sum(x(:,jc).*mk);
    end
    fprintf('\t4.3 新的样方排序值y1：');Out2Scr(tmpY1);
    b=regress(tmpY1',z'); fprintf('\t4.4 各环境因子的回归系数b：');Out2Scr(b);
    tmpY2=zeros(size(y20));
    for jc=1:n
        tmpY2(jc)=sum(b.*z(:,jc));
    end
    fprintf('\t4.5 回归计算得到新排序值y2：');Out2Scr(tmpY2)
    v=sum(y10.*tmpY2); % 计算正交化系数v
    fprintf('\t4.6 正交化系数v：');Out2Scr(v)
    tmpY2=tmpY2-v*y10;      % 正交化处理
    fprintf('\t4.7 正交化处理完毕后排序值：');Out2Scr(tmpY2)
    y2m=mean(tmpY2); tmpY2=(tmpY2-y2m)/sqrt(sum((tmpY2-y2m).^2));
    fprintf('\t4.8 排序值y2再次离差标准化之后：');Out2Scr(tmpY2)
    bigDiff=max(abs(tmpY2(:)-y20(:)));
    if bigDiff<0.0001 || LoopCount>MaxLoops
        fprintf('4.充分迭代后,排序值：');Out2Scr(tmpY2);
        y20=tmpY2; OnOff=0;
```

```
    else
        y20=tmpY2;
    end
    DivLine;
end
fprintf('5.样方横轴/纵轴坐标为:\n');Out2Scr([y10;y20]);
fprintf('6.样方坐标:\n%9s%9s\n','x','y'); zbwz=[y10',y20'];disp(zbwz);
%排序结果绘图
figure('color','w'); plot(y10,y20,'r*'); tStr=cell(1,n);
for ilp=1:n
    tStr{ilp}=sprintf('%d',ilp);
end
text(y10+0.02,y20,tStr); %其中0.02是美化输出偏移量.
set(gcf,'color','w');box off;hold on;
ShiftAxisToOrigin(gca); axis off; set(gcf,'color','w');
%辅助子函数
function Out2Scr(val)
%  格式化输出到屏幕
[rows,cols]=size(val);
if cols==1 %列向量转为按行输出
    val=val';    rows=1;
end
for ilp=1:rows
    fprintf('\t'); fprintf('%.4f',val(ilp,:)); fprintf('\b;\n');
end
%辅助子函数
function DivLine(n)
%  绘制输出分割线,参数n为分割线的长度,默认100.
if nargin<1||isempty(n)
    n=100;
else
    n=fix(abs(n));
end
fprintf('\t');
for iLoop=1:n
    fprintf('%s','-')
end
fprintf('\n')
```

第四节　主坐标分析法

一、原理与步骤

　　PCA 属于线性模型,一般认为线性模型不能很好地反映植物物种、植被与环境间的关系,对排序结果的解释较为困难,而且带有较大的主观性,这是它的最大缺点。

主坐标分析法(principal coordinates analysis，PCoA；principal axes analysis，PAA)，它的计算原理与 PCA 相同，但计算两点之间的距离时，可以使用包括欧氏距离在内的各种距离，如绝对距离、马氏距离等。从这个意义上说，PCoA 实为 PCA 的普通化，而 PCA 可看作是 PCoA 的特殊形式，计算距离方法的多样化，使得 PCoA 排序方法表现得更优秀。PCoA 的排序步骤如下。

第一步，设有 N 个样方，则计算样方间的距离系数，以系数构成 $N \times N$ 的距离矩阵 D。这些距离可以使用不同的计算方法得到，以平方距离系数为例，则矩阵 D 为

$$D = \left\{ d_{jk}^2 \right\}, \quad (j,k = 1,2,\cdots,N) \tag{6-16}$$

其中，d_{jk} 为样方 j 和样方 k 之间的距离。

第二步，计算离差矩阵 S

$$S = \left\{ s_{jk} \right\}, \quad (j,k = 1,2,\cdots,N) \tag{6-17}$$

$$s_{jk} = -\frac{1}{2}\left(d_{jk}^2 - \overline{d}_{j\cdot}^2 - \overline{d}_{\cdot k}^2 + \overline{d}_{\cdot\cdot}^2 \right) \tag{6-18}$$

其中，按照数据求和的圆点记号规则，有

$$d_{j\cdot}^2 = \sum_{k=1}^{N} d_{jk}^2, \quad \overline{d}_{j\cdot}^2 = \frac{d_{j\cdot}^2}{N} \tag{6-19}$$

$$d_{\cdot k}^2 = \sum_{j=1}^{N} d_{jk}^2, \quad \overline{d}_{\cdot k}^2 = \frac{d_{j\cdot}^2}{N} \tag{6-20}$$

$$d_{\cdot\cdot}^2 = \sum_{j=1}^{N}\sum_{k=1}^{N} d_{jk}^2, \quad \overline{d}_{\cdot\cdot}^2 = \frac{d_{\cdot\cdot}^2}{N^2} \tag{6-21}$$

第三步，计算 S 矩阵的特征值

$$|S - \lambda I| = \begin{vmatrix} S_{11} - \lambda & S_{12} & \cdots & S_{1N} \\ S_{21} & S_{22} - \lambda & \cdots & S_{2N} \\ \vdots & \vdots & \ddots & \vdots \\ S_{N1} & S_{N1} & \cdots & S_{NN} - \lambda \end{vmatrix} = 0 \tag{6-22}$$

据此，可求解得到 N 个特征值，将特征值按照大小排序，则有 $\lambda_1 \geqslant \lambda_2 \geqslant \cdots \geqslant \lambda_n$。

第四步，求解与特征根相对应的特征向量。

当 N 的维数不大时，如 $N = 3,4$，可以采用求解特征方程(6-23)的形式计算得到特征向量。当 N 的维数较大时，则需要采用奇异值分解等矩阵分解的形式计算。

$$(S - \lambda I)U_k = \begin{pmatrix} S_{11} - \lambda_k & S_{12} & \cdots & S_{1N} \\ S_{21} & S_{22} - \lambda_k & \cdots & S_{2N} \\ \vdots & \vdots & \ddots & \vdots \\ S_{N1} & S_{N1} & \cdots & S_{NN} - \lambda_k \end{pmatrix} \begin{pmatrix} U_{k1} \\ U_{k2} \\ \vdots \\ U_{kN} \end{pmatrix} = 0 \tag{6-23}$$

第五步，求排序坐标

$$y_{jk} = U_{kj}\sqrt{\lambda_k}, \quad (j,k = 1,2,\cdots,N) \tag{6-24}$$

其中，y_{jk} 为样方 j 在第 k 个排序轴上的坐标值；U_{kj} 为与特征值 λ_k 相对应的第 k 个特征向量

中的第 j 个值。根据前 k 个特征值保留信息之和在总信息中的占比,即可确定需要保留的排序轴个数。

$$k = \frac{\sum_{i=1}^{k} \lambda_i}{\sum_{i=1}^{m} \lambda_i} \geqslant 0.80 \tag{6-25}$$

其中,m 为非 0 特征值的个数。

二、实例计算

例 4 设有含 5 个物种 7 个样方的某伪观测数据,如表 6-11 所示,试利用 PCoA 进行排序计算。

表 6-11 含 5 个物种 7 个样方的伪观测数据

物种	样方						
	1	2	3	4	5	6	7
1	5	5	3	1	5	5	3
2	4	2	3	1	4	3	0
3	5	3	3	1	1	2	2
4	2	4	5	4	5	1	3
5	2	5	5	1	5	3	1

解: 计算样方间的距离系数,以系数构成 $N \times N$ 的距离矩阵 D,在计算距离时,有不同类型的距离计算方法,如欧氏距离、明可夫斯基距离、汉明距离、斯皮尔曼距离等 12 种,根据实际观测数据选定不同的距离类型,为方便计算后续的离差矩阵,采用平方距离,则矩阵 D 为

$$D = \begin{pmatrix} 0 & 21 & 27 & 46 & 34 & 7 & 31 \\ 21 & 0 & 6 & 37 & 9 & 14 & 26 \\ 27 & 6 & 0 & 29 & 9 & 24 & 30 \\ 46 & 37 & 29 & 0 & 42 & 37 & 7 \\ 34 & 9 & 9 & 42 & 0 & 25 & 41 \\ 7 & 14 & 24 & 37 & 25 & 0 & 22 \\ 31 & 26 & 30 & 7 & 41 & 22 & 0 \end{pmatrix}$$

计算离差矩阵 S,以 s_{13} 为例,具体计算为

$$s_{13} = -\frac{1}{2}\left(d_{13}^2 - \overline{d_{1\cdot}^2} - \overline{d_{\cdot 3}^2} + \overline{d_{\cdot\cdot}^2} \right)$$

$$= -\frac{1}{2}\left(d_{13}^2 - \frac{1}{N}\sum_{k=1}^{N} d_{1k}^2 - \frac{1}{N}\sum_{j=1}^{N} d_{j3}^2 + \frac{1}{N^2}\sum_{j=1}^{N}\sum_{k=1}^{N} d_{jk}^2 \right)$$

$$= -\frac{27}{2} + \frac{(0+21+27+46+34+7+31)}{2 \times 7} + \frac{(27+6+0+29+9+24+30)}{2 \times 7}$$

$$- \frac{(0+21+27+\cdots+41+22+0)}{2 \times 49} = -3.4082$$

将所有的元素全部求出，得到 S

$$
S = \begin{pmatrix}
13.0204 & -1.2653 & -3.4082 & -7.6939 & -4.4082 & 6.8776 & -3.1224 \\
-1.2653 & 5.4490 & 3.3061 & -6.9796 & 4.3061 & -0.4082 & -4.4082 \\
-3.4082 & 3.3061 & 7.1633 & -2.1224 & 5.1633 & -4.5510 & -5.5510 \\
-7.6939 & -6.9796 & -2.1224 & 17.5918 & -6.1224 & -5.8367 & 11.1633 \\
-4.4082 & 4.3061 & 5.1633 & -6.1224 & 12.1633 & -2.5510 & -8.5510 \\
6.8776 & -0.4082 & -4.5510 & -5.8367 & -2.5510 & 7.7347 & -1.2653 \\
-3.1224 & -4.4082 & -5.5510 & 11.1633 & -8.5510 & -1.2653 & 11.7347
\end{pmatrix}
$$

计算 S 矩阵的特征值，采用计算机辅助计算求解，得

$$\lambda = \{37.3753, 25.8499, 5.5233, 4.5915, 1.5171, 0.0000\}$$

则特征值与累积占比百分数如表 6-12 所示。

表 6-12　S 矩阵的特征值与累积占比百分数

特征值	累积占比百分数
37.3753	49.9288
25.8499	84.4611
5.5233	91.8396
4.5915	97.9733
1.5171	100.0000
0.0000	100.0000

与此同时求得的特征向量矩阵如下：

$$
U = \begin{pmatrix}
-0.1988 & -0.2743 & -0.1936 & 0.6449 & -0.3733 & -0.1299 & 0.5250 \\
0.6177 & -0.1447 & -0.3740 & -0.2237 & -0.4335 & 0.4578 & 0.1003 \\
-0.4987 & 0.2698 & -0.5384 & -0.2269 & 0.2738 & 0.3956 & 0.3249 \\
0.1093 & -0.6051 & -0.2778 & 0.3033 & 0.5742 & 0.1907 & -0.2945 \\
0.4061 & 0.0875 & -0.3560 & -0.1732 & 0.3352 & -0.6565 & 0.3569
\end{pmatrix}
$$

样方排序坐标计算如下，以 y_{11} 为例，

$$y_{11} = U_{kj}\sqrt{\lambda_k} = U_{11}\sqrt{\lambda_1} = -0.1988 \times \sqrt{37.3753} = -1.2156$$

计算所有的样方排序坐标，则列于表 6-13，为了符合数学表示习惯，其中第一个轴以 x 表示。

根据排序坐标，上述样方的排序结果如图 6-6 所示。

三、主坐标分析的 MATLAB 实现

根据主坐标分析的基本步骤，笔者实现了主坐标分析的计算，函数命名为 pcoa，计算时，函数会给出每一步的具体结果，上述例题中各步的具体计算，均由该函数运行输出，具体实施如下：

```
X=[5,5,3,1,5,5,3;4,2,3,1,4,3,0;5,3,3,1,1,3,2;2,4,5,4,5,1,3;2,5,5,1,5,3,1];
pcoa(X)
```

其中的 pcoa 源码如下：

表 6-13　计算得到的样方排序坐标

x	y
−1.2156	3.1407
−1.6771	−0.7359
−1.1834	−1.9013
3.9429	−1.1372
−2.2819	−2.2041
−0.7943	2.3278
3.2094	0.5100

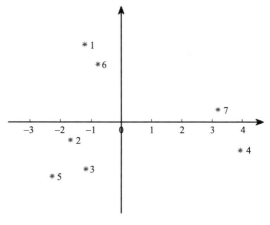

图 6-6　主坐标分析排序图

```
function [Re]=pcoa(A,dType)
%函数名称:pcoa.<= Principal coordinates analysis, PCoA
%实现功能:主坐标分析排序.
%输入参数:函数共有2个输入参数,含义如下:
%          :(1),A,数据矩阵,每行对应一个物种,每列对应一个样方,设有P个物种N个样方,则A为P*N矩阵.
%          :(2),dType,距离类型,根据类型不同得到不同的距离矩阵,这里距离类型包括: 'euclidean',
%          :     'squaredeuclidean', 'seuclidean', 'mahalanobis', 'cityblock', 'minkowski',
%          :     'chebychev', 'cosine', 'correlation', 'hamming', 'jaccard', 'spearman'等.
%          :     缺省默认设置'euclidean'.
%输出参数:函数默认1个输出参数,含义如下:
%          :(1),Re,计算得到的各样方的排序坐标,二维的{'x','y'},三维的{'x','y','z'}.
%函数调用:实现函数功能需要调用2个子函数,说明如下:
%          :(1),LocalPrint,用统一格式将中间计算结果输出到屏幕,方便人工检查.
%          :(2),ShiftAxisToOrigin,用来将二维排序图坐标轴移到坐标原点,符合数学习惯.
%参考文献:实现函数算法,参阅了以下文献资料:
%          :(1),马寨璞,MATLAB语言编程[M],北京:电子工业出版社,2017.
%          :(2),马寨璞,高级生物统计学[M],北京:科学出版社,2016.
%原始作者:马寨璞,wdwsjlxx@163.com.
%创建时间:2019.03.11,22:02:21.
%版权声明:未经作者许可,任何人不得以任何方式或理由对本代码进行网上传播、贩卖等.
%验证说明:本函数在MATLAB 2018a,2018b等版本运行通过.
%使用样例:常用以下两种格式,请参考准备数据格式等:
%          :例1,使用指定距离参数形式的格式:
%                X=[ 2, 5, 2, 1, 0, 3; 0, 1, 4, 3, 1, 2; 3, 4, 1, 0, 0, 2]
%                pcoa(X,'euclidean')
%          :例2,使用缺省距离形式的格式:
%                X=randi([0,5],[5,18]);     pcoa(X)
%
%设置第2个输入参数的默认或缺省值
if nargin<2||isempty(dType)
    dType='euclidean';
```

```
else
        DistType={'euclidean','squaredeuclidean','seuclidean','mahalanobis',...
            'cityblock','minkowski','chebychev' ,'cosine' ,'correlation',...
            'hamming','jaccard','spearman'};
        dType=internal.stats.getParamVal(dType,DistType,'Types');
end
%
% 1.计算样方间的距离系数,构成距离矩阵D
A=A';
tmpArr = squareform(pdist(A,dType));
if strcmp(dType,'squaredeuclidean'),
        d=tmpArr;
else
        d=tmpArr.^2;
end
n=size(d,1);
% 2.计算离差矩阵S
s=d*0;
for ir=1:n
        for jc=1:n
                djp2=sum(d(ir,:))/n;dpk2=sum(d(:,jc))/n;djk2=sum(d(:))/(n^2);
                s(ir,jc)=-0.5*(d(ir,jc)-djp2-dpk2+djk2);
        end
end
fprintf('离差矩阵S:\n');disp(s)
% 3.计算S矩阵的特征值/特征向量
[eigenvector,lambda]=eig(s);
orLamb=sort(lambda(:), 'descend');    % ordered lambda
orLamb=orLamb(1:n); sumLoads=sum(orLamb);
rLoads=cumsum(orLamb)/sumLoads*100; % 百分比
pos=find(rLoads>=100);
fprintf('特征值与累积占比百分数：\n');
LocalPrint([orLamb(1:pos(1)),rLoads(1:pos(1))]);
% 4.计算S矩阵的特征向量
NewArrU=zeros(n); count=0;
for ilp=1:n
        if abs(orLamb(ilp))>0.01
                count=count+1;
                [~,tmpCol]=find(lambda==orLamb(ilp));
                NewArrU(ilp,:)=eigenvector(:,tmpCol)';
        end
end
fprintf('特征向量矩阵如下： \n'); LocalPrint(NewArrU(1:count,:));
% 5.绘图设置
if rLoads(2)>=80
```

```
        FigDim=2; nStr={'x','y'};% 绘制二维图
elseif rLoads(3)>=80
        FigDim=3; nStr={'x','y','z'};
else
        FigDim=n;nStr={};
end
% 6.计算排序坐标
yjk=zeros(FigDim,n);
for ir=1:FigDim
        for jc=1:n
                yjk(ir,jc)=NewArrU(ir,jc)*sqrt(orLamb(ir));
        end
end
fprintf('样方排序坐标如下：\n');
if  ～isempty(nStr)
        fprintf('%7s',nStr{:});fprintf('\n');
end
out=yjk';
if count>FigDim
        LocalPrint(out); Re=out;
else
        LocalPrint(out(:,1:count));    Re=out(:,1:count);
end
% 7.将排序结果绘图
if FigDim==2
        x=yjk(1,:); y=yjk(2,:); plot(x,y,'r*'); tStr=cell(1,n);
        for ilp=1:n
                tStr{ilp}=sprintf('%d',ilp);
        end
        text(x+0.2,y,tStr); %其中0.2是偏移量,勿改.
        set(gcf,'color','w');box off;hold on;
        h=gcf;ShiftAxisToOrigin(gca);close(h);
        axis off; set(gcf,'color','w');
elseif FigDim>=3
        x=yjk(1,:);y=yjk(2,:);z=yjk(3,:);
        plot3(x,y,z,'r*'); tStr=cell(1,n);
        for ilp=1:n
                tStr{ilp}=sprintf('%d',ilp);
        end
        text(x+0.2,y,z,tStr);hold on; xlabel('x');ylabel('y'); grid on;axis on;
        xMin=fix(min(x)-1); xMax=fix(max(x)+1); xdt=xMax-xMin;
        yMin=fix(min(y)-1); yMax=fix(max(y)+1); ydt=yMax-yMin;
        set(gca,'xTick',(xMin:0.25*xdt:xMax),'yTick',(yMin:0.25*ydt:yMax))
        set(gcf,'color','w');
end
```

第五节　对应分析法

一、原理与步骤

对应分析法(correspondence analysis，CA)也叫相互平均法(reciprocal averaging，RA)，这类方法能够同时对实体(样方)与属性(物种)进行排序，可用于植物群落学等的研究。该方法的实现步骤如下。

第一步，任意给定一组(P 个)物种的排序初值 y_i，限定最大值为 100，最小值为 0，$i = 1, 2, \cdots, P$。

第二步，求 N 个样方的排序值 z_j $(j = 1, 2, \cdots, N)$，它等于物种排序值的加权平均。

$$z_j = \frac{\sum_{i=1}^{P} x_{ij} y_i}{\sum_{i=1}^{P} x_{ij}}, \quad (j = 1, 2, \cdots, N) \tag{6-26}$$

其中 x_{ij} 为第 j 个样方中第 i 个物种的观测值。对计算得到的样方排序值 z_j 进行规范化，使其最大值为 100，最小值为 0，规范化处理的目的是阻止排序坐标值在迭代过程中逐步变小。规范计算式为

$$z_j^{(a)} = \frac{z_j - \min(z_j)}{\max(z_j) - \min(z_j)} \times 100, \quad (j = 1, 2, \cdots, N) \tag{6-27}$$

第三步，将样方排序值 $z_j^{(a)}$ 重新进行加权平均，求得物种排序新值 $y_i^{(a)}$，

$$y_i^{(a)} = \frac{\sum_{j=1}^{N} x_{ij} z_j}{\sum_{j=1}^{N} x_{ij}}, \quad (i = 1, 2, \cdots, P) \tag{6-28}$$

仍对所得结果进行同样的调整，使得物种排序值 $y_i^{(a)}$ 最大值为 100，最小值为 0。

第四步，以新得到的物种排序值为基础，返回第二步进行重复迭代，当迭代前后的结果趋于一致时，停止迭代，此时求得 N 个样方和 P 个物种在对应分析第一排序轴上的坐标值。

第五步，求第二排序轴。第二排序轴必须垂直于第一排序轴，在计算时必须考虑第一轴的坐标值，以确保二者正交。为了加快第二排序轴的迭代计算收敛速度，在选取迭代初始值时，一般选取第一轴迭代过程接近稳定时的一组结果。设选取的物种排序初值为 $y_i^*, (i = 1, 2, \cdots, P)$，则这组初始值的正交化按照下面的式(6-29)～式(6-31)进行，以使第一第二两轴垂直。

(1)计算第一排序轴坐标值的形心 $\bar{y}$

$$\bar{y} = \frac{\sum_{i=1}^{P} r_i y_i}{\sum_{i=1}^{P} r_i}, \quad r_i = \sum_{i=1}^{N} x_{ij} \tag{6-29}$$

其中，r_i 为原始数据矩阵第 i 行数据之和；y_i 为第一轴的排序值。

(2)求校正系数 μ

$$\mu = \frac{\sum\limits_{i=1}^{P} r_i\left(y_i - \bar{y}\right) y_i^*}{\sum\limits_{i=1}^{P} r_i\left(y_i - \bar{y}\right) y_i} \qquad (6\text{-}30)$$

(3)矫正第二排序轴的初始值 $y_i^{(0)}$

$$y_i^{(0)} = y_i^* - \mu y_i \qquad (6\text{-}31)$$

由 $y_i^{(0)}\ (i=1,2,\cdots,P)$ 开始返回第二步和第三步进行迭代计算，当迭代结果稳定时，即可求得第二排序轴的值。

对应分析排序模型基于非线性分析，使用较为普遍，但对应分析法的最大问题是：第二排序轴是第一排序轴的二次变形，存在"弓形效应"或"马蹄形效应"，样方在第二排序轴上的坐标与第一排序轴上的坐标是二次曲线关系。

二、实例计算

例 5　设有某次观测的含 8 个物种 8 个样方的伪数据列于表 6-14，试利用对应分析法分析其结果。

表 6-14　含 8 个物种 8 个样方的二元伪数据

物种	样方							
	1	2	3	4	5	6	7	8
1	1	1	0	0	1	0	0	1
2	1	0	1	0	1	0	1	1
3	0	0	1	1	0	0	1	0
4	1	1	1	0	1	0	0	0
5	1	0	0	1	0	1	1	0
6	1	0	0	1	1	1	1	1
7	0	1	0	0	1	0	0	1
8	0	1	0	1	0	1	0	1

解：根据对应分析排序的基本运算要求，分步计算如下。

第一步，给定物种的任意一个排序初值如 1,2,3,…,则有

$$y = \{1,2,3,4,5,6,7,8\}$$

第二步，求 8 个样方的排序值，以第 1 个样方为例，

$$z_1 = \frac{\sum\limits_{i=1}^{P} x_{i1} y_i}{\sum\limits_{i=1}^{P} x_{i1}} = \frac{1\times1+1\times2+0\times3+1\times4+1\times5+1\times6+0\times7+0\times8}{1+1+0+1+1+1+0+0} = 3.6$$

同样可求得 8 样方的排序值

$$z = \{3.6000,\ 5.0000,\ 3.0000,\ 5.5000,\ 4.0000,\ 6.3333,\ 4.0000,\ 4.8000\}$$

对本次计算得到的样方排序值 z 进行规范化，使其最大值为 100，最小值为 0。在 z 值中，最大为 6.3333，最小为 3.0，则 $z_1 = 3.6$ 的具体调整计算为

$$z_1^{(a)} = \frac{3.6 - 3}{6.3333 - 3} \times 100 = 18$$

同样可求得调整后的 8 样方排序值

$$z_j^{(a)} = \{18,\ 60,\ 0,\ 75,\ 30,\ 100,\ 30,\ 54\}$$

第三步，将样方排序值重新进行加权平均，求得物种排序新值，以 $y_1^{(a)}$ 为例

$$y_1^{(a)} = \frac{\sum_{j=1}^{N} x_{1j} z_j}{\sum_{j=1}^{N} x_{1j}} = \frac{1 \times 18 + 1 \times 60 + 0 \times 0 + 0 \times 75 + 1 \times 30 + 0 \times 100 + 0 \times 30 + 1 \times 54}{1 + 1 + 0 + 0 + 1 + 0 + 0 + 1} = 40.5$$

同样可求得 8 样方新排序值

$$y_i^{(a)} = \{40.5000,\ 26.4000,\ 35.0000,\ 27.0000,\ 55.7500,\ 51.1667,\ 48.0000,\ 72.2500\}$$

其中最大 72.25，最小 26.4，进行规范化处理，使之范围介于 0～100 之间，则调整后为

$$y = \{30.7525,\ 0,\ 18.7568,\ 1.3086,\ 64.0131,\ 54.0167,\ 47.1101,\ 100.00\}$$

第四步，以新得到的物种排序值为基础，返回第二步进行重复迭代，当迭代前后的结果趋于一致时，停止迭代，此时求得 8 个样方和 8 个物种在对应分析第一排序轴上的坐标值。

$$y_1 = \{11.7547,\ 49.2790,\ 100.00,\ 24.7773,\ 95.0278,\ 66.1899,\ 0.00,\ 54.2412\}$$

$$z_1 = \{47.5549,\ 0.00,\ 62.8877,\ 100.00,\ 13.7200,\ 87.4582,\ 97.7910,\ 24.2110\}$$

第五步，求第二排序轴。与计算第一轴的过程类似，下面只给出简单的说明。

(1)计算第一排序轴坐标值的形心。首先计算各行数据之和 r，

$$r = \{4, 5, 3, 4, 4, 6, 3, 4\}$$

$$\bar{y} = \frac{\sum_{i=1}^{P} r_i y_i}{\sum_{i=1}^{P} r_i} = \frac{4 \times 11.7547 + 5 \times 49.2790 + \cdots + 3 \times 0 + 4 \times 54.2412}{4 + 5 + 3 + 4 + 4 + 6 + 3 + 4} = 51.113$$

(2)求校正系数。为方便运行，选取的物种排序初值为 $y_i^* = \{1,2,3,4,5,6,7,8\}$，于是

$$\mu = \frac{\sum_{i=1}^{P} r_i (y_i - \bar{y}) y_i^*}{\sum_{i=1}^{P} r_i (y_i - \bar{y}) y_i}$$

$$= \frac{4 \times (11.7547 - 51.113) \times 1 + 5 \times (49.2790 - 51.113) \times 2 + \cdots + 4 \times (54.2412 - 51.113) \times 8}{4 \times (11.7547 - 51.113) \times 11.7547 + 5 \times (49.2790 - 51.113) \times 49.2790 + \cdots + 4 \times (54.2412 - 51.113) \times 54.2412}$$

$$= 0.0088$$

(3)矫正第二排序轴的初始值。例如，$y_1^{(0)}$ 的矫正过程为

$$y_1^{(0)} = y_1^* - \mu y_1 = 1 - 0.0088 \times 11.7547 = 0.8968$$

全部校正后得

$$y_i^{(0)} = \{0.8968, 1.5675, 2.1224, 3.7826, 4.1660, 5.4191, 7.0000, 7.5240\}$$

然后进行迭代计算，当迭代结果稳定时，即可求得第二排序轴的值，如下：

$$y_2 = \{52.5770，9.1533，0.00，8.4219，67.0543，62.3472，61.7429，100.00\}$$

$$z_2 = \{48.2151，70.5414，0.00，72.9333，46.7000，100.00，40.7675，72.6421\}$$

根据得到的 $(y_1, y_2), (z_1, z_2)$ 可绘制排序，如图6-7所示。

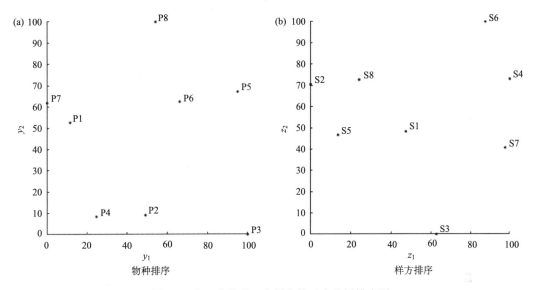

图6-7　含8个物种8个样方的对应分析排序图

三、对应分析排序的 MATLAB 实现

根据 CA 的求解步骤，笔者使用 MATLAB 语言，编写了 CA 计算的通用程序，共包括3个函数，分别为：①CorAnaRecAna 函数；②Iterate 函数；③Zero2Hundread 函数，其中 CorAnaRecAna 函数为主函数。所有函数均为标准化的 MATLAB 函数。使用时，读者只需阅读函数头部的详细说明，准备符合格式要求的数据，然后进行调用即可计算。

（一）运行样例

```
X=[1,1,0,0,1,0,0,1;1,0,1,0,1,0,1,1;0,0,1,1,0,0,1,0;1,1,1,0,1,0,0,0;
    1,0,0,1,0,1,1,0;1,0,0,1,1,1,1,1;0,1,0,0,1,0,0,1;0,1,0,1,0,1,0,1];
y0=1:size(X,2);  CorAnaRecAna(X,y0)
```

（二）函数源码

1. CorAnaRecAna 函数

```
function [y1,y2,z1,z2]=CorAnaRecAna(A,y10)
%函数名称:CorAnaRecAna.m
```

%实现功能:对应分析在数量生态学中排序.

%输入参数:函数共有2个输入参数,含义如下:

% :(1),A,物种和样方的二元数据矩阵.每行对应一个物种,每列对应一个样方,设P为物种数,N为样方数,

% : 则A为P*N矩阵.

% :(2),y10,第1排序轴的初始值.

%输出参数:函数默认4个输出参数:

% :(1),y1,第1排序轴的横坐标,即物种排序的横坐标向量.

% :(2),z1,第1排序轴的横坐标,即样方排序的横坐标向量.

% :(3),y2,第2排序轴的纵坐标,即物种排序的纵坐标向量.

% :(4),z2,第2排序轴的纵坐标,即样方排序的纵坐标向量.

%函数调用:实现函数功能需要调用2个子函数,说明如下:

% :(1),Iterate,用来具体执行迭代计算.

% :(2),Zero2Hundread,用来归一化数据,使结果介于0~100之间.

%参考文献:实现函数算法,参阅了以下文献资料:

% :(1),马寨璞,高级生物统计学[M],北京:科学出版社,2016.

% :(2),马寨璞,MATLAB语言编程[M],北京:电子工业出版社,2017.

%原始作者:马寨璞,wdwsjlxx@163.com.

%创建时间:2018-11-02,17:56:07.

%版权声明:未经作者许可,任何单位及个人不得以任何方式或理由对本代码进行网上传播、贩卖等.

%验证说明:本函数在MATLAB 2015a,2017a等版本运行通过.

%使用样例:常用以下两种格式,请参考数据格式并准备.

% :例1,使用全参数格式:

% % 原始数据矩阵.

% A=[1,0,0,1,1,0,0,1;0,1,1,0,0,1,0,1; 1,1,0,0,0,1,1,0;

% 1,1,1,1,1,0,0,1;1,1,0,1,0,0,0,1; 1,0,0,0,1,0,0,0];

% y0=[100,0,100,0,100,0]; % 第1排序轴初始值

% CorAnaRecAna(A,y0);

% :例2,使用序号作为参数

% X=[1,1,0,0,1,0,0,1;1,0,1,0,1,0,1,1;0,0,1,1,0,0,1,0;1,1,1,0,1,0,0,0;

% 1,0,0,1,0,1,1,0;1,0,0,1,1,1,1,1;0,1,0,0,1,0,0,1;0,1,0,1,0,1,0,1];

% y0=1:size(X,2);% 第1排序轴初始值

% CorAnaRecAna(X,y0)

%

% 检验输入值

if nargin<1||isempty(A)

    error('No data input!');

end

RowsSum=sum(A,2);[rows,cols]=size(A);

if nargin<2||isempty(y10)

    y10=randi(100,[1,rows]); % 为了方便,限定最大100,最小0.

end

CutOff=0.001;% 截断误差

% 计算第1轴

[y1,z1]=Iterate(A,[],y10,CutOff);fprintf('(1).y1的坐标值:');

fprintf('%d,',round(y1));fprintf('\b\n');fprintf('(2).z1的坐标值:');

```
fprintf('%d,',round(z1));fprintf('\b\n');
% 计算第2轴
% y20=randi(100,[1,rows])
y20=1:rows; %  为防止影响迭代结果,不使用随机数据确定物种值.
yXin=sum(RowsSum'.*y1)/sum(RowsSum);        %计算形心
fprintf('(3).第1排序轴坐标值的形心: yXin = %.3f\n',yXin);
% 计算矫正系数miu
miu=sum(RowsSum'.*(y1-yXin).*y20)/sum(RowsSum'.*(y1-yXin).*y1);
fprintf('(4).第2排序轴的矫正系数: miu = %.3f\n',miu);
% 矫正第2轴的初始值
y20=y20-miu*y1;fprintf('(5).第2排序轴的初始值: y20 = ');
fprintf('%.2f,',y20); fprintf('\b\n');
% 调整初始值标度
y20=Zero2Hundread(y20);
fprintf('(6).调整标度后的第2排序轴的初始值:');
y20=round(y20);fprintf('%d,',y20);fprintf('\b\n');
[y2,z2]=Iterate(A,y1,y20);
fprintf('(7).y2的坐标值：');fprintf('%d,',round(y2));fprintf('\b\n');
fprintf('(8).z2的坐标值：');fprintf('%d,',round(z2));fprintf('\b\n');
% 绘图准备
SpeStr=cell(1,rows); % species string
for ilp=1:rows
    SpeStr{ilp}=sprintf('P%d',ilp);
end
SampStr=cell(1,rows); % sample string
for ilp=1:cols
    SampStr{ilp}=sprintf('S%d',ilp);
end
% 子图1
figure('pos',[100,200,1600,680]);subplot(1,2,1),plot(y1,y2,'r*');
text(y1+2,y2+2,SpeStr,'FontName','Times','FontSize',15);
hold on;box off;
xlabel('y_1','FontName','Times','FontSize',15);
ylabel('y_2','FontName','Times','FontSize',15);
set(gca,'FontName','Times','FontSize',15,'LineWidth',1.2)
% 子图2
subplot(1,2,2),plot(z1,z2,'r*');box off;
lz1=isnan(z1); lz2=isnan(z2);
if sum(lz1)==0 && sum(lz2)==0
    for ilp=1:length(z1)
        tx=z1(ilp)+2; ty=z2(ilp)+2;
        text(tx,ty,SampStr(ilp),'FontName','Times','FontSize',15);
        hold on;
    end
else
```

```
        return;
end
xlabel('z_1','FontName','Times','FontSize',15);
ylabel('z_2','FontName','Times','FontSize',15);
set(gca,'FontName','Times','FontSize',15,'LineWidth',1.2)
set(gcf,'color','w');
```

2. Iterate 函数

```
function [y,z]=Iterate(A,centroid,y0,CutOff)
%函数名称:Iterate.m
%实现功能:数量生态学中,对应分析的迭代计算,带矫正功能.
%输入参数:函数共有4个输入参数,含义如下:
%           :(1),A,样方和物种的原始数据矩阵,每行一物种,每列一样方.设P为物种数,N为样方数,则A=P*N矩阵.
%           :(2),centroid,计算第1轴排序坐标的形心使用的排序值,取第一轴排序值即可.
%           :(3),y0,物种迭代计算的初始值.
%           :(4),CutOff,迭代计算截止误差,小于该值停止迭代.
%输出参数:函数默认2个输出参数:(1),y,y轴的坐标值; (2),z,z轴的坐标值.
%函数调用:实现函数功能需要调用1个子函数:
%           :(1),adjust,用来调整数据的范围,使之始终处于0~100之间.
%参考文献:实现函数算法,参阅了以下文献资料:
%           :(1),马寨璞,MATLAB语言编程[M],北京:电子工业出版社,2017.
%           :(2),马寨璞,高级生物统计学[M],北京:科学出版社,2016.
%原始作者:马寨璞,wdwsjlxx@163.com.
%创建时间:2018.11.01,22:01:52.
%版权声明:未经作者许可,任何人不得以任何方式或理由对本代码进行网上传播、贩卖等.
%验证说明:本函数在MATLAB 2015a 版本运行通过.
%使用样例:常用以下4种格式,请参考准备数据格式等:
%           :例1,使用4参数格式:
%                   A=[1,0,0,1,1,0,0,1;0,1,1,0,0,1,0,1;1,1,0,0,0,1,1,0;
%                       1,1,1,1,1,0,0,1;1,1,0,1,0,0,0,1;1,0,0,0,1,0,0,0];
%                   y0=[100,0,100,0,100,0]; CutOff=0.00001;
%                   [y,z]=Iterate(A,y1,y0,CutOff);
%           :例2,使用3参数格式:[y,z]=Iterate(A,y1,y0);
%           :例3,使用2参数格式:[y,z]=Iterate(A,y1);
%           :例4,当不使用cent时,以[]代替:[y,z]=Iterate(A,[],y0);
%
% 设置第1个输入参数的默认或缺省值
if nargin<1||isempty(A)
    error('没有数据!');
end
[rows,cols]=size(A);ColsSum=sum(A,1);RowsSum=sum(A,2);
% 设置第2个输入参数的默认或缺省值
if nargin<2||isempty(centroid)
    correct=0;
else
    correct=1;
```

```
end
% 设置第3个输入参数的默认或缺省值
iMax=100;% 各个物种的任意初始值,限定最大值100,最小0
if nargin<3||isempty(y0),y0=randi(iMax,[1,rows]);end
% 设置第4个输入参数的默认或缺省值
if nargin<4||isempty(CutOff),CutOff=0.001;end
% 确保垂直的校正计算
bigLoops=500; % 最大迭代次数
if correct
    yCent=sum(RowsSum'.*centroid)/sum(RowsSum);        %计算形心
    % 计算矫正系数miu
    miu=sum(RowsSum'.*(centroid-yCent).*y0)/sum(RowsSum'.*(centroid-yCent).*centroid);
    y0=y0-miu*centroid;        % 矫正第2轴的初始值
    y0=Zero2Hundread(y0);      % 调整初始值标度
    bigLoops=10; % 第2轴的排序迭代,次数过高并不好,这里设置10次
end
% 初始化
y=y0*0; z=zeros(1,cols); loop=1;count=0;
while loop
    count=count+1;
    for jc=1:cols    % 计算样方的排序值
        z(jc)=sum(y0.*A(:,jc)')/ColsSum(jc);
    end
    z=Zero2Hundread(z);      % 调整到0-100
    for ir=1:rows    % 计算物种的排序值
        y(ir)=sum(A(ir,:).*z)/RowsSum(ir);
    end
    y=Zero2Hundread(y);      % 调整到0-100
    % 比较迭代结果,停止迭代: 完全按照截断误差停止迭代排序效果并不好;
    % 第一轴排序按500次迭代可以,但第2轴的排序迭代,次数过高并不好,这里设置10次。
    if max(abs(y0(:)-y(:)))<CutOff||count>bigLoops % 默认迭代10次后不收敛也停止
        loop=0;
    else
        y0=y;
    end
end
```

3. Zero2Hundread 函数

```
function x=Zero2Hundread(x)
```
%函数名称:Zero2Hundread.m
%实现功能:将给定的数据限制在0-100之间.
%输入参数:函数共有1个输入参数,含义如下:(1),x,原始数据向量.
%输出参数:函数默认1个输出参数:(1),x,调整后的数据向量.
%函数调用:实现函数功能不需要调用子函数.
%参考文献:实现函数算法,参阅了以下文献资料:
%　　　　:(1),马寨璞,MATLAB语言编程[M],北京:电子工业出版社,2017.

```
%原始作者:马寨璞,wdwsjlxx@163.com.
%创建时间:2018.11.01,22:27:48.
%版权声明:未经作者许可,任何人不得以任何方式或理由对本代码进行网上传播、贩卖等.
%验证说明:本函数在MATLAB 2015a 等版本运行通过.
%使用样例:常用以下格式:
%           :例1,x=Zero2Hundread(x)
%
%设置第1个输入参数的默认或缺省值
if nargin<1||isempty(x)
    error('No data input,Are u kidding！ ');
elseif length(x)<2
    error('only one element, haow can we deal with it?');
else
    x=(x-min(x))/(max(x)-min(x))*100;
end
```

第六节　修订型对应分析法

修订型对应分析法(modified correspondence analysis/reciprocal averaging，MCARA)的效果优于 PCA，在研究中得到了广泛的应用，尤其是在应用的同时，还修正了 CA/RA 排序算法的标准化和正交化方法，下面介绍修订型对应分析法的计算过程。

一、原理与步骤

修订型 CA/RA 的基本步骤和对应分析排序类似，具体计算包括以下六步。

第一步，给定样方的初始排序值，排序值可任意设定，但一般要求各初值不能全部相等，记初值向量为 $z_j^{(0)}$ 。

第二步，将物种排序值进行加权平均，计算得到新的物种排序值 $y_i^{(a)}$ 。

$$y_i^{(a)} = \frac{\sum_{j=1}^{N} x_{ij} z_j^{(0)}}{\sum_{j=1}^{N} x_{ij}}, \quad (i=1,2,\cdots,P) \tag{6-32}$$

其中，x_{ij} 为物种 i 在样方 j 中的观测值。

第三步，重新计算样方新排序值 $z_j^{(1)} \left(j=1,2,\cdots,N \right)$ 。

$$z_j^{(1)} = \frac{\sum_{i=1}^{P} x_{ij} y_j^{(a)}}{\sum_{i=1}^{P} x_{ij}}, \quad (j=1,2,\cdots,N) \tag{6-33}$$

第四步，标准化样方排序值，计算包括求坐标形心、计算离差和标准化三个子步骤，如下:
(1)计算样方的坐标形心 v

$$v = \frac{\sum_{j=1}^{N} C_j z_j^{(1)}}{\sum_{j=1}^{N} C_j}, \quad 其中 C_j = \sum_{i=1}^{P} x_{ij} \tag{6-34}$$

(2)计算离差 S

$$S = \sqrt{\frac{\sum_{j=1}^{N} C_j \left(z_j^{(1)} - v\right)^2}{\sum_{j=1}^{N} C_j}} \tag{6-35}$$

最后一次迭代结果求得的 S 实际上等于特征值 λ。

(3)标准化得到新的样方排序值 $z_j^{(2)}$

$$z_j^{(2)} = \frac{z_j^{(1)} - v}{S} \tag{6-36}$$

经过转化后，样方排序轴和物种排序轴具有了相等的特征值，由于物种排序和样方排序具有相互平均的关系，故也可以使用物种排序进行标准化，以代替对样方的标准化，最终结果是一致的。

第五步，返回第二步，重复迭代，直到迭代前后的结果趋于一致。

第六步，求第二排序轴。第二排序轴的求解与第一排序轴一样，①给定第二轴的样方初始值；②计算物种的排序值；③计算样方排序新值；④对样方排序值进行正交化，使与第一轴正交，正交化步骤如下。

记样方第一排序轴坐标为 $e_j (j = 1, 2, \cdots, N)$，则

i.计算正交化系数 μ

$$\mu = \frac{\sum_{j=1}^{N} C_j z_j^{(0)} e_j}{\sum_{j=1}^{N} C_j} \tag{6-37}$$

ii.正交化

$$z_j^{(1)} = z_j^{(0)} - \mu e_j \tag{6-38}$$

其中，$z_j^{(1)}$ 为正交化后的样方坐标值；$z_j^{(0)}$ 为其未经正交化的值。进行正交化时，也可以使用一般 CA 排序法中使用的正交化方法。

对正交化后的样方排序值再进行标准化，需要注意的是，每一次迭代均要进行正交化，因此，在求第二轴时，正交化后紧随着标准化。如果要求第三轴，则需要用标准化计算公式，将新轴和前面每个轴的坐标值分别进行正交化，以此类推，其计算过程同第一轴。

二、实例计算

例6 试以含 5 个物种 7 个样方的伪测数据为例(表 6-15)，具体计算 CA/RA 的排序。

表 6-15　含 7 个样方 5 个物种的伪数据

物种	样方							r_i (行和)
	1	2	3	4	5	6	7	
1	4	2	2	1	2	4	5	20
2	4	2	2	4	5	1	3	21
3	1	4	3	3	2	3	0	16
4	5	4	4	0	3	4	0	20
5	0	1	4	0	1	5	1	12
C_j (列和)	14	13	15	8	13	17	9	

解：根据修订型 CA/RA 的计算要求，分步计算如下。

第一步，给定样方的初始排序值，本例取为

$$z_j^{(0)} = \{1, 2, 3, 4, 5, 6, 7\}$$

第二步，在初值的基础上计算物种新排序值，以 $y_1^{(a)}$ 的计算为例，有

$$y_1^{(a)} = \frac{4 \times 1 + 2 \times 2 + 2 \times 3 + 1 \times 4 + 2 \times 5 + 4 \times 6 + 5 \times 7}{4 + 2 + 2 + 1 + 2 + 4 + 5} = 4.35$$

同样计算得到其他值，则 5 个物种的排序值为

$$y_i^{(a)} = \{4.3500, \ 3.9048, \ 3.6250, \ 3.2000, \ 4.6667\}$$

第三步，计算新的样方排序值，以 $z_j^{(1)}$ 的计算为例，有

$$z_j^{(1)} = \frac{4 \times 4.3500 + 4 \times 3.9048 + 1 \times 3.6250 + 5 \times 3.2000 + 0 \times 4.6667}{4 + 4 + 1 + 5 + 0} = 3.7603$$

同样计算得到其他值，则 7 个样方的排序值为

$$z_j^{(1)} = \{3.7603, \ 3.7289, \ 3.9234, \ 3.8555, \ 3.8262, \ 4.0184, \ 4.2368\}$$

第四步，标准化样方排序值，先计算样方的坐标形心 v

$$v = \frac{\sum\limits_{j=1}^{N} C_j z_j^{(1)}}{\sum\limits_{j=1}^{N} C_j} = \frac{14 \times 3.7603 + \cdots + 9 \times 4.2368}{14 + 13 + 15 + 8 + 13 + 17 + 9} = 3.8989$$

再计算离差 S

$$S = \sqrt{\frac{\sum\limits_{j=1}^{N} C_j \left(z_j^{(1)} - v \right)^2}{\sum\limits_{j=1}^{N} C_j}} = \sqrt{\frac{14 \times (3.7603 - 3.8989)^2 + \cdots + 9 \times (4.2368 - 3.8989)^2}{14 + 13 + 15 + 8 + 13 + 17 + 9}} = 0.1502$$

再以 v、S 进行标准化处理，得到样方新排序值，如对于 $z_1^{(2)}$，具体为

$$z_1^{(2)} = \frac{z_1^{(1)} - v}{S} = \frac{3.7603 - 3.8989}{0.1502} = -0.9227^{①}$$

同样计算得到其他值，则 7 个样方的排序结果为

$$z_j^{(2)} = \{-0.9227, -1.1315, 0.1634, -0.2888, -0.4840, 0.7959, 2.2498\}$$

第五步，重新返回第二步，进行迭代，最终迭代稳定后，得到第一轴的样方标准化值：

$$z_1 = \{-0.6693, 0.2837, 1.0689, -1.5452, -0.6544, 1.2562, -1.2042\}$$

以及第一轴的物种标准化值：

$$y_1 = \{-0.1909, -0.5610, 0.0934, 0.2562, 0.7485\}$$

下面继续计算求解第二轴，首先给定第二轴的样方初始值，本例计算中，取第一轴第 10 次迭代结果作为初值，有

$$z_j^{(0)} = \{-0.5797, 0.0231, 0.9921, -1.8822, -0.7455, 1.3484, -0.5820\}$$

然后计算物种的排序值，得

$$y_i^{(a)} = \{-0.0589, -0.5687, -0.0377, 0.2159, 0.7838\}$$

再计算样方新排序值，得

$$z_j^{(1)} = \{-0.1049, 0.0186, 0.1754, -0.3059, -0.1235, 0.2274, -0.1352\}$$

接下来实施样方排序值的正交化，使之与第一轴正交，为此，先计算正交化系数 μ，

$$\mu = \frac{\sum\limits_{j=1}^{N} C_j z_j^{(0)} e_j}{\sum\limits_{j=1}^{N} C_j}$$

$$= \frac{14 \times (-0.1049) \times (-0.6693) + 13 \times 0.0186 \times 0.2837 + \cdots + 9 \times (-0.1352) \times (-1.2042)}{14 + 13 + \cdots + 9}$$

$$= 0.1687$$

利用正交化系数对样方排序值进行正交化，如 $z_1^{(0)}$ 的正交化计算为

$$z_1^{(1)} = z_1^{(0)} - \mu e_1 = -0.1049 - 0.1687 \times (-0.6693) = 0.0080$$

则包含其他样方的正交化结果为

$$z_j^{(1)} = \{0.0080, -0.0293, -0.0050, -0.0452, -0.0131, 0.0154, 0.0679\}$$

对正交化结果再进行标准化，计算形心和离差如下：

$$v = 0.00, \quad S = 0.0293$$

得到样方标准化值，

$$z_j^{(2)} = \{0.2735, -0.9985, -0.1692, -1.5399, -0.4453, 0.5264, 2.3167\}$$

经过多次迭代，计算稳定后，第二轴的样方标准化值为

---

① 注：计算结果与手工计算结果有些差异，这源于计算中截断误差的累积影响，并非计算错误。

$$z_2 = \{0.2769, \; -0.9976, \; -0.1698, \; -1.5433, \; -0.4449, \; 0.5255, \; 2.3150\}$$

第二轴的物种标准化值为

$$y_2 = \{0.5008, \; -0.1026, \; -0.5103, \; -0.1260, \; 0.2352\}$$

至此计算结束，根据得到的 (z_1, z_2)，(y_1, y_2) 绘制样方和物种的排序图，如图 6-8 所示。

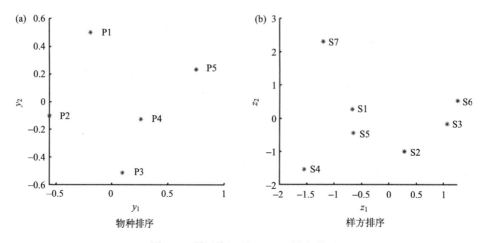

图 6-8　利用修订型 CA/RA 排序结果

三、修订型 CA/RA 排序的 MATLAB 实现

为了方便使用，下面给出修订型 CA/RA 的排序函数 mcara，上述实例计算中的每一步求解，均借助该函数得以计算。

(一) 实例计算的实现

```
A=[4,2,2,1,2,4,5;4,2,2,4,5,1,3;1,4,3,3,2,3,0;5,4,4,0,3,4,0;0,1,4,0,1,5,1];
z0=1:size(A,2); [y1,y2,z1,z2]=mcara(A,z0);
```

(二) 函数 mcara 源码

```
function [y1,y2,z1,z2]=mcara(A,z0)
%函数名称:mcara.m
%实现功能:修订后的对应分析排序.
%输入参数:函数共有2个输入参数,含义如下:
%        :(1),A,原始数据矩阵,每行为一物种,每列为一样方.(2),z0,样方初始值,可缺省.
%输出参数:函数默认2组输出参数:
%        :(1),y1,y2,物种排序的坐标值;(2),z1,z2,样方排序的坐标值.
%函数调用:实现函数功能不需要调用子函数.
%参考文献:实现函数算法,参阅了以下文献资料:
%        :(1),马寨璞,MATLAB语言编程[M],北京:电子工业出版社,2017.
%        :(2),马寨璞,高级生物统计学[M],北京:科学出版社,2016.
%原始作者:马寨璞,wdwsjlxx@163.com.
%创建时间:2018.11.03,14:18:47.
%版权声明:未经作者许可,任何人不得以任何方式或理由对本代码进行网上传播、贩卖等.
%验证说明:本函数在MATLAB2017a等版本运行通过.
```

```
%使用样例:常用以下两种格式,请参考准备数据格式等:
%        :例1,使用满参数格式:
%                A=[1,0,0,1,0;0,0,1,0,1;0,2,0,1,0;3,0,0,1,1];z0=2:6;
%                [y1,y2,z1,z2]=mcara(A,z0)
%        :例2,使用省参数格式:
%                A=[1,0,0,1,0;0,0,1,0,1;0,2,0,1,0;3,0,0,1,1];
%                [y1,y2,z1,z2]=mcara(A);
%
%设置第1个输入参数的默认或缺省值
if nargin<1||isempty(A)
    error('没有输入数据,无法计算!');
else
    [nSpec,nSamp]=size(A);sumRows=sum(A,2);sumCols=sum(A,1);
end
%设置第2个输入参数的默认或缺省值
if nargin<2||isempty(z0)||length(unique(z0))==1
    z0=1:nSamp;
end
%  常设参数不要改动
format='%.4f,';cutoff=0.001;bigLoops=500;
%第1步,任给样方初始值,但不能所有数据都相同
loop=1;count=0;%  计数器
y1=zeros(1,nSpec); z1=zeros(1,nSamp); z20=z1;
while loop
    count=count+1;
    fprintf('\n以下是轴1第%d次迭代结果:\n',count);
    for ir=1:nSpec      %第2步,计算物种的排序值
        y1(ir)=sum(z0.*A(ir,:),2)/sumRows(ir);
    end
    fprintf('(1.%d.1)物种的排序值:',count);fprintf(format,y1);fprintf('\b\n');
    for jc=1:nSamp      %第3步,计算新的样方值
        z1(jc)=sum(A(:,jc)'.*y1)/sumCols(jc);
    end
    fprintf('(1.%d.2)样方排序值:',count);fprintf(format,z1);fprintf('\b\n');
    %第4步,标准化样方值
    cent=sum(sumCols.*z1)/sum(sumCols); % 4.1  计算形心v
    fprintf('(1.%d.3)样方形心:',count);fprintf(format,cent);fprintf('\b\n');
    s=sqrt(sum(sumCols.*(z1-cent).^2)/sum(sumCols)); % 4.2  计算离差S
    fprintf('(1.%d.4)样方离差:',count);fprintf(format,s);fprintf('\b\n');
    z1=(z1-cent)/s;      % 4.3  离差标准化
    fprintf('(1.%d.5)样方标准化值:',count);fprintf(format,z1);fprintf('\b\n');
    %第5步,迭代控制
    if max(abs(z1-z0))<cutoff || count>bigLoops
        loop=0; % 停止循环
    else
```

```matlab
            z0=z1;
        end
        % 取出第10次迭代值作为第2轴初始值
        if count==10, z20=z1;end
    end
    fprintf('\n');
    fprintf('第1轴迭代完成后的样方标准化值:');
    fprintf(format,z1);fprintf('\b;\n');
    fprintf('第1轴迭代完成后的物种标准化值:');
    fprintf(format,y1);fprintf('\b;\n');
    %第6步,以下计算第2轴的
    y2=zeros(1,nSpec);z2=zeros(1,nSamp);
    loop=1;count=0;
    while loop
        count=count+1;
        fprintf('\n以下是轴2第%d次迭代结果:\n',count);
        for ir=1:nSpec        % 6.1,计算物种的排序值
            y2(ir)=sum(z20.*A(ir,:),2)/sumRows(ir);
        end
        fprintf('(2.%d.1)物种的排序值:',count);
        fprintf(format,y2);fprintf('\b;\n');
        for jc=1:nSamp        %6.2,计算新的样方值
            z2(jc)=sum(A(:,jc)'.*y2)/sumCols(jc);
        end
        fprintf('(2.%d.2)样方排序值:',count);fprintf(format,z2);fprintf('\b;\n');
        miu= sum(sumCols.*z2.*z1)/sum(sumCols);    %6.3, Braak正交化
        z2=z2-miu.*z1;
        cent=sum(sumCols.*z2)/sum(sumCols);        %6.4,标准化样方值,计算形心v
        fprintf('(2.%d.3)样方形心:',count);fprintf(format,cent);fprintf('\b;\n');
        s=sqrt(sum(sumCols.*(z2-cent).^2)/sum(sumCols));%计算离差S
        fprintf('(2.%d.4)样方离差:',count);fprintf(format,s);fprintf('\b;\n');
        z2=(z2-cent)/s;        %离差标准化
        fprintf('(2.%d.5)样方标准化值:',count);fprintf(format,z2);fprintf('\b;\n');
        if max(abs(z2-z20))<cutoff || count>bigLoops
            loop=0; %  停止循环
        else
            z20=z2;
        end
    end
    fprintf('\n');
    fprintf('第2轴迭代完成后的样方标准化值:');fprintf(format,z2);fprintf('\b;\n');
    fprintf('第2轴迭代完成后的物种标准化值:'); fprintf(format,y2);fprintf('\b;\n');
    % 绘图,准备标记名称
    yStr=cell(1,nSpec);
    for ir=1:nSpec
```

```
        yStr{ir}=sprintf('P%d',ir);
    end
    zStr=cell(1,nSamp);
    for jc=1:nSamp
        zStr{jc}=sprintf('S%d',jc);
    end
    figure('pos',[200,300,1000,400]);
    h1=subplot(1,2,1);plot(y1,y2,'r*');box off;
    title('Species');xlabel('y_1');ylabel('y_2');
    text(y1+0.1,y2,yStr);hold on
    h2=subplot(1,2,2);plot(z1,z2,'r*');box off;
    title('Sample');xlabel('z_1');ylabel('z_2');
    text(z1+0.1,z2,zStr);hold on
    set([h1,h2],'LineWidth',1.2,'FontName','Times','FontSize',14)
    th=findobj([h1,h2],'Type','text');
    set(th,'FontName','Times','FontSize',14)
    set(gcf,'color','w');
```

第七节　除趋势对应分析法

一、原理与步骤

CA/RA 排序法在生态学研究中普遍使用，但该方法有一个重大缺点，即它的第二排序轴通常是第一轴的二次变形。在绘制排序图时，这个缺陷使得样点分布呈现"弓形"(arch effect)或"马蹄形"(horse-shoe effect)，这种弓形效应或马蹄形效应会对排序精度产生影响。为了克服这一缺点，产生了除趋势对应分析法(detrended correspondence analysis，DCA)。

除趋势对应分析以 CA/RA 为基础修改而成，除趋势的主要思路是：首先，把第一轴划分成一系列合理的区间；然后在每个区间上，将第二轴的坐标均值设定为零，在这个前提下，再对第二轴的坐标值进行调整，以克服弓形效应，提高排序精度；最后，进行迭代计算，当两次迭代结果趋于一致(相差极小)时，排序值达到稳定，得到排序结果。与 CA/RA 相比，DCA 的结果更为理想，也是植被分析中最为有效的一种排序方法。

弓形效应只影响第二排序轴，对第一排序轴没有影响，所以 DCA 第一轴的计算步骤与 CA/RA 完全相同。在计算第二排序轴时，为了消除弓形效应，需要将第一排序轴划分成几个长度相等的区间，在每一区间内对第二轴坐标值进行中心化，即将某个样方(或物种)的第二轴坐标减去该区间内所有样方(或物种)的平均值。这种除趋势方法虽然在数学上不严密，但却有效，一直被应用。

DCA 的计算过程包括两个主要步骤，即计算第一排序轴和第二排序轴，步骤如下。

(一) 计算第一排序轴

第一步，任意给定一组样方排序初值，虽然可任意给定初值，但不能全部取相同的值，最为简单的可按 1，2，3，$\cdots$ 给出。

第二步，计算物种的排序值 $y_i(i=1,2,\cdots,P)$，计算方法同 CA/RA，即式(6-28)。

第三步，计算样方排序新值 $z_j\,(j=1,2,\cdots,N)$，计算式为(6-26)。

第四步，对 z_j 进行标准化，计算式为(6-34)、(6-35)和(6-36)。

第五步，以标准化后样方排序值为基础，转回到第二步，进行迭代计算，得到稳定值后停止迭代。

(二) 求第二排序轴

和第一排序轴一样，①任选一组样方排序初始值；②计算物种排序值；③再计算出样方新值；④对样方新值实施除趋势；⑤用经过除趋势处理的样方排序值，再返回第②步，迭代计算物种排序新值。

在除趋势时，需要首先对第一轴进行区间划分，究竟划分多少个区间合适，并未有统一的准则。在本书中，为了对区间进行划分，借鉴了绘制直方图时数据分组的计算方法，即采用 Sturges 公式计算分组数 k，

$$k=1+\frac{\ln N}{\ln 2} \tag{6-39}$$

还需注意，在最后一次(或最后几次)迭代中，应该省去除趋势过程，否则物种排序值和样方排序值之间就不再具备相互平均的关系。此外，除趋势过程也可以针对物种排序进行，其结果是一样的。

二、实例计算

例 7　设有某含 5 个物种 7 个样方的伪观测数据，如表 6-16 所示，试对该数据进行除趋势对应分析排序。

表 6-16　含 5 个物种 7 个样方的伪观测数据

物种	样方							行和
	1	2	3	4	5	6	7	
1	0	4	2	3	0	2	7	18
2	4	1	7	3	2	5	6	28
3	7	1	0	4	3	4	6	25
4	4	7	4	8	7	8	8	46
5	3	5	6	7	3	8	0	32
列和	18	18	19	25	15	27	27	

解：根据除趋势对应分析的计算要求，各分步计算如下。

(一) 计算第一轴排序坐标

为了启动计算，任意给定样方的排序初值 $z_{01}=\{2,6,1,5,4,7,3\}$，在此基础上计算物种的排序，得

$$y_1=\{4.2222,\ 3.4643,\ 3.9200,\ 4.3913,\ 4.5313\}$$

以物种的新排序 y_1 为基础，计算得到新的样方排序

$$z_1=\{4.0253,\ 4.3149,\ 4.0762,\ 4.2235,\ 4.2014,\ 4.1788,\ 4.0367\}$$

对样方进行标准化，首先计算样方的形心，得到 $v = 4.1477$；再计算样方离差，得到 $S = 0.0975$，如此，则得到标准化的样方排序值

$$z_1 = \{-1.2548,\ 1.7160,\ -0.7334,\ 0.7786,\ 0.5517,\ 0.3191,\ -1.1379\}$$

至此，第一轮迭代计算完毕，在此基础上，迭代 34 次，最终得到第一轴排序的结果，即

第一轴样方标准化值：

$$z_1 = \{-1.3328,\ 0.8098,\ 1.4133,\ 0.3433,\ -0.0946,\ 0.5349,\ -1.4461\}$$

第一轴物种标准化值：

$$y_1 = \{-0.1083,\ 0.0075,\ -0.5589,\ 0.0171,\ 0.4664\}$$

(二) 计算第二排序轴

先任选一组初值，为了加快计算收敛速度，可选第一排序轴迭代过程中的某一步计算结果，本例选用第 10 步迭代的计算结果作为初值，即

$$z_{02} = \{-1.4397,\ 0.8896,\ 1.4079,\ 0.3406,\ -0.1527,\ 0.5025,\ -1.3570\}$$

利用给定的初值，计算得到物种的排序值：

$$y_2 = \{-0.0610,\ 0.0026,\ -0.5766,\ 0.0200,\ 0.4538\}$$

利用物种的最新排序值，计算得到样方的最新排序值：

$$z_2 = \{-0.1436,\ 0.0884,\ 0.1421,\ 0.0342,\ -0.0149,\ 0.0509,\ -0.1375\}$$

进行除趋势，本质是将第二排序轴坐标按照分组消去各组的平均值。本例中，首先将第一轴进行划分，按照样本个数，初步估计划分成 3 个区间，即

$$k = 1 + \frac{\ln 7}{\ln 2} = 3.8074$$

取成整数 $k = 3$。根据第一轴的坐标跨度 0.9532，初步计算出区间分位点为 –0.4930 和 0.4602，则在处理的区间范围 [–1.4461，–0.4930) 内，被处理的样方编号为 1，7；在处理的区间范围 [–0.4930，0.4602) 内，被处理的样方编号为 4，5；在处理的区间范围 [0.4602，1.4133] 内，被处理的样方编号为 2，3，6。分别取出这些同范围样方的排序值，计算它们的均值，再分别用排序值减去均值，实现除趋势。以第一组为例，这一分组中包括 1，7 两个样方，样方 1 的排序值 –0.1436，样方 7 的排序值 –0.1375，它们的均值为

$$\frac{(-0.1436) + (-0.1375)}{2} = -0.1405$$

则样方 1 排序除去趋势，得

$$-0.1436 - (-0.1405) = -0.0031$$

依次计算 7 个样方在 3 个分组内的除趋势，得

$$z_2 = \{-0.0031,\ -0.0054,\ 0.0483,\ 0.0245,\ -0.0245,\ -0.0429,\ 0.0031\}$$

对除趋势的样方排序值进行标准化，和第一轴中计算一样，进行标准化时，需要先计算形心和离差，经计算，得到 $v = -0.0004$，$S = 0.0282$，得到样方排序标准化值

$$z_2 = \{-0.0933,\ -0.1759,\ 1.7240,\ 0.8841,\ -0.8535,\ -1.5022,\ 0.1239\}$$

至此，第二排序轴的第一次迭代计算完成，返回计算物种的排序，开始下一次的迭代，

多次迭代停止后，得到第二排序轴的坐标。

第二轴样方标准化值：

$$z_2 = \{-1.5901,\ 1.1040,\ -0.6295,\ 0.2824,\ -0.4307,\ -0.6970,\ 1.4418\}$$

第二轴物种标准化值：

$$y_2 = \{0.7057,\ -0.1610,\ -0.1731,\ 0.0881,\ -0.2475\}$$

利用计算得到的 (y_1, y_2)，(z_1, z_2) 绘图，分别绘出物种和样方的排序图，如图 6-9 所示。

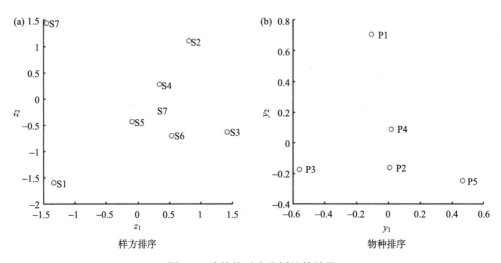

图 6-9　除趋势对应分析计算结果

三、除趋势对应分析的 MATLAB 实现

除趋势对应分析的计算包含两个 MATLAB 函数，分别为除趋势对应分析 dca 主函数和除趋势 MyDetrend 子函数。读者按照函数要求的格式准备好数据后，直接调用 dca 即可得到计算结果，上述实例的具体计算即是借助 dca 实现。

(一) 实例计算的实现代码

```
A=[0,4,2,3,0,2,7;4,1,7,3,2,5,6;7,1,0,4,3,4,6;4,7,4,8,7,8,8;3,5,6,7,3,8,0];
z01=[2,6,1,5,4,7,3]; [y,z]=dca(A,z01)
```

(二) 函数源码

1. 除趋势对应分析 dca 主函数

```
function [y,z]=dca(A,z01)
%函数名称:dca.m
%实现功能:完成除趋势对应分析计算.
%输入参数:函数共有2个输入参数,含义如下:
%          :(1),A,原始样方物种数据矩阵,行向量对应物种,列向量对应样方.
%          :(2),z01,样方的初始排序值,可任意给定,但不能所有数据都相同,缺省按1,2,3...给定.
%输出参数:函数默认2个输出参数,含义如下:
%          :(1),y,物种排序坐标,[y1,y2],第1列为y1,即二维坐标的横轴,第2列为y2,即二维坐标纵轴.
%          :(2),z,样方排序坐标,[z1,z2],第1列为z1,即二维坐标的横轴,第2列为z2,即二维坐标纵轴.
```

%函数调用:实现函数功能需要调用1个子函数,说明如下:

%　　　　　:(1),MyDetrend,在对应分析排序方法中用来除去趋势.

%参考文献:实现函数算法,参阅了以下文献资料:

%　　　　　:(1),马寨璞,MATLAB语言编程[M],北京:电子工业出版社,2017.

%原始作者:马寨璞,wdwsjlxx@163.com.

%创建时间:2019.03.18,08:39:45.

%版权声明:未经作者许可,任何单位及个人不得以任何方式或理由网上传播、贩卖本代码!

%验证说明:本函数在MATLAB2017b,2018b等版本运行通过.

%使用样例:常用以下两种格式,请参考数据格式并准备.

%　　　　:例1,使用缺省初值格式:

%　　　　　　　A=[1,0,0,1,0;0,0,1,0,1;0,2,0,1,0;3,0,0,1,1]; dca(A)

%　　　　:例2,使用全参数格式:

%　　　　　　　m=6;n=11;　　　　　　　　% 伪数据的行列数

%　　　　　　　A=randi([0,8],[m,n]);z01=randperm(n); dca(A,z01)

%

% Part One: Check Data and set initial value %

[nSpec,nSamp]=size(A);

if nargin<2||isempty(z01)%第1步,任给样方初始值,但不能所有数据都相同

　　　z01=1:nSamp; % 默认使用需要1,2,3,...作为排序初值.

elseif length(z01)~=nSamp

　　　error('输入的样方排序初值与样方个数不匹配！');

elseif length(unique(z01))==1

　　　error('第1步计算可任给样方初始值,但不能所有数据都相同！');

end

fprintf('本次计算原始数据:\n');disp(A);

fprintf('输入的样方排序初值:');disp(z01);

format='%.4f,';cutoff=0.001; bigLoops=500; loop=1; count=0;

sumRows=sum(A,2);sumCols=sum(A,1);

% Part Two: Computation for the First coordinate axis %

y1=zeros(1,nSpec); z1=zeros(1,nSamp);

while loop

　　　count=count+1;

　　　fprintf('\n以下是轴1第%d次迭代结果:\n',count);

　　　for ir=1:nSpec　　　%第2步,计算物种的排序值

　　　　　　y1(ir)=sum(z01.*A(ir,:),2)/sumRows(ir);

　　　end

　　　fprintf('(1.%d.1)物种的排序值:',count);fprintf(format,y1);fprintf('\b;\n');

　　　for jc=1:nSamp　　　%第3步,计算新的样方值

　　　　　　z1(jc)=sum(A(:,jc)'.*y1)/sumCols(jc);

　　　end

　　　fprintf('(1.%d.2)样方排序值:',count);fprintf(format,z1);fprintf('\b;\n');

　　　%第4步,标准化样方值

　　　cent=sum(sumCols.*z1)/sum(sumCols); % 4.1 计算形心v

　　　fprintf('(1.%d.3)样方形心:',count);fprintf(format,cent);fprintf('\b;\n');

　　　s=sqrt(sum(sumCols.*(z1-cent).^2)/sum(sumCols)); % 4.2 计算离差S

```
        fprintf('(1.%d.4)样方离差:',count);fprintf(format,s);fprintf('\b;\n');
        z1=(z1-cent)/s;      % 4.3 离差标准化
        fprintf('(1.%d.5)样方标准化值:',count);fprintf(format,z1);fprintf('\b;\n');
        %第5步,迭代控制
        if max(abs(z1-z01))<cutoff || count>bigLoops
            loop=0; %  停止循环
        else
            z01=z1;
        end
        if loop==0 && count<10 %  准备第2轴样方初值
            z02=z1;
        elseif count==10
            z02=z1;
        end
    end
    fprintf('\n');fprintf('第1轴迭代完成后的样方标准化值:'); fprintf(format,z1);
    fprintf('\b;\n');fprintf('第1轴迭代完成后的物种标准化值:');fprintf(format,y1);
    fprintf('\b;\n');
    % Part Three: Computation for the Second coordinate axis %
    if isempty(z02)
        z02=z1*0; %  第2轴初值
    end
    y2=zeros(1,nSpec);z2=zeros(1,nSamp);loop=1;count=0;
    while loop
        count=count+1;fprintf('\n以下是轴2第%d次迭代结果:\n',count);
        for ir=1:nSpec      %第2步,计算物种的排序值
            y2(ir)=sum(z02.*A(ir,:),2)/sumRows(ir);
        end
        fprintf('(2.%d.1)物种的排序值:',count);fprintf(format,y2);fprintf('\b;\n');
        for jc=1:nSamp      %第3步,计算新的样方值
            z2(jc)=sum(A(:,jc)'.*y2)/sumCols(jc);
        end
        fprintf('(2.%d.2)样方排序值:',count);z2=MyDetrend(z1,z2);
        cent=sum(sumCols.*z2)/sum(sumCols);fprintf('(2.%d.3)样方形心:',count);
        fprintf(format,cent);fprintf('\b;\n');
        s=sqrt(sum(sumCols.*(z2-cent).^2)/sum(sumCols));
        fprintf('(2.%d.4)样方离差:',count);fprintf(format,s);fprintf('\b;\n');
        z2=(z2-cent)/s;fprintf('(2.%d.5)样方标准化值:',count);
        fprintf(format,z2);fprintf('\b;\n');
        if max(abs(z2-z02))<cutoff || count>bigLoops
            loop=0;
        else
            z02=z2;
        end
    end
end
```

fprintf('\n');fprintf('第2轴迭代完成后的样方标准化值:');fprintf(format,z2);
fprintf('\b;\n');fprintf('第2轴迭代完成后的物种标准化值:');fprintf(format,y2);
fprintf('\b;\n');
% Part Four: Draw the Ordination Figure %
yStr=cell(1,nSpec);% 准备标记名称字符串
for ir=1:nSpec
　　　yStr{ir}=sprintf('P%d',ir); % 物种点标记P
end
zStr=cell(1,nSamp);
for jc=1:nSamp
　　　zStr{jc}=sprintf('S%d',jc); % 样本点标记S
end
figure('pos',[200,300,1000,400],'color','w');
h1=subplot(1,2,1);plot(z1,z2,'ro');box off;
xlabel('z_1');ylabel('z_2');text(z1+0.04,z2,zStr);hold on
h2=subplot(1,2,2);plot(y1,y2,'ro');box off;
xlabel('y_1');ylabel('y_2');text(y1+0.04,y2,yStr);hold on
set([h1,h2],'LineWidth',1.2,'FontName','Times','FontSize',12)
th=findobj([h1,h2],'Type','text');set(th,'FontName','Times','FontSize',12)
% Part Five: Return Data %
y=[y1',y2'];z=[z1',z2'];

2. 除趋势 MyDetrend 子函数

function [y]=MyDetrend(x,y,k)
%函数名称:MyDetrend.m
%实现功能:对应分析排序方法中的除去趋势.
%输入参数:函数共有3个输入参数,含义如下:
%　　　　:(1),x,排序第一轴,即被划分成不同区间的参考轴,以行向量形式为标准.
%　　　　:(2),y,排序第二轴,行向量,参考x轴的不同区间除去趋势,即在每个区间内减去本组数据的均值.
%　　　　:(3),k,分组数,可人工确定,也可默认自动计算.
%输出参数:函数默认1个输出参数,含义如下:y,除去趋势后的第二轴.
%函数调用:实现函数功能不需要调用子函数.
%参考文献:实现函数算法,参阅了以下文献资料:
%　　　　:(1),马寨璞,MATLAB语言编程[M],北京:电子工业出版社,2017.
%原始作者:马寨璞,wdwsjlxx@163.com.
%创建时间:2019.03.17,22:34:16.
%版权声明:未经作者许可,任何人不得以任何方式或理由对本代码进行网上传播、贩卖等.
%验证说明:本函数在MATLAB 2018a,2018b等版本运行通过.
%使用样例:常用以下格式,请参考准备数据格式等:
%　　　　　　　n=16;A=randn(2,n);x=A(1,:);y=A(2,:);[y]=MyDetrend(x,y)
%
%检测2个输入参数的值
xl=length(x);yl=length(y);
if xl~=yl,error('数据的长度不匹配!');end
% 各类参考书未给出合适的分组数,这里参考使用了绘制直方图的sturges分组公式,不完全合适.
if nargin<3

```
        k=fix(log2(length(x))+1); %分段数
    elseif isscalar(k)
        fprintf('人工确定了分组数;%d\n',k)
        k=fix(abs(k));
        if k<2,k=2;end
    end
    w=range(x)/k; n=k-1;fwd=min(x)+w*(1:n);          %分位点
    fprintf('除趋势计算:\n\t(S1).区间数：k=%d\n\t(S2).区间宽：w=%.4f\n\t(S3).各分位点：',k,w);
    fprintf('%.4f,',fwd);fprintf('\b\n');
    %  除去趋势
    for ilp=1:n
        if ilp==1
            xx=min(x);sx=fwd(ilp);
        else
            xx=fwd(ilp-1);sx=fwd(ilp);
        end
        pos=find(x<sx&x>=xx);ty=y(pos);y(pos)=ty-mean(ty);
        fprintf('\t(S4.%d).处理的区间范围:[%.4f,%.4f),被处理的样方编号:',ilp,xx,sx);
        fprintf('%d,',pos);fprintf('\b\n');
        if ilp==n %  单独处理最右分组区数据
            pos=find(x>=sx); ty=y(pos); y(pos)=ty-mean(ty);
            fprintf('\t(S4.%d).处理的区间范围:[%.4f,%.4f],被处理的样方编号:',n+1,sx,max(x));
            fprintf('%d,',pos);fprintf('\b\n');
        end
    end
    fprintf('\t(S5).除趋势后:');fprintf('%.4f,',y);fprintf('\b\n');
```

第八节　典范对应分析法

一、原理与步骤

　　典范对应分析法(canonical correspondence analysis，CCA)是把对应分析和多元回归分析结合起来的排序方法，这种排序方法在每次迭代计算得到样方的排序坐标后，都将样方排序计算结果与环境因子进行回归，从而建立起植被与环境因子之间的关系。进行典范对应分析需要准备两个数据矩阵，一个是植被数据矩阵，另一个是环境因子数据矩阵。在物种和环境因子不是特别多的前提下，典范对应分析能够将样方-环境因子、物种-环境因子及样方-物种-环境因子表示在同一个图上，以便直观展示它们之间的关系。

　　典范对应分析的最大特色就是样方坐标与环境因子通过多元线性回归得到结合，即

$$z_j = b_0 + \sum_{k=1}^{K} b_k U_{kj} \tag{6-40}$$

其中，z_j 为第 j 个样方的排序值；b_0 为回归得到的常数(截距)；b_k 为样方与第 k 个环境因子之间的回归系数，$k = 1, 2, \cdots, K$；K 为环境因子个数；U_{kj} 是第 k 个环境因子在第 j 个样方中的测量值。

典范对应分析在给定初值的基础上，首先计算出一组样方排序值和物种排序值，然后再将样方排序值与环境因子通过回归分析链接在一起，这样计算得到的样方排序值既反映了区组对群落的作用，也反映了环境因子的影响。在此之后计算得到的物种排序值，用样方排序值加权平均计算得到，通过样方排序值的加权平均，间接地建立了物种与环境因子之间的联系。

典范对应分析排序的计算比较繁琐，对应分析中嵌套着多元回归，归纳起来，包括以下10 步。

第一步，任意给定一组样方初值 z_{01}；

第二步，利用样方初值 z_{01}，采用加权平均法计算物种的排序值 y_1；

第三步，利用加权平均法计算新的样方排序值 z_1；

第四步，利用多元线性回归，计算样方排序值 z_1 与环境因子 e_i 之间的回归系数 b_k，$k = 0,1,2,\cdots,K$。在多次迭代的过程中，最后一次迭代求得的 b 叫做典范系数，它反映了各环境因子对排序轴所起作用的大小，属于生态学指标。

第五步，计算样方的排序新值，即通过回归得到的系数 b_k，计算排序新值 z_1。

第六步，对样方排序值 z_1 进行标准化，形心 v 与离差 S 的计算与 CA/RA 方法中相同，再次列在这里[前文式(6-34)至式(6-38)与此处相同，虽符号有所改变，但各项含义不变]，即

$$v = \frac{\sum_{j=1}^{N} C_j z_1}{\sum_{j=1}^{N} C_j} \tag{6-34}$$

$$S = \sqrt{\frac{\sum_{j=1}^{N} C_j (z_1 - v)^2}{\sum_{j=1}^{N} C_j}} \tag{6-35}$$

同样的，最后一次迭代求得的 S 值等于特征值 λ。使用离差标准化方法进行标准化，即

$$z_1^{(a)} = \frac{z_1 - v}{S} \tag{6-36}$$

第七步，在得到标准化样方排序值 $z_1^{(a)}$ 的基础上，返回到第二步，进行下一轮的迭代计算，直到两次迭代结果相差不大(达到稳定)为止，此时记录第一轴的结果 z_1，y_1。

第八步，求解第二排序轴。第二排序轴的计算与第一排序轴的计算类似，其中前五步完全相同，但为了加速迭代收敛速度，在选用第二轴的初值时，一般选用第一轴计算中某次迭代的结果。第二轴计算的第六步是正交化与标准化过程，以实现与第一轴的垂直，具体计算与 CA/RA 一样，先进行正交化，

$$z_2^{(b)} = z_2 - \mu z_1 \tag{6-38}$$

其中

$$\mu = \frac{\sum_{j=1}^{N} C_j z_2 z_1}{\sum_{j=1}^{N} C_j} \tag{6-37}$$

之后再进行标准化，计算过程和第一轴的计算相同。

第九步，计算环境因子的排序坐标。CCA 的排序图可以同时表示样方、物种和环境因子，能够直观表达三者之间的分布关系，为此，需要计算出环境因子的坐标值，

$$f_{km} = \sqrt{\lambda_m(1-\lambda_m)}\rho_{km} \tag{6-41}$$

其中，f_{km} 为第 k 个环境因子在第 m 个排序轴上的坐标值；λ_m 为第 m 排序轴的特征值，在二维绘图的前提下，m 只取 2；ρ_{km} 为第 k 个环境因子与第 m 个排序轴之间的相关系数，可通过相关分析计算得到。

第十步，绘制排序图。在绘图表示 CCA 排序结果时，常常使用双序图，即将物种、样方和环境因子绘在一张图上，双序图直观地描述了物种分布、群落分布和环境因子之间的关系。环境因子一般使用箭头表示，箭头所在象限表示环境因子与排序轴之间的正负相关性，箭头连线的长度表示某个环境因子与群落分布和物种分布间相关程度的大小，连线越长，相关性越大；反之越小。箭头连线与排序轴的夹角表示环境因子与排序轴的相关性的大小，夹角越小，相关性越高；反之越低。当数据量较大时，物种和样方可单独分别绘图表示。

二、实例计算

例 8 设有含 10 个样方 5 个物种的伪多度数据(表 6-17)，以及 10 个样方中 4 个环境因子的伪数据(表 6-18)，试进行 CCA 排序计算。

表 6-17 含 10 个样方 5 个物种的伪多度数据

物种	样方										行和
	1	2	3	4	5	6	7	8	9	10	
A	0	3	6	4	1	4	4	2	5	1	30
B	6	0	3	5	6	3	2	0	2	0	27
C	0	5	1	0	4	5	1	3	2	3	24
D	3	5	0	4	3	3	4	2	2	1	27
E	1	6	3	3	6	3	6	2	0	2	32
列和	10	19	13	16	20	18	17	9	11	7	

表 6-18 在 10 个样方中 4 个环境因子的取值

环境因子	样方									
	1	2	3	4	5	6	7	8	9	10
1	0.4	0.2	0.0	0.1	0.5	0.4	0.0	0.9	0.0	0.5
2	0.1	0.7	0.2	0.2	0.9	0.3	0.4	0.4	0.6	0.2
3	0.4	0.0	0.0	0.1	0.9	0.5	0.1	0.9	0.7	0.7
4	0.7	0.3	0.1	0.1	0.2	0.2	0.0	0.7	0.6	0.2

解：在进行分析之前，首先需要将环境因子数据进行中心化处理，处理结果列于表 6-19。

第一步，任意给定一组样方初值 z_{01}，

$$z_{01} = [8, 4, 2, 6, 3, 1, 10, 5, 9, 7]$$

表 6-19　环境因子数据中心化处理

环境因子	样方									
	1	2	3	4	5	6	7	8	9	10
1	0.10	−0.10	−0.30	−0.20	0.20	0.10	−0.30	0.60	−0.30	0.20
2	−0.30	0.30	−0.20	−0.20	0.50	−0.10	0.00	0.00	0.20	−0.20
3	−0.03	−0.43	−0.43	−0.33	0.47	0.07	−0.33	0.47	0.27	0.27
4	0.39	−0.01	−0.21	−0.21	−0.11	−0.11	−0.31	0.39	0.29	−0.11

第二步，利用样方初值 z_{01}，用加权平均法计算物种的排序值 y_1，这步计算与 CA/RA 的步骤一样，以第一个物种坐标为例，令公式 $y_i = \dfrac{\sum\limits_{j=1}^{N} x_{ij} z_j}{\sum\limits_{j=1}^{N} x_{ij}}$ 的 $i=1$，则物种第一轴的第一个坐标为

$$y_{11} = \frac{\sum\limits_{j=1}^{N} x_{1j} z_j}{\sum\limits_{j=1}^{N} x_{1j}} = \frac{0\times 8+3\times 4+6\times 2+\cdots+2\times 5+5\times 9+1\times 7}{0+3+6+4+1+4+4+2+5+1} = 5.2333$$

其他几个物种进行同样的计算，则得到第一轴坐标，
$$y_1 = \{5.2333,\ 5.2963,\ 4.2917,\ 5.7407,\ 5.0313\}$$

第三步，利用加权平均法计算样方的新排序值 z_1，这步计算与 CA/RA 的步骤一样，以第一个样方坐标为例，令公式 $z_j = \dfrac{\sum\limits_{i=1}^{P} x_{ij} y_i}{\sum\limits_{i=1}^{P} x_{ij}}$ 的 $j=1$，则样方第一轴的第一个坐标为

$$z_{11} = \frac{\sum\limits_{i=1}^{P} x_{i1} y_i}{\sum\limits_{i=1}^{P} x_{i1}} = \frac{0\times 5.2333+6\times 5.2963+\cdots+1\times 5.0313}{0+6+0+3+1} = 5.4031$$

其他样方坐标可同样计算得到
$$z_1 = \{5.4031,\ 5.0552,\ 5.1288,\ 5.3420,\ 5.0794,\ 5.0331,\ 5.2334,\ 4.9873,\ 5.1658,\ 4.8445\}$$

第四步，利用多元线性回归，计算样方排序值 z_1 与环境因子 e_i 之间的回归系数 b_k。这步计算按多元线性回归进行，具体计算可参考相关的教材，《基础生物统计学》(马寨璞，2018)对该法进行了详细介绍，这里直接将其计算结果列于此，得
$$b_k = \{5.1273,\ -0.2752,\ -0.0914,\ -0.1339,\ 0.2977\}$$

第五步，计算样方的排序新值，即通过回归系数 b_k，计算排序新值 z_1。以第 1 个样方的新坐标为例，将环境因子代入到具体回归表达式中，则有

$$z_{11} = b_0 + b_1e_1 + b_2e_2 + \cdots + b_ke_k$$
$$= 5.1273 + (-0.2752) \times 0.10 + (-0.0914) \times (-0.30) + (-0.1339) \times (-0.03) + 0.2977 \times 0.39$$
$$= 5.2473$$

依次同样计算其他样方坐标，得

$$z_1 = \{5.2473,\ 5.1820,\ 5.2232,\ 5.1822,\ 4.9309,\ 5.0668,\ 5.1617,\ 5.0153,\ 5.2417,\ 5.0216\}$$

第六步，对样方排序值 z_1 进行标准化，首先计算形心 v 与离差 S，

$$v = \frac{\sum\limits_{j=1}^{N} C_j z_j}{\sum\limits_{j=1}^{N} C_j} = \frac{10 \times 5.2473 + 19 \times 5.1820 + \cdots + 7 \times 5.0216}{10 + 19 + 13 + 16 + 20 + 18 + 17 + 9 + 11 + 7} = 5.1233$$

$$S^2 = \frac{\sum\limits_{j=1}^{N} C_j (z_j - v)^2}{\sum\limits_{j=1}^{N} C_j} = \frac{10 \times (5.2473 - 5.1233)^2 + \cdots + 7 \times (5.0216 - 5.1233)^2}{10 + 19 + 13 + 16 + 20 + 18 + 17 + 9 + 11 + 7} = 0.0111$$

$$S = \sqrt{0.0111} = 0.1055$$

简记为

$$v = 5.1233; \quad S = 0.1055$$

得到形心与离差后，按照离差标准化公式进行标准化，如样方 1 的标准化为

$$z_{11} = \frac{z_{1,1} - v}{S} = \frac{5.2473 - 5.1233}{0.1055} = 1.1746$$

请注意，上面的计算式中，各个数据(在书写上)只保留四位小数，但实际编程计算时按双精度计算，其结果与只按 4 位精度计算的结果会稍有差异，如不能按下式对待，

$$\frac{5.2473 - 5.1233}{0.1055} = 1.1754$$

其他样方排序值的标准化结果与此类似，则得

$$z_1 = \{1.1746,\ 0.5559,\ 0.9461,\ 0.5584,\ -1.8235,\ -0.5359,\ 0.3640,\ -1.0233,\ 1.1221,\ -0.9638\}$$

第七步，在得到标准化样方排序值的基础上，返回到第二步，进行下一轮的迭代计算，直到两次迭代结果相差不大(达到稳定)为止，此时记录第一轴的结果 z_1 和 y_1 如下：

$$z_1 = \{0.9443,\ -0.3397,\ 0.9518,\ 0.5864,\ -1.5302,\ -0.3872,\ 0.4782,\ -1.3857,\ 1.8853,\ -0.5092\}$$
$$y_1 = \{0.4008,\ 0.2149,\ -0.4277,\ 0.0047,\ -0.2404\}$$

第八步，求解第二排序轴。第二排序轴的计算与第一排序轴的计算类似，其中前五步完全相同，但为了加速迭代收敛速度，在选用第二轴的初值时，一般选用第一轴计算中某次迭代的结果，这里选用第一轴的最终迭代结果作为第二轴的初值，则

$$z_{02} = \{0.9443,\ -0.3397,\ 0.9518,\ 0.5864,\ -1.5302,\ -0.3872,\ 0.4782,\ -1.3857,\ 1.8853,\ -0.5092\}$$

在此基础上进行迭代计算。

在迭代的过程中，由于受到与第一轴正交的约束，故在得到样方新排序后，需要进行正

交化处理。以第二轴的第 1 次迭代计算为例，依次计算得到如下的结果：

(1)计算得到物种的新排序， $y_2 = \{0.4006, 0.2162, -0.4267, 0.0048, -0.2420\}$

(2)计算得到样方新排序，

$z_2 = \{0.1070, -0.1242, 0.1461, 0.1235, -0.0723, -0.0330, 0.0103, -0.1059, 0.1447, -0.1941\}$

(3)回归系数 $(b_0, b_1, b_2, \cdots)$， $b = \{0.0002, -0.4146, -0.1576, 0.0717, 0.2019\}$

(4)利用多元回归，计算得到样方新排序，

$z_2 = \{0.0826, -0.0385, 0.0829, 0.0486, -0.1500, -0.0427, 0.0384, -0.1361, 0.1709, -0.0540\}$

(5)样方新排序经正交化处理，首先计算正交化系数 μ，

$$\mu = \frac{\sum\limits_{j=1}^{N} C_j z_j z_1}{\sum\limits_{j=1}^{N} C_j} = \frac{10 \times 0.0826 \times 0.9443 + \cdots + 7 \times (-0.0540) \times (-0.5092)}{10 + 19 + 13 + 16 + 20 + 18 + 17 + 9 + 11 + 7} = 0.0939$$

然后进行正交化处理，以第一个样方为例，

$$z_{21} = z_{21} - \mu z_{11} = 0.0826 - 0.0939 \times 0.9443 = -0.0061$$

其他样方依此进行正交化处理，得

$z_2 = \{-0.0061, -0.0065, -0.0065, -0.0065, -0.0063, -0.0063, -0.0065, -0.0060, -0.0061, -0.0062\}$

(6)进行标准化，计算得到样方形心 $v = -0.0064$。

(7)样方离差 $S = 0.0002$。

(8)样方标准化值：

$z_2 = \{1.6069, -1.0848, -0.7310, -0.5821, 0.0423, 0.1852, -1.0931, 1.8929, 1.4413, 0.6956\}$

经过多次迭代计算，得到第二排序轴的稳定结果：

$z_2 = \{1.6294, -1.0407, -0.7380, -0.5928, 0.0302, 0.1690, -1.1058, 1.9126, 1.4415, 0.6625\}$

$$y_2 = \{-0.0642, 0.2214, 0.1884, 0.0309, -0.2939\}$$

与此同时，为方便后续计算环境因子的坐标，将两排序轴稳定后的特征值输出，得

$$\lambda_{z1} = 0.0938; \quad \lambda_{z2} = 0.0330$$

第九步，计算环境因子的排序坐标。首先计算出各环境因子与样方排序轴之间的相关系数，计算表明：第 1 个环境因子与第 1 个样方排序轴之间的相关系数为 $\rho_{11} = -0.7842$，其他的进行同样计算，则环境因子与样方排序轴之间的相关系数如表 6-20 所示。

表 6-20 环境因子与样方排序轴之间的相关系数 ρ_{km}

环境因子	与 z_1 轴的相关系数	与 z_2 轴的相关系数
E_1	−0.7842	0.6041
E_2	−0.3718	−0.1450
E_3	−0.4703	0.7515
E_4	0.0681	0.8832

在得到 ρ_{km} 的基础上，可计算环境因子的排序坐标，以第 1 个环境因子在第 1 排序轴上的坐标为例

$$f_{11}=\sqrt{\lambda_{z1}\left(1-\lambda_{z1}\right)}\rho_{11}=\sqrt{0.0939\times\left(1-0.0939\right)}\times\left(-0.7842\right)=0.1079$$

依此计算其他各环境因子在排序轴上的坐标，结果如表 6-21 所示。

表 6-21 各环境因子在排序轴上的坐标

环境因子	z_1	z_2
E_1	−0.2287	0.1079
E_2	−0.1084	−0.0259
E_3	−0.1371	0.1343
E_4	0.0199	0.1578

第十步，绘制排序图。图 6-10 给出了本例计算的分析结果，其中图 6-10(a)是样方的分析结果；图 6-10(b)是物种的分析结果；图 6-10(c)是将(a)(b)合绘一图的效果。

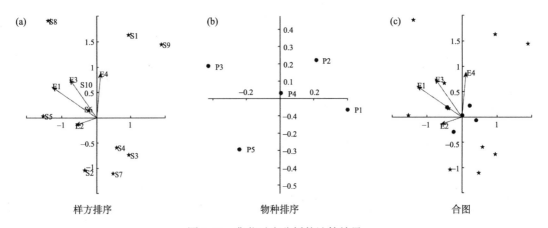

图 6-10 典范对应分析的计算结果

三、典范对应分析的 MATLAB 实现

(一) CCA 计算实例

A=[0,3,6,4,1,4,4,2,5,1;6,0,3,5,6,3,2,0,2,0;0,5,1,0,4,5,1,3,2,3;3,5,0,4,3,3,4,2,2,1;1,6,3,3,6,3,6,2,0,2];
E=[4,2,0,1,5,4,0,9,0,5;1,7,2,2,9,3,4,4,6,2;4,0,0,1,9,5,1,9,7,7;7,3,1,1,2,2,0,7,6,2];
z0=[8,4,2,6,3,1,10,5,9,7];
ccaoi(A,E,z0);

(二) 函数源码

1. 函数 ccaoi

function [y,z,lambdas]=ccaoi(A,E,z01)
%名称释义:Canonical Correspondence Analysis Ordination Iteration
%实现功能:实现典范对应分析的迭代计算.
%输入参数:函数共有3个输入参数,含义如下:
%   :(1),A,原始数据矩阵,行对应物种,列对应样方,设P为物种数,N为样方数,则A为P*N矩阵.

```
%              :(2),E,原始数据矩阵,行对应环境因子,列对应样方,设K为环境因子数,则E为K*N矩阵.
%              :(3),z0,样方初始值向量,可使用缺省默认值,但向量中不能所有值都相同.
%输出参数:函数默认2个输出参数,含义如下:(1),y,物种的排序结果.(2),z,样方的排序结果.
%              :(3),lambdas,样方排序的特征值.
%函数调用:实现函数功能需要调用1子函数,含义如下:
%              :(1),DrawArrow,绘箭头,设两点坐标p1(x1,y1),p2(x2,y2),则绘制由p1到p2的箭头.
%参考文献:实现函数算法,参阅了以下文献资料:
%              :(1),马寨璞,MATLAB语言编程[M],北京:电子工业出版社,2017.
%              :(2),马寨璞,基础生物统计学[M],北京:科学出版社,2018.
%原始作者:马寨璞,wdwsjlxx@163.com.
%创建时间:2018.11.07,21:04:56.
%版权声明:未经作者许可,任何人不得以任何方式或理由对本代码进行网上传播、贩卖等.
%验证说明:本函数在MATLAB 2017a等版本运行通过.
%使用样例:常用以下格式,请参考准备数据格式等:
%              :例1,使用全参数格式:
%                    A=[1,0,0,1,0,2,0;0,0,1,0,1,0,1;0,2,0,1,0,1,0;3,0,0,1,1,0,2;1,1,2,0,0,1,0];
%                    E=[0.2,0.1,0.1,0.3,0.6,0.6,0.2;0.5,0.9,0.8,0.4,0.4,0.8,0.7];
%                    z0=[1,2,3,4,1,2,3];[y,z]=ccaoi(A,E,z0);
%              :例2,使用缺省z0参数格式:
%                    A=randi([0,6],[4,7]);E=randi([0,6],[3,7])/10; ccaoi(A,E);
%
% 第1部分.设置输入参数的默认或缺省值
if nargin<2||isempty(E)
    error('输入参数不够!至少需要[1.物种样方]与[2.环境因子]两个矩阵!');
elseif size(A,2)~=size(E,2)
    error('输入的两个矩阵列数不匹配!');
else
    [nSpecies,nSample]=size(A);nEnvFactor=size(E,1);
    fprintf('输入信息反馈: \n\t(1).物种数P=%d,样方数N=%d,环境因子数K=%d.\n',...
        nSpecies,nSample,nEnvFactor)
end
if nargin<3||isempty(z01)
    z01=randperm(nSample);
elseif length(unique(z01))==1
    warning('样方排序初值向量,不能所有元素都相同! '); z01=1:nSample;
end
fprintf('\t(2).样方排序初值  z0={');fprintf('%d,',z01);fprintf('\b}.\n');
% 固定常数
cutOff=0.01; bigLoops=500; loop=1; counter=0; y1=zeros(nSpecies,1);
z1=zeros(1,nSample);rowSum=sum(A,2); colSum=sum(A,1);
% 环境因子中心化
E=E-mean(E,2); fprintf('\t(3).环境因子经中心化处理转换为: \n');
for ir=1:nEnvFactor
    fprintf('\t\t'); fprintf('%.4f,',E(ir,:)); fprintf('\b;\n');
end
```

```matlab
% 第2部分.计算第1排序轴坐标
lambda4z1=0;  % 特征值初始化
while loop
    counter=counter+1;
    fprintf('\n第1轴的第%d次迭代计算:\n',counter);
    for ir=1:nSpecies      % 计算物种的排序
        y1(ir)=sum(A(ir,:).*z01)/rowSum(ir);
    end
    fprintf('\t(1.%d.1).计算得到物种的新排序,y1={',counter);
    fprintf('%.4f, ',y1);fprintf('\b\b}.\n');
    for jc=1:nSample      % 计算样方新值
        z1(jc)=sum(A(:,jc).*y1)/colSum(jc);
    end
    fprintf('\t(1.%d.2).计算得到样方新排序,z1={',counter);
    fprintf('%.4f, ',z1);fprintf('\b\b}.\n');
    tmpE=[ones(nSample,1),E']; % 为满足regress函数专门格式准备数据
    b=regress(z1',tmpE);      % 线性回归环境因子与样方之系数;
    fprintf('\t(1.%d.3).回归系数(b0,b1,b2,...),b={',counter);
    fprintf('%.4f, ',b);fprintf('\b\b}.\n');
    tmpE=[ones(1,nSample);E];% 计算新的样方值z
    for jc=1:nSample
        z1(jc)=sum(b.*tmpE(:,jc));
    end
    fprintf('\t(1.%d.4).利用多元回归,计算得到样方新排序,z1={',counter);
    fprintf('%.4f, ',z1);fprintf('\b\b}.\n');
    Core=sum(colSum.*z1)/sum(colSum);% 对z1进行标准化,计算形心v
    fprintf('\t(1.%d.5).进行标准化,计算得到样方形心:v=',counter);
    fprintf('%.4f.\n',Core);
    s=sqrt(sum(colSum.*(z1-Core).^2)/sum(colSum)); % 计算离差S
    fprintf('\t(1.%d.6).样方离差:S=',counter); fprintf('%.4f.\n',s);
    z1=(z1-Core)/s;% 离差标准化
    fprintf('\t(1.%d.7).样方标准化值:z1={',counter);
    fprintf('%.4f, ',z1);fprintf('\b\b}.\n');
    if max(abs(z1-z01))<cutOff|| counter>bigLoops % 停止迭代
        loop=0; lambda4z1=s;
    else
        z01=z1;
    end
    if loop==0 && counter<10 % 准备第二轴样方初值
        z02=z1;
    elseif counter==10
        z02=z1;
    end
end
% 第3部分.计算第二轴排序坐标
```

```
if isempty(z02)
  z02=z1*0;
else
fprintf('\n第二轴样方排序坐标初值:z02={');
fprintf('%.4f, ',z02);fprintf('\b\b}.\n');
end
y2=zeros(nSpecies,1);z2=zeros(1,nSample);loop=1;counter=0;lambda4z2=0;
while loop
      counter=counter+1;fprintf('\n第2轴的第%d次迭代计算:\n',counter);
      for ir=1:nSpecies
            y2(ir)=sum(A(ir,:).*z02)/rowSum(ir);
      end
      fprintf('\t(2.%d.1).计算得到物种的新排序,y2={',counter);
      fprintf('%.4f, ',y2);fprintf('\b\b}.\n');
      for jc=1:nSample
          z2(jc)=sum(A(:,jc).*y2)/colSum(jc);
      end
      fprintf('\t(2.%d.2).计算得到样方新排序,z2={',counter);
      fprintf('%.4f, ',z2);fprintf('\b\b}.\n');
      tmpE=[ones(nSample,1),E'];b=regress(z2',tmpE);
      fprintf('\t(2.%d.3).回归系数(b0,b1,b2,...),b={',counter);
      fprintf('%.4f, ',b);fprintf('\b\b}.\n');tmpE=[ones(1,nSample);E];
      for jc=1:nSample
            z2(jc)=sum(b.*tmpE(:,jc));
      end
      fprintf('\t(2.%d.4).利用多元回归,计算得到样方新排序,z2={',counter);
      fprintf('%.4f, ',z2);fprintf('\b\b}.\n');
      miu= sum(colSum.*z2.*z1)/sum(colSum);z2=z2-miu.*z1;
      fprintf('\t(2.%d.5).样方新排序经正交化处理,z2={',counter);
      fprintf('%.4f, ',z2);fprintf('\b\b}.\n');
      Core=sum(colSum.*z2)/sum(colSum);
      fprintf('\t(2.%d.6).进行标准化,计算得到样方形心:v=',counter);
      fprintf('%.4f.\n',Core);s=sqrt(sum(colSum.*(z2-Core).^2)/sum(colSum));
fprintf('\t(2.%d.7).样方离差:S=',counter);fprintf('%.4f.\n',s);
z2=(z2-Core)/s;fprintf('\t(2.%d.8).样方标准化值:z2={',counter);
      fprintf('%.4f, ',z2);fprintf('\b\b}.\n');
      if max(abs(z2-z02))<cutOff|| counter>bigLoops
            loop=0;lambda4z2=s;
      else
            z02=z2;
      end
end
% 根据稳定结果计算排序轴的特征值
fprintf('\n环境因子与样方排序轴间的相关系数: \n');zbz={z1,z2};
rhos=zeros(nEnvFactor,2);% 相关系数
```

```
for ir=1:nEnvFactor
    tmpx=E(ir,:);
    for jc=1:2
        tmpy=zbz{jc};tmpRho=corrcoef(tmpx,tmpy);
        rhos(ir,jc)=unique(min(tmpRho));
        fprintf('\t第%d个环境因子与第%d个样方的排序轴之间的相关系数: rho =%8.4f.\n',...
            ir,jc,rhos(ir,jc));
    end
end
fprintf('以矩阵的形式表示相关系数\n');disp(rhos)
fprintf('计算环境因子的排序坐标:\n');fkm=zeros(nEnvFactor,2);
lambdas=[lambda4z1,lambda4z2];
for ir=1:nEnvFactor
    for jc=1:2      % 只考虑2轴(二维)情形.
        fkm(ir,jc)=sqrt(lambdas(jc)*(1-lambdas(jc)))*rhos(ir,jc);
        fprintf('\t第%d个环境因子在第%d排序轴上的坐标为:F(%d,%d)=%8.4f\n',...
            ir,jc,ir,jc,fkm(ir,jc));
    end
end
fprintf('以矩阵的形式表示环境因子的排序坐标\n');disp(fkm);
% 第4部分. 可视化
fprintf('计算结果:\n\t(1.1)样方第1排序轴特征值:Lambda4z1=%.4f.\n',lambda4z1);
fprintf('\t(1.2)样方第2排序轴特征值:Lambda4z2=%.4f.\n',lambda4z2);
fprintf('\t(2.1)停止迭代后,第1轴样方标准化值:z1={');
fprintf('%.4f, ',z1);fprintf('\b\b}.\n');
fprintf('\t(2.2)停止迭代后,第2轴样方标准化值:z2={');
fprintf('%.4f, ',z2);fprintf('\b\b}.\n');
fprintf('\t(3.1)停止迭代后,第1轴物种标准化值:y1={');
fprintf('%.4f, ',y1);fprintf('\b\b}.\n');
fprintf('\t(3.2)停止迭代后,第2轴物种标准化值:y2={');
fprintf('%.4f, ',y2);fprintf('\b\b}.\n');
yStr=cell(1,nSpecies);%  准备标记名称字符串
for ir=1:nSpecies
    yStr{ir}=sprintf('P%d',ir); %  物种点标记P
end
zStr=cell(1,nSample);
for jc=1:nSample
    zStr{jc}=sprintf('S%d',jc); %  样本点标记S
end
figure('pos',[100,200,1700,550],'color','w');h1=subplot(1,3,1);
plot(z1,z2,'bp','MarkerSize',7,'MarkerFaceColor','b');box off;
text(z1+0.04,z2,zStr);hold on;
amp=max(z1.^2+z2.^2);%  放大系数,便于查阅
for ir=1:nEnvFactor   %
    p1=[0,0]; p2=fkm(ir,:)*amp; DrawArrow(gca,p1,p2);
```

```
    tStr=sprintf('E%d',ir);
    text(fkm(ir,1)*amp,fkm(ir,2)*amp,tStr,'FontName','Times','FontSize',14,'Color','r');
    hold on
end
% 物种排序
h2=subplot(1,3,2); plot(y1,y2,'ro','MarkerSize',7,'MarkerFaceColor','r');
box off;text(y1+0.04,y2,yStr);hold on;ax2 = gca;axis equal;
ax2.XAxisLocation ='origin';ax2.YAxisLocation ='origin';
% 样方/物种/环境因子绘于一图
h3=subplot(1,3,3);
plot(y1,y2,'ro','MarkerSize',7,'MarkerFaceColor','r');hold on
plot(z1,z2,'bp','MarkerSize',7,'MarkerFaceColor','b');box off;
amp=max(z1.^2+z2.^2);% 放大系数,便于查阅
for ir=1:nEnvFactor    %
    p1=[0,0]; p2=fkm(ir,:)*amp; DrawArrow(gca,p1,p2);tStr=sprintf('E%d',ir);
    text(fkm(ir,1)*amp,fkm(ir,2)*amp,tStr,'FontName','Times','FontSize',14,'Color','r');
    hold on
end
% 统一设置格式
set([h1,h2,h3],'LineWidth',1.2,'FontName','Times','FontSize',14)
th=findobj([h1,h2,h3],'Type','text');
set(th,'FontName','Times','FontSize',14)
% 第5部分.返回值
y=[y1',y2'];z=[z1',z2'];
```

2. 函数 DrawArrow

```
function DrawArrow(hAxes,p1,p2)
%函数名称:DrawArrow.m
%实现功能:在绘出的图上添加箭头,设两点坐标p1(x1,y1),p2(x2,y2),则绘制由p1到p2的箭头.
%输入参数:函数共有3个输入参数,含义如下:
%          :(1),hAxes,图形句柄,获取已有的图形.
%          :(2),p1,箭头起始位置坐标点,p1(x1,y1).
%          :(3),p2,箭头结束位置坐标点,p2(x2,y2).
%输出参数:函数默认无输出参数.
%函数调用:实现函数功能不需要调用子函数.
%参考文献:实现函数算法,参阅了以下文献资料:
%          :(1),马寨璞,MATLAB语言编程[M],北京:电子工业出版社,2017.
%原始作者:马寨璞,wdwsjlxx@163.com.
%创建时间:2019.03.28,22:37:05.
%版权声明:未经作者许可,任何人不得以任何方式或理由对本代码进行网上传播、贩卖等.
%验证说明:本函数在MATLAB 2018a,2018b等版本运行通过.
%使用样例:常用以下格式,请参考准备数据格式等:
%          clear;close all;clc;
%          x=-3:0.01:5; y=sin(x); plot(x,y,'r-')
%          p1=[-2,0]; p2=[5,-0.8];
%          DrawArrow(gca,p1,p2)
```

```
%
if length(p1)∼=2
    error('p1点的坐标(x1,y1)数据不匹配[过多或太少]!');
elseif length(p2)∼=2
    error('p2点的坐标(x2,y2)数据不匹配[过多或太少]!');
end
% 1.将坐标轴原点还原为符合数学习惯的形式
hAxes.XAxisLocation ='origin';
hAxes.YAxisLocation ='origin';
box off
% 2.确定绘图原点(x0,y0)
% 2.1 x0
pos=get(hAxes,'Position');xLimit=get(hAxes,'XLim');
xMax=xLimit(2);xMin=xLimit(1); xRange=xMax-xMin;
xRatio=pos(3)/xRange;xShift=abs(xLimit(1));
x0=pos(1)+xShift*xRatio;
% 2.2 y0
yLimit=get(hAxes,'YLim');
yMax=yLimit(2);yMin=yLimit(1); yRange=yMax-yMin;
yRatio=pos(4)/yRange;yShift=abs(yLimit(1));
y0=pos(2)+yShift*yRatio; % y, 坐标原点位于(x0,y0)
% 3. 查验与修订
x1=p1(1);y1=p1(2);x2=p2(1);y2=p2(2);
if x1<xMin && x2>xMin % 3.1  左侧超限
    warning('1.图幅左侧超限,箭头方向：右.');
    x1=xMin;k=(x2-xMin)/(x2-x1);y1=(1-k)*y2+k*y1;
elseif x1>xMin && x2<xMin
    warning('2.图幅左侧超限,箭头方向：左.');
    x2=xMin;k=(x1-xMin)/(x1-x2);y2=(1+k)*y1-k*y2;
elseif x2>xMax && x1<xMax% 3.2  右侧超限
    warning('3.图幅右侧超限,箭头方向：右.');
    x2=xMax;k=(xMax-x1)/(x2-x1);y2=k*y2+(1-k)*y1;
elseif x2<xMax && x1>xMax
    warning('4.图幅右侧超限,箭头方向：左.');
    x1=xMax;k=(x1-xMax)/(x1-x2);y1=(1-k)*y1+k*y2;
elseif y2>yMax && y1<yMax % 3.3  上侧超限
    warning('5.图幅上侧超限,箭头方向：上.');
    y2=yMax;k=(yMax-y1)/(y2-y1);x2=k*x2+(1-k)*x1;
elseif y2<yMax && y1>yMax
    warning('6.图幅上侧超限,箭头方向：下.');
    y1=yMax;k=(y1-yMax)/(y1-y2);x1=k*x2+(1-k)*x1;
elseif y1<yMin && y2>yMin % 3.4  下侧超限
    warning('7.图幅下侧超限,箭头方向：上.');
    y1=yMin;k=(yMin-y1)/(y2-y1);x1=(1-k)*x2+k*x1;
elseif y1>yMin && y2<yMin
```

```
    warning('8.图幅下侧超限,箭头方向：下.');
    y2=yMin;k=(yMin-y1)/(y2-y1);x2=(1-k)*x1+k*x2;
end
% 4.计算箭头实际位置
x1=x1*xRatio+x0;y1=y1*yRatio+y0;x2=x2*xRatio+x0;y2=y2*yRatio+y0;
% 5. 绘制箭头
annotation('arrow',[x1,x2],[y1,y2],'Color','m');set(gcf,'color','w')
```

第九节　除趋势典范对应分析法

一、原理与步骤

典范对应分析(CCA)的基础是 CA/RA,因此 CA/RA 的缺点同样会出现在 CCA 中,即弓形效应。为了消除弓形效应,产生了除趋势的典范对应分析(detrended canonical correspondence analysis,DCCA)。DCCA 中消除弓形效应的理念与 DCA 相同,也是将第一轴划分成若干个区间,在每一个区间内通过中心化调整第二轴的坐标值,以达到去除弓形效应的影响,因此,DCCA 可看作是 CCA 和 DCA 的集合。DCCA 的计算步骤如下:

第一步,给定样方排序初值;

第二步,计算物种排序初值;

第三步,求样方排序新值;

第四步,计算样方与环境因子之间的归回系数;

第五步,计算样方新排序值;

第六步,对样方排序值进行标准化;

第七步,返回第二步,进行迭代计算,直到迭代结果趋于稳定;

第八步,计算第二轴,将其中的正交化过程更换为除趋势过程;

第九步,求环境因子坐标值;

第十步,绘制排序图,根据数据量的大小,可单独绘图,也可绘制双序图。

二、实例计算

例 9　设有含 5 个物种 7 个样方的观测数据如表 6-22 所示,环境因子数据列于表 6-23,试利用 DCCA 方法对此进行排序分析。

表 6-22　含 5 个物种 7 个样方的观测数据

物种	样方						
	1	2	3	4	5	6	7
1	1	0	0	1	0	2	0
2	0	0	1	0	1	0	1
3	0	2	0	1	0	1	0
4	3	0	0	1	1	0	2
5	1	1	2	0	0	1	0

表 6-23　各样方的环境因子数据

环境因子	样方						
	1	2	3	4	5	6	7
1	0.2000	0.1000	0.1000	0.3000	0.6000	0.6000	0.2000
2	0.5000	0.9000	0.8000	0.4000	0.4000	0.8000	0.7000

　　解：由于 DCCA 是除趋势与 CCA 的结合，因此 DCCA 中的大部分计算与 CCA 类似，只在其中特定步骤嵌入了除趋势计算，因此本例省略了代入公式的具体计算，而只给出各步计算的具体结果。进行迭代计算之前，首先需要将环境因子经中心化处理，结果列于表 6-24。

表 6-24　经中心化处理后的环境因子数据

环境因子	样方						
	1	2	3	4	5	6	7
1	−0.1000	−0.2000	−0.2000	0.0000	0.3000	0.3000	−0.1000
2	−0.1429	0.2571	0.1571	−0.2429	−0.2429	0.1571	0.0571

(一) 计算第一排序轴

在给定初始值 $z_0 = \{1,2,3,4,1,2,3\}$ 的前提下，第 1 次迭代计算，各步结果如下。

(1)计算得到物种的新排序，$y_1 = \{2.2500，2.3333，2.5000，2.0000，2.2000\}$。

(2)计算得到样方的新排序，$z_1 = \{2.0900，2.4000，2.2444，2.2500，2.1667，2.3000，2.1111\}$。

(3)回归系数 $(b_0，b_1，b_2，\cdots)$，$b = \{2.2232，0.0929，0.3500\}$。

(4)利用多元回归，计算得到样方新排序，$z_1 = \{2.1639，2.2946，2.2596，2.1382，2.1660，2.3060，2.2339\}$。

(5)进行标准化，计算得到样方形心：$v = 2.2241$。

(6)样方离差：$S = 0.0635$。

(7)样方标准化值：$z_1 = \{-0.9477，1.1095，0.5587，-1.3524，-0.9140，1.2894，0.1540\}$。

多次迭代稳定后，计算结果如下：

(1)计算得到物种的新排序，$y_1 = \{-0.1657，-0.0806，0.5536，-0.6336，0.6250\}$。

(2)计算得到样方的新排序，$z_1 = \{-0.2883，0.5774，0.3898，-0.0819，-0.3571，0.2118，-0.4492\}$。

(3)回归系数 $(b_0，b_1，b_2，\cdots)$，$b = \{0.0004，-0.0882，1.3856\}$。

(4)利用多元回归，计算得到样方新排序，$z_1 = \{-0.1888，0.3743，0.2358，-0.3361，-0.3626，0.1916，0.0884\}$。

(5)进行标准化，计算得到样方形心：$v = 0.0080$。

(6)样方离差：$S = 0.2584$。

(7)样方标准化值：$z_1 = \{-0.7614，1.4174，0.8812，-1.3318，-1.4342，0.7105，0.3109\}$。

(二) 计算第二排序轴

第二轴样方排序坐标初值：

$$z_{02} = \{-0.7614，1.4174，0.8812，-1.3318，-1.4342，0.7105，0.3109\}。$$

在给定初值的情况下，第二轴的第1次迭代计算，各步结果如下。

(1)计算得到物种的新排序，y_2={−0.1680，−0.0807，0.5534，−0.6326，0.6258}。

(2)计算得到样方的新排序，z_2={−0.2880，0.5775，0.3903，−0.0824，−0.3567，0.2108，−0.4486}。

(3)回归系数(b_0，b_1，b_2，⋯)，b={0.0004，−0.0899，1.3849}。

(4)利用多元回归，计算得到样方新排序，z_2={−0.1884，0.3745，0.2360，−0.3359，−0.3629，0.1911，0.0885}。

(5)除趋势计算：

(S_1)区间数：k=3。

(S_2)区间宽：w=0.9505。

(S_3)各分位点：−0.4837，0.4669。

($S_{4.1}$)处理的区间范围：[−1.4342，−0.4837)，被处理的样方编号：1，4，5。

($S_{4.2}$)处理的区间范围：[−0.4837，0.4669)，被处理的样方编号：7。

($S_{4.3}$)处理的区间范围：[0.4669，1.4174]，被处理的样方编号：2，3，6。

(S_5)除趋势后：0.1073，0.1073，−0.0312，−0.0402，−0.0671，−0.0761，0.0000。

(6)进行标准化，计算得到样方形心：v=0.0089。

(7)样方离差：S=0.0753。

(8)样方标准化值：z_2={1.3072，1.3072，−0.5332，−0.6526，−1.0110，−1.1305，−0.1188}。

多次迭代稳定后，计算结果如下：

(1)计算得到物种的新排序，y_2={−0.6095，−0.1641，0.0325，0.1919，0.2914}。

(2)计算得到样方的新排序，z_2={0.0515，0.1188，0.1395，−0.1284，0.0139，−0.2238，0.0732}。

(3)回归系数(b_0，b_1，b_2，⋯)，b={0.0064，−0.4595，−0.0156}。

(4)利用多元回归，计算得到样方新排序，z_2={0.0546，0.0943，0.0959，0.0102，−0.1277，−0.1339，0.0515}。

(5)除趋势计算：

(S_1)区间数：k=3。

(S_2)区间宽：w=0.9505。

(S_3)各分位点：−0.4837，0.4669。

($S_{4.1}$)处理的区间范围：[−1.4342，−0.4837)，被处理的样方编号：1，4，5。

($S_{4.2}$)处理的区间范围：[−0.4837，0.4669)，被处理的样方编号：7。

($S_{4.3}$)处理的区间范围：[0.4669，1.4174]，被处理的样方编号：2，3，6。

(S_5)除趋势后：0.0755，0.0755，0.0771，0.0312，−0.1067，−0.1527，0.0000。

(6)进行标准化，计算得到样方形心：v=0.0046。

(7)样方离差：S=0.0889。

(8)样方标准化值：z_2={0.7981，0.7981，0.8156，0.2989，−1.2512，−1.7679，−0.0514}。

(三) 计算结果

计算结束后，主要结果如下。

(1) 得到了环境因子与样方排序轴间的相关系数，列于表6-25。

表 6-25　环境因子与样方排序轴间的相关系数

	与排序轴 1 的相关系数	与排序轴 2 的相关系数
环境因子 1	−0.4277	−0.9512
环境因子 2	0.9982	0.1294

(2) 得到了环境因子的排序坐标，列于表 6-26。

表 6-26　环境因子的排序坐标

	排序轴 1	排序轴 2
环境因子 1	−0.1873	−0.2708
环境因子 2	0.4370	0.0368

(3)样方第 1 排序轴和第 2 排序轴的特征值分别为：$\lambda_{z1} = 0.2584$，$\lambda_{z2} = 0.0889$。

(4)第 1 轴样方标准化值：$z_1=\{-0.7614, 1.4174, 0.8812, -1.3318, -1.4342, 0.7105, 0.3109\}$。

　　第 2 轴样方标准化值：$z_2=\{0.7981, 0.7981, 0.8156, 0.2989, -1.2512, -1.7679, -0.0514\}$。

(5)第 1 轴物种标准化值：$y_1=\{-0.1657, -0.0806, 0.5536, -0.6336, 0.6250\}$。

　　第 2 轴物种标准化值：$y_2=\{-0.6095, -0.1641, 0.0325, 0.1919, 0.2914\}$。

(6)排序图如图 6-11 示意，其中(a)为样方排序，(b)为物种排序。

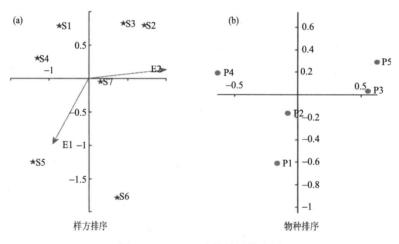

图 6-11　DCCA 计算结果排序图

三、除趋势典范对应分析的 MATLAB 实现

DCCA 排序函数的源码如下：

```
function [y,z,lambdas]=dcca(A,E,z01)
%名称释义:dcca.m <= Detrended Canonical Correspondence Analysis
%实现功能:实现除趋势典范对应分析的迭代计算.
%输入参数:函数共有3个输入参数,含义如下:
%        :(1),A,原始数据矩阵,行对应物种,列对应样方,设P为物种数,N为样方数,则A为P*N矩阵.
%        :(2),E,原始数据矩阵,行对应环境因子,列对应样方,设K为环境因子数,则E为K*N矩阵.
```

```
%              :(3),z0,样方初始值向量,可使用缺省默认值,但向量中不能所有值都相同.
%输出参数:函数默认2个输出参数,含义如下:(1),y,物种的排序结果.(2),z,样方的排序结果.
%              :(3),lambdas,样方排序的特征值.
%函数调用:实现函数功能需要调用1子函数,含义如下:
%              :(1),DrawArrow,绘箭头,设两点坐标p1(x1,y1),p2(x2,y2),则绘制由p1到p2的箭头.
%              :(2),MyDetrend,排序方法的除去趋势函数.
%参考文献:实现函数算法,参阅了以下文献资料:
%              :(1),马寨璞,MATLAB语言编程[M],北京:电子工业出版社,2017.
%              :(2),马寨璞,基础生物统计学[M],北京:科学出版社,2018.
%原始作者:马寨璞,wdwsjlxx@163.com.
%创建时间:2019.04.01,08:20:15.
%版权声明:未经作者许可,任何人不得以任何方式或理由对本代码进行网上传播、贩卖等.
%验证说明:本函数在MATLAB 20177等版本运行通过.
%使用样例:常用以下格式,请参考准备数据格式等:
%              :例1,使用全参数格式:
%              A=[1,0,0,1,0,2,0;0,0,1,0,1,0,1;0,2,0,1,0,1,0;3,0,0,1,1,0,2;1,1,2,0,0,1,0];
%              E=[0.2,0.1,0.1,0.3,0.6,0.6,0.2;0.5,0.9,0.8,0.4,0.4,0.8,0.7];
%              z0=[1,2,3,4,1,2,3];
%              [y,z]=dcca(A,E,z0);
%              :例2,使用随机伪数据.
%              nSample=6;      % 样方数
%              nSpecies=4;     % 物种数
%              nEnvFact=2;        % 环境因子个数
%              maxAbund=4;        % 多度最大值
%              maxEnv=4;       % 环境因子最大值
%              A=randi([0,maxAbund],[nSpecies,nSample]);
%              E=randi([0,maxEnv],[nEnvFact,nSample])/10;
%              z01=randperm(size(A,2));
%              dcca(A,E,z01);
%
% 第1部分.设置输入参数的默认或缺省值
if nargin<2||isempty(E)
    error('输入参数不够!至少需要[1.物种样方]与[2.环境因子]两个矩阵!');
elseif size(A,2)～=size(E,2)
    error('输入的两个矩阵列数不匹配!');
else
    [nSpecies,nSample]=size(A);nEnvFactor=size(E,1);
    fprintf('输入信息反馈: \n\t(1).物种数P=%d,样方数N=%d,环境因子数K=%d.\n',...
        nSpecies,nSample,nEnvFactor)
end
if nargin<3||isempty(z01)
    z01=randperm(nSample);
elseif length(unique(z01))==1
    warning('样方排序初值向量,不能所有元素都相同! ');
    z01=1:nSample;
```

```
end
fprintf('\t(2).样方排序初值  z0={');fprintf('%d,',z01);fprintf('\b}.\n');
% 固定常数
cutOff=0.01;bigLoops=500; loop=1; counter=0; y1=zeros(nSpecies,1);
z1=zeros(1,nSample);rowSum=sum(A,2); colSum=sum(A,1);
% 环境因子中心化
E=E-mean(E,2);
fprintf('\t(3).环境因子经中心化处理转换为: \n');
for ir=1:nEnvFactor
    fprintf('\t\t');fprintf('%.4f',E(ir,:));fprintf('\b;\n');
end
% 第2部分.计算第1排序轴坐标
lambda4z1=0;   % 特征值初始化
while loop
    counter=counter+1;fprintf('\n第1轴的第%d次迭代计算:\n',counter);
    for ir=1:nSpecies      % 计算物种的排序
        y1(ir)=sum(A(ir,:).*z01)/rowSum(ir);
    end
    fprintf('\t(1.%d.1).计算得到物种的新排序,y1={',counter);
    fprintf('%.4f, ',y1);fprintf('\b\b}.\n');
    for jc=1:nSample      % 计算样方新值
        z1(jc)=sum(A(:,jc).*y1)/colSum(jc);
    end
    fprintf('\t(1.%d.2).计算得到样方新排序,z1={',counter);
    fprintf('%.4f, ',z1);fprintf('\b\b}.\n');
    tmpE=[ones(nSample,1),E']; %  为满足regress函数专门格式准备数据
    b=regress(z1',tmpE);          %  线性回归环境因子与样方之系数;
    fprintf('\t(1.%d.3).回归系数(b0,b1,b2,...),b={',counter);
    fprintf('%.4f, ',b);fprintf('\b\b}.\n');
    tmpE=[ones(1,nSample);E];%  计算新的样方值z
    for jc=1:nSample
        z1(jc)=sum(b.*tmpE(:,jc));
    end
    fprintf('\t(1.%d.4).利用多元回归,计算得到样方新排序,z1={',counter);
    fprintf('%.4f, ',z1);fprintf('\b\b}.\n');
    Core=sum(colSum.*z1)/sum(colSum);%  对z1进行标准化,计算形心v
    fprintf('\t(1.%d.5).进行标准化,计算得到样方形心:v=',counter);
    fprintf('%.4f.\n',Core);
    s=sqrt(sum(colSum.*(z1-Core).^2)/sum(colSum)); %  计算离差S
    fprintf('\t(1.%d.6).样方离差:S=',counter);fprintf('%.4f.\n',s);
    z1=(z1-Core)/s;fprintf('\t(1.%d.7).样方标准化值:z1={',counter);
    fprintf('%.4f, ',z1);fprintf('\b\b}.\n');
    if max(abs(z1-z01))<cutOff|| counter>bigLoops %  停止迭代
        loop=0; lambda4z1=s;
    else
```

```
            z01=z1;
        end
        if loop==0 && counter<10 %  准备第2轴样方初值
            z02=z1;
        elseif counter==10
            z02=z1;
        end
    end
%  第3部分.计算第二轴排序坐标
if isempty(z02)
    z02=z1*0; %  第2轴初值
else
fprintf('\n第二轴样方排序坐标初值:z02={');
fprintf('%.4f, ',z02);fprintf('\b\b}.\n');
end
y2=zeros(nSpecies,1); z2=zeros(1,nSample);
loop=1;counter=0; lambda4z2=0;
while loop
    counter=counter+1;
    fprintf('\n第2轴的第%d次迭代计算:\n',counter);
    for ir=1:nSpecies
        y2(ir)=sum(A(ir,:).*z02)/rowSum(ir);
    end
    fprintf('\t(2.%d.1).计算得到物种的新排序,y2={',counter);
    fprintf('%.4f, ',y2);fprintf('\b\b}.\n');
    for jc=1:nSample
        z2(jc)=sum(A(:,jc).*y2)/colSum(jc);
    end
    fprintf('\t(2.%d.2).计算得到样方新排序,z2={',counter);
    fprintf('%.4f, ',z2);fprintf('\b\b}.\n');
    tmpE=[ones(nSample,1),E']; b=regress(z2',tmpE);
    fprintf('\t(2.%d.3).回归系数(b0,b1,b2,...),b={',counter);
    fprintf('%.4f, ',b);fprintf('\b\b}.\n');
    tmpE=[ones(1,nSample);E];
    for jc=1:nSample
        z2(jc)=sum(b.*tmpE(:,jc));
    end
    fprintf('\t(2.%d.4).利用多元回归,计算得到样方新排序,z2={',counter);
    fprintf('%.4f, ',z2);fprintf('\b\b}.\n');fprintf('\t(2.%d.5).',counter);
    z2=MyDetrend(z1,z2); Core=sum(colSum.*z2)/sum(colSum);
    fprintf('\t(2.%d.6).进行标准化,计算得到样方形心:v=',counter);
    fprintf('%.4f.\n',Core);s=sqrt(sum(colSum.*(z2-Core).^2)/sum(colSum));
    fprintf('\t(2.%d.7).样方离差:S=',counter);fprintf('%.4f.\n',s);
    z2=(z2-Core)/s;fprintf('\t(2.%d.8).样方标准化值:z2={',counter);
    fprintf('%.4f, ',z2);fprintf('\b\b}.\n');
```

```
    if max(abs(z2-z02))<cutOff|| counter>bigLoops
        loop=0;lambda4z2=s;
    else
        z02=z2;
    end
end
% 根据稳定结果计算排序轴的特征值
fprintf('\n环境因子与样方排序轴间的相关系数: \n');
zbz={z1,z2};rhos=zeros(nEnvFactor,2);% 相关系数
for ir=1:nEnvFactor
    tmpx=E(ir,:);
    for jc=1:2
        tmpy=zbz{jc};tmpRho=corrcoef(tmpx,tmpy);
rhos(ir,jc)=unique(min(tmpRho));
        fprintf('\t第%d个环境因子与第%d个样方的排序轴之间的相关系数: rho =%8.4f\n',...
            ir,jc,rhos(ir,jc));
    end
end
fprintf('以矩阵的形式表示相关系数\n');disp(rhos);fprintf('计算环境因子的排序坐标:\n');
fkm=zeros(nEnvFactor,2);lambdas=[lambda4z1,lambda4z2];
for ir=1:nEnvFactor
    for jc=1:2      % 只考虑2轴(二维)情形.
        fkm(ir,jc)=sqrt(lambdas(jc)*(1-lambdas(jc)))*rhos(ir,jc);
        fprintf('\t第%d个环境因子在第%d排序轴上的坐标为:F(%d,%d)=%8.4f\n',...
            ir,jc,ir,jc,fkm(ir,jc));
    end
end
fprintf('以矩阵的形式表示环境因子的排序坐标\n');disp(fkm);
% 第4部分. 可视化
fprintf('计算结果:\n\t(1.1)样方第1排序轴特征值:Lambda4z1=%.4f.\n',lambda4z1);
fprintf('\t(1.2)样方第2排序轴特征值:Lambda4z2=%.4f.\n',lambda4z2);
fprintf('\t(2.1)停止迭代后,第1轴样方标准化值:z1={');fprintf('%.4f, ',z1);
fprintf('\b\b}.\n');fprintf('\t(2.2)停止迭代后,第2轴样方标准化值:z2={');
fprintf('%.4f, ',z2);fprintf('\b\b}.\n');
fprintf('\t(3.1)停止迭代后,第1轴物种标准化值:y1={');
fprintf('%.4f, ',y1);fprintf('\b\b}.\n');
fprintf('\t(3.2)停止迭代后,第2轴物种标准化值:y2={');
fprintf('%.4f, ',y2);fprintf('\b\b}.\n');
yStr=cell(1,nSpecies);% 准备标记名称字符串
for ir=1:nSpecies
    yStr{ir}=sprintf('P%d',ir); % 物种点标记P
end
zStr=cell(1,nSample);
for jc=1:nSample
    zStr{jc}=sprintf('S%d',jc); % 样本点标记S
```

```
end
figure('pos',[100,200,1350,500],'color','w'); % 图窗比例有可能影响图形外观
% 4.1 样方排序
h1=subplot(1,3,1); plot(z1,z2,'bp','MarkerSize',7,'MarkerFaceColor','b');
box off;text(z1+0.04,z2,zStr);hold on;
amp=max(z1.^2+z2.^2);% 放大系数,便于查阅
for ir=1:nEnvFactor
    p1=[0,0]; p2=fkm(ir,:)*amp;DrawArrow(gca,p1,p2);tStr=sprintf('E%d',ir);
    text(fkm(ir,1)*amp,fkm(ir,2)*amp,tStr,'FontName','Times','FontSize',14,'Color','r');
    hold on
end
% 4.2 物种排序
h2=subplot(1,3,2);
plot(y1,y2,'ro','MarkerSize',7,'MarkerFaceColor','r');box off;
text(y1+0.04,y2,yStr);hold on
ax2 = gca;axis equal
ax2.XAxisLocation ='origin';ax2.YAxisLocation ='origin';
% 4.3 样方/物种/环境因子绘于一图
h3=subplot(1,3,3);
plot(y1,y2,'ro','MarkerSize',7,'MarkerFaceColor','r');hold on
plot(z1,z2,'bp','MarkerSize',7,'MarkerFaceColor','b');box off;
amp=max(z1.^2+z2.^2);% 放大系数,便于查阅
for ir=1:nEnvFactor    %
    p1=[0,0]; p2=fkm(ir,:)*amp;DrawArrow(gca,p1,p2);tStr=sprintf('E%d',ir);
    text(fkm(ir,1)*amp,fkm(ir,2)*amp,tStr,'FontName','Times','FontSize',14,'Color','r');
    hold on
end
% 4.4 统一设置格式
set([h1,h2,h3],'LineWidth',1.2,'FontName','Times','FontSize',14)
th=findobj([h1,h2,h3],'Type','text');set(th,'FontName','Times','FontSize',14)
% 第5部分.返回值
y=[y1',y2'];z=[z1',z2'];
```

第七章　群落数量分类

分类是人们认识自然的一种手段，在各学科中都有广泛的应用，在生态学中，尤其是群落生态学中，群落类型的形成、发展与其周围的环境有较密切的关系，通过分类研究，可以在一定程度上揭示这些关系，找出它们之间的生态规律，为植被的管理和利用、农林牧的改造和发展提供科学依据。

数量分类的目的，就是使属于同一类群的事物尽量靠近，从而直观地展示类群自身的共性；而属于不同类群的事物则尽量的远离，从而区分出不同的类群，展示不同类群的个性。数量分类在高级生物统计学中又称聚类分析(cluster analysis)，它通过定义事物间不同类型的距离，使同一组内成员的距离最小且不同组间成员的距离最大，而得以通过计算实现分类。

要进行分类计算，首先要描述分类对象的相似性，只有相似的事物才可以归为一类，也就是常说的"物以类聚"，在描述分类对象的相似性时，可以使用多种指标，相似系数(similarity)、相异系数(dissimilarity)及各种类型的距离等都是常用的指标。其次要有分类数据，在群落分类中，有些数据描述了样方中是否发现某个物种，或存在物种的个数，像这类描述多以二元数据形式存在；另外，一些则是通过测定而得到的数量数据。最后要有合适的通用归类方法。

与排序一样，分类也有正分析和逆分析，当使用属性对实体进行分类时，则属于正分析，反之当使用实体对属性进行分类时，则属于逆分析。在群落生态学中，进行分类时，潜在的会认为群落是具有明确边界界限的离散单位，此时，实体可以是样方、群落片段或植被地段等，而属性则可以是物种的观测值或环境因子等。

目前，数量分类已有很多种方法，按照方法的特点划分，可以分为：①等级聚合法；②等级分划法；③非等级分类法；④模糊数学法；⑤神经网络法和⑥排表分类法等。对此，张金屯(2018)已做了详细的总结。无论使用何种方法，总的分类原则仍然是"组内靠近，组间远离"，不同方法之间的差别，多数区别于相异性(相似性)的计算方法上。

本章着重介绍上述六类方法中的前两类方法，第一节首先介绍相似性(相异性)的概念与计算。在此基础上，第二节具体介绍了数量分类方法中的等级聚类法，它既适合于数量数据，又适合于二元数据，是学习聚类分析知识的经典内容。等级分划法又可细分为单元分划法与多元分划法。第三节介绍了关联分析法，它是单元分划法中的代表性方法。第四节介绍了双向指示种分析法，它是多元分划法中的典型方法。

第一节　相似的表达方法

分类的基础是相似性，分类对象之间只有达到一定程度的相似，才能归为一类。在进行归类计算之前，有必要理解描述相似性概念的各种方法和各种指标。目前，描述相似性的指标分为两类，一类是仅适用于二元数据相似关系的指标，徐克学(1999)等整理出了 26 种，包括：①Russel 和 Rao 系数、Jaccard 系数、Czekanowsi 系数、Rogers 和 Tanimoto 系数、Sokal

和 Michener 系数、Ochiai 系数、Guifford 系数、Mcconnaughy 系数、Hamann 系数、Yule 和 Kendall 系数、Watson 系数、Fager 和 McGowan 系数、卡方系数、均方系数各一种；②Sokal 和 Sneath 系数 6 种；③作者不详的计算方法 4 种；④Kulczynski 系数两种。另一类是既适用于二元数据又适用于数量数据相似关系的描述方法，包括①欧氏距离；②Bray-Curtis 距离；③绝对距离；④Orloci 距离；⑤夹角余弦；⑥相关系数；⑦方差协方差；⑧Ball 相似系数；⑨百分比相似系数 9 种。

一、仅适用于二元数据的相似关系

(一) 相似性计算方法

对于物种存在与否的二元数据，通常以列联表的形式描述。表 7-1 给出了两样方的 2×2 列联表，其中，a 为在两个样方中同时出现的共有物种数；b 为在甲样方不出现但在乙样方出现的物种数；c 为在甲样方出现但在乙样方不出现的物种数；d 为两个样方中都不出现的物种数。

表 7-1 两个样方的 2×2 列联表

		样方甲		合计
		出现	不出现	
样方乙	出现	a	b	$a+b$
	不出现	c	d	$c+d$
合计		$a+c$	$b+d$	$a+b+c+d$

根据表 7-1，甲乙两个样方之间的相似性可以通过以下 26 种方法计算。

(1)Russel 和 Rao 系数

$$S_{\mathrm{RR}} = \frac{a}{a+b+c+d} \tag{7-1}$$

(2)Sokal 和 Sneath 系数 A

$$S_{\mathrm{SSA}} = \frac{a}{a+2(b+c)} \tag{7-2}$$

(3)Sokal 和 Sneath 系数 B

$$S_{\mathrm{SSB}} = \frac{2a+d}{2a+b+c+2d} \tag{7-3}$$

(4)Sokal 和 Sneath 系数 C

$$S_{\mathrm{SSC}} = \frac{1}{4}\left(\frac{a}{a+b}+\frac{a}{a+c}+\frac{d}{d+b}+\frac{d}{d+c}\right) \tag{7-4}$$

(5)Sokal 和 Sneath 系数 D

$$S_{\mathrm{SSD}} = \frac{ad}{\sqrt{(a+b)(a+c)(d+b)(d+c)}} \tag{7-5}$$

(6)Sokal 和 Sneath 系数 E

$$S_{\mathrm{SSE}} = \frac{a+d}{b+c} \tag{7-6}$$

(7)Sokal 和 Sneath 系数 F

$$S_{\text{SSF}} = \frac{2a}{ab + ac + bc} \qquad (7\text{-}7)$$

(8)Jaccard 系数

$$S_{\text{JAC}} = \frac{a}{a + b + c} \qquad (7\text{-}8)$$

(9)Czekanowsi 系数

$$S_{\text{CZE}} = \frac{2a}{2a + b + c} \qquad (7\text{-}9)$$

(10)Rogers 和 Tanimoto 系数

$$S_{\text{RT}} = \frac{a + d}{a + 2b + 2c + d} \qquad (7\text{-}10)$$

(11)Sokal 和 Michener 系数

$$S_{\text{SM}} = \frac{a + d}{a + b + c + d} \qquad (7\text{-}11)$$

(12)作者不详 A

$$S_{\text{NLA}} = \frac{ad}{ad + bc} \qquad (7\text{-}12)$$

(13)作者不详 B

$$S_{\text{NLB}} = \frac{2a}{2a + ab + ac + bc} \qquad (7\text{-}13)$$

(14)作者不详 C

$$S_{\text{NLC}} = \frac{1}{2} + \frac{ad - bc}{2\sqrt{(a+b)(a+c)(d+b)(d+c)}} \qquad (7\text{-}14)$$

(15)作者不详 D

$$S_{\text{NLD}} = \frac{b + c}{a + b + c + d} \qquad (7\text{-}15)$$

(16)Kulczynski 系数 A

$$S_{\text{KUA}} = \frac{a}{2}\left(\frac{1}{a+b} + \frac{1}{a+c}\right) \qquad (7\text{-}16)$$

(17)Kulczynski 系数 B

$$S_{\text{KUB}} = \frac{a}{b + c} \qquad (7\text{-}17)$$

(18)Ochiai 系数

$$S_{\text{OCH}} = \frac{a}{\sqrt{(a+b)(a+c)}} \qquad (7\text{-}18)$$

(19)Guifford 系数

$$S_{\mathrm{GUI}} = \frac{ad-bc}{\sqrt{(a+b)(a+c)(d+b)(d+c)}} \tag{7-19}$$

(20)Mcconnaughy 系数

$$S_{\mathrm{MCC}} = \frac{a^2-bc}{(a+b)(a+c)} \tag{7-20}$$

(21)Hamann 系数

$$S_{\mathrm{HAM}} = \frac{a+d-b-c}{a+b+c+d} \tag{7-21}$$

(22)Yule 和 Kendall 系数

$$S_{\mathrm{YK}} = \frac{ad-bc}{ad+bc} \tag{7-22}$$

(23)Watson 系数

$$S_{\mathrm{WAT}} = \frac{b+c}{2a+b+c} \tag{7-23}$$

(24)Fager 和 McGowan 系数

$$S_{\mathrm{FM}} = \frac{a}{\sqrt{(a+b)(a+c)}} - \frac{1}{2\sqrt{(a+b)}} \tag{7-24}$$

(25) χ^2 系数

$$\chi^2 = \frac{(ad-bc)^2(a+b+c+d)}{(a+b)(a+c)(d+b)(d+c)} \tag{7-25}$$

(26)均方系数

$$V^2 = \frac{(ad-bc)^2}{(a+b)(a+c)(d+b)(d+c)} \tag{7-26}$$

例 1　设某次观测数据列于 2×2 列联表(表 7-2)，试分别用不同方法计算相似性，并给出比较。

表 7-2　例题观测结果列联表

		样方甲		合计
		出现	不出现	
样方乙	出现	19	16	35
	不出现	6	16	22
合计		25	32	57

解：将表 7-2 中数据代入各计算式，以 Jaccard 方法为例，

$$S_{\mathrm{JAC}} = \frac{a}{a+b+c} = \frac{19}{19+16+6} = 0.4634$$

利用其他公式进行类似计算，所得结果列于表7-3 中，为比较不同方法的结果，图7-1 以

柱状图形式展示了各个结果。从表 7-3 可以看出，相似性计算方法不同，得到的相似性值也各不相同，在具体应用时，究竟采用哪种方法合适，应该根据研究对象和问题的性质加以选择。

表 7-3 各种计算方法的结果

计算方法	相似性	计算方法	相似性
Russel Rao	0.3333	作者不详 C	0.6325
Sokal SneathA	0.3016	作者不详 D	0.3860
Sokal SneathB	0.5870	KulczynskiA	0.6514
Sokal SneathC	0.6325	KulczynskiB	0.8636
Sokal SneathD	0.3873	Ochiai	0.6423
Sokal SneathE	1.5909	Guifford	0.2650
Sokal SneathF	0.0739	Mcconnaughy	0.3029
Jaccard	0.4634	Hamann	0.2281
Czekanowsi	0.6333	Yule Kendall	0.5200
Rogers Tanimoto	0.4430	Watson	0.3667
Sokal Michener	0.6140	Fager McGowan	0.5578
作者不详 A	0.7600	χ^2	4.0033
作者不详 B	0.0688	V^2	0.0702

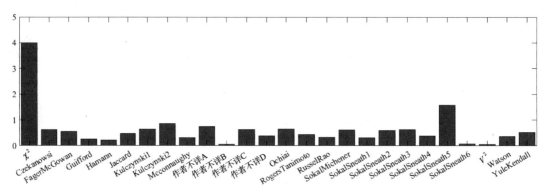

图 7-1 不同计算方法得到的相似性结果

(二) 相似性计算的 MATLAB 实现

相似性的计算不难，只需将观测结果代入相应的计算公式即可。为了方便对比，以期选用合适的方法，笔者编写了计算函数 BinaryDataSimilarity，用户只需按照格式给出观测数据与计算方法名称，即可运行得到计算结果。上述例 1 中各种计算结果，即是由该函数得出，具体调用格式如下。

```
X=[19,16;6,16]
method={'RusselRao','SokalSneath1','SokalSneath2','SokalSneath3',....
        'SokalSneath4','SokalSneath5','SokalSneath6','Jaccard',....
        'Czekanowsi','RogersTanimoto','SokalMichener','NamelessA',....
        'NamelessB','NamelessC','NamelessD','Kulczynski1','Kulczynski2',....
        'Ochiai','Guifford','Mcconnaughy','Hamann','YuleKendall',....
```

'Watson','FagerMcGowan','Chi2','V2'};

n=length(method);S=zeros(1,n);

for ilp=1:n

　　S(ilp)=BinaryDataSimilarity(X,method{ilp});

end

str=categorical(method);

figure('pos',[200,400,1500,400],'color','w')

bar(str,S);set(gca,'fontsize',14,'fontName','Times')

附函数源码:

function [S]=BinaryDataSimilarity(tab,method)

%函数名称:BinaryDataSimilarity.m

%实现功能:根据给定的二元数据列联表计算相似性.

%输入参数:函数共有2个输入参数,含义如下:

%　　　　:(1),tab,二元数据列联表,即a,b,;c,d组成的矩阵.

%　　　　:(2),method,计算相似性的方法名称字符串,必须是如下表中方法之一.

%　　:　(a).'Russel Rao'　　=>　'Srr'.

%　　:　(b).'Sokal Sneath 1'　=>　'Sssa'.

%　　:　(c).'Sokal Sneath 2'　=>　'Sssb'.

%　　:　(d).'Sokal Sneath 3'　=>　'Sssc'.

%　　:　(e).'Sokal Sneath 4'　=>　'Sssd'.

%　　:　(f).'Sokal Sneath 5'　=>　'Ssse'.

%　　:　(g).'Sokal Sneath 6'　=>　'Sssf'.

%　　:　(h).'Jaccard'　　=>　'Sjac',缺省默认值.

%　　:　(i).'Czekanowsi'　=>　'Scze'.

%　　:　(j).'Rogers Tanimoto'　=>　'Srt'.

%　　:　(k).'Sokal Michener'　=>　'Ssm'.

%　　:　(l).'Nameless A'　=>　'Snla'.

%　　:　(m).'Nameless B'　=>　'Snlb'.

%　　:　(n).'Nameless C'　=>　'Snlc'

%　　:　(o).'Nameless D'　=>　'Snld'.

%　　:　(p).'Kulczynski 1'　=>　'Skua'.

%　　:　(q).'Kulczynski 2'　=>　'Skub'.

%　　:　(r).'Ochiai'　　=>　'Soch'.

%　　:　(s).'Guifford'　　=>　'Sgui'.

%　　:　(t).'Mcconnaughy'　=>　'Smcc'.

%　　:　(u).'Hamann'　　=>　'Sham'.

%　　:　(v).'Yule Kendall'　=>　'Syk'.

%　　:　(w).'Watson'　　=>　'Swat'.

%　　:　(x).'Fager McGowan'　=>　'Sfm'.

%　　:　(y).'Chi2'　　=>　'Chi2'.

%　　:　(z).'V2'　　=>　'V2'.

%输出参数:函数默认1个输出参数,含义如下:

%　　　　:(1),S,不同计算方法得到的计算结果.

%函数调用:实现函数功能不需要调用子函数.

%参考文献:实现函数算法,参阅了以下文献资料:

```
%          :(1),马寨璞,MATLAB语言编程[M],北京:电子工业出版社,2017.
%          :(2),郭水良,于晶,陈国奇,生态学数据分析[M],北京:科学出版社,2015.
%原始作者:马寨璞,wdwsjlxx@163.com.
%创建时间:2019.02.10,00:38:26.
%版权声明:未经作者许可,任何人不得以任何方式或理由对本代码进行网上传播、贩卖等.
%验证说明:本函数在MATLAB 2018a,2018b等版本运行通过.
%使用样例:常用以下格式,请参考准备数据格式等:
%          :例1,使用完全参数格式:
%                  data=randi(20,[2,2]);
%                  BinaryDataSimilarity(data)
%
%设置第2个输入参数的默认或缺省值
if nargin<2||isempty(method)
    method='Jaccard';   % 缺省默认值
else
    MyMethods={ 'RusselRao', 'SokalSneath1', 'SokalSneath2', 'SokalSneath3',....
        'SokalSneath4', 'SokalSneath5', 'SokalSneath6', 'Jaccard',....
        'Czekanowsi', 'RogersTanimoto', 'SokalMichener', 'NamelessA',....
        'NamelessB', 'NamelessC', 'NamelessD', 'Kulczynski1', 'Kulczynski2',....
        'Ochiai', 'Guifford', 'Mcconnaughy', 'Hamann', 'YuleKendall', 'Watson',....
        'FagerMcGowan', 'Chi2', 'V2'};
    method=internal.stats.getParamVal(method,MyMethods,'Types');
end
%检测第1个输入
if nargin<1||isempty(tab)
    warning('你未输入任何数据,为方便使用,程序自动形成虚拟数据进行了计算,请参照使用!');
    tab=randi(20,[2,2]); % 展示输入数据格式
    disp(tab);
else
    [row,col]=size(tab);
    if row~=2 ||col~=2
        error('必须输入二元数据列联表!')
    elseif sum((tab(:))<0)>0
        error('数据中不能出现负值!');
    end
end
%抽取数据
a=tab(1);b=tab(3);
c=tab(2);d=tab(4);n=sum(tab(:));
switch method
    %26种不同的计算方法
    case 'RusselRao'
        S=a/n;
    case 'SokalSneath1'
        S=a/(a+2*(b+c));
```

```
case 'SokalSneath2'
    S=(2*a+d)/(2*a+b+c+2*d);
case 'SokalSneath3'
    S=1/4*(a/(a+b)+a/(a+c)+d/(b+d)+d/(c+d));
case 'SokalSneath4'
    S=a*d/sqrt((a+b)*(a+c)*(c+d)*(b+d));
case 'SokalSneath5'
    S=(a+d)/(b+c);
case 'SokalSneath6'
    S=2*a/(a*b+a*c+b*c);
case 'Jaccard'
    S=a/(a+b+c);
case 'Czekanowsi'
    S=2*a/(2*a+b+c);
case 'RogersTanimoto'
    S=(a+d)/(a+2*b+2*c+d);
case 'SokalMichener'
    S=(a+d)/n;
case 'NamelessA'
    S=a*d/(a*d+b*c);
case 'NamelessB'
    S=2*a/(2*a+a*b+a*c+b*c);
case 'NamelessC'
    S=1/2+(a*d-b*c)/(2*sqrt((a+b)*(a+c)*(c+d)*(b+d)));
case 'NamelessD'
    S=(b+c)/n;
case 'Kulczynski1'
    S=a/2*(1/(a+b)+1/(a+c));
case 'Kulczynski2'
    S=a/(b+c);
case 'Ochiai'
    S=a/sqrt((a+b)*(a+c));
case 'Guifford'
    S=(a*d-b*c)/sqrt((a+b)*(a+c)*(c+d)*(b+d));
case 'Mcconnaughy'
    S=(a*a-b*c)/((a+b)*(a+c));
case 'Hamann'
    S=(a+d-b-c)/n;
case 'YuleKendall'
    S=(a*d-b*c)/(a*d+b*c);
case 'Watson'
    S=(b+c)/(2*a+b+c);
case 'FagerMcGowan'
    S=a/sqrt((a+b)*(a+c))-1/(2*sqrt(a+b));
case 'Chi2'
```

```
            S=(a*d-b*c)^2*n/((a+b)*(a+c)*(c+d)*(b+d));
        case 'V2'
            S=(a*d-b*c)^2/((a+b)*(a+c)*(c+d)*(b+d));
end
%  输出结果
fprintf('本次使用%s方法计算了相似性,计算结果:S=%.4f\n',method,S);
```

二、适用于二元数据和数量数据的相似关系

(一) 计算方法

当取得的数据为数量数据时，要表达数量分类中的相似性，既可以使用样方 j 和样方 k 之间的相似系数，也可以使用两样方之间的相异系数，它们从不同的角度表达了相似的概念。相似系数包括夹角余弦系数、相关系数、方差协方差、Ball 相似系数和百分比相似系数 5 种，而相异系数则包括欧氏距离、Bray-Curtis 距离、绝对距离和 Orloci 距离 4 种。

为统一表达，设原始数据矩阵 X 为 m 行 n 列矩阵，矩阵每行对应一个物种，每列对应一个样方，则矩阵中 x_{ij} 表示第 i 个物种在第 j 个样方中的观测值，x_{ik} 表示第 i 个物种在第 k 个样方中的观测值。

$$X = \begin{pmatrix} x_{11} & x_{12} & \cdots & x_{1n} \\ x_{21} & x_{22} & \cdots & x_{2n} \\ \vdots & \vdots & \ddots & \vdots \\ x_{m1} & x_{m2} & \cdots & x_{mn} \end{pmatrix}$$

用 r_{jk} 表示样方 j 和样方 k 之间的相似系数；用 d_{jk} 表示两样方之间的相异系数，则相异性的距离定义如下：

(1)欧氏距离

$$d_{jk} = \sqrt{\sum_{i=1}^{m} \left(x_{ij} - x_{ik} \right)^2} \qquad (7\text{-}27)$$

(2)Bray-Curtis 距离

$$d_{jk} = \frac{\sum_{i=1}^{m} \left| x_{ij} - x_{ik} \right|}{\sum_{i=1}^{m} \left(x_{ij} + x_{ik} \right)} \qquad (7\text{-}28)$$

(3)绝对距离

$$d_{jk} = \sum_{i=1}^{m} \left| x_{ij} - x_{ik} \right| \qquad (7\text{-}29)$$

(4)Orloci 距离

$$d_{jk} = \sqrt{\sum_{i=1}^{m}\left(\frac{x_{ij}}{\sqrt{\sum_{i=1}^{m}x_{ij}^2}} - \frac{x_{ik}}{\sqrt{\sum_{i=1}^{m}x_{ik}^2}}\right)^2} \qquad (7\text{-}30)$$

类似地，5 个相似系数 r_{jk} 定义如下：

(5)夹角余弦系数

$$r_{jk} = \frac{\sum_{i=1}^{m}\left(x_{ij}x_{ik}\right)}{\sqrt{\sum_{i=1}^{m}x_{ij}^2 \times \sum_{i=1}^{m}x_{ik}^2}} \qquad (7\text{-}31)$$

(6)相关系数

$$r_{jk} = \frac{\sum_{i=1}^{m}\left[\left(x_{ij}-\bar{x}_j\right)\left(x_{ik}-\bar{x}_k\right)\right]}{\sqrt{\sum_{i=1}^{m}\left(x_{ij}-\bar{x}_j\right)^2 \times \sum_{i=1}^{m}\left(x_{ik}-\bar{x}_k\right)^2}} \qquad (7\text{-}32)$$

(7)方差协方差

$$r_{jk} = \frac{1}{n-1}\sum_{i=1}^{m}\left[\left(x_{ij}-\bar{x}_j\right)\left(x_{ik}-\bar{x}_k\right)\right] \qquad (7\text{-}33)$$

(8)Ball 相似系数

$$r_{jk} = \frac{\sum_{i=1}^{m}\left(x_{ij}x_{ik}\right)}{\sum_{i=1}^{m}x_{ij}^2 + \sum_{i=1}^{m}x_{ik}^2 - \sum_{i=1}^{m}\left(x_{ij}x_{ik}\right)} \qquad (7\text{-}34)$$

(9)百分比相似系数

$$r_{jk} = 200 \times \frac{\sum_{i=1}^{m}\min\left(x_{ij},x_{ik}\right)}{\sum_{i=1}^{m}x_{ij} + \sum_{i=1}^{m}x_{ik}} \qquad (7\text{-}35)$$

需要说明的是，计算相异性距离的方法有多种，可以从多元统计分析类的教材上查阅到，但数量生态学上常用的为上述几种，无论使用哪种方法描述相似性或相异性，最终的分类过程是相同的，这将在第三节予以介绍。

例2 设有如表 7-4 的模拟观测数据(省略量纲)，试以不同方法计算相似性和相异性。

解：以欧氏距离为代表，以其中的 1，2 两个样方为例，相异系数计算如下：

$$d_{12} = \sqrt{\sum_{i=1}^{4}\left(x_{i1}-x_{i2}\right)^2} = \sqrt{(5-8)^2+(2-8)^2+(7-7)^2+(6-2)^2} = 7.8102$$

逐对计算两两样方之间的距离，结果如下：

表 7-4　含有 4 个物种 5 个样方的模拟数据

物种	样方				
	1	2	3	4	5
1	5	8	2	5	6
2	2	8	4	9	4
3	7	7	6	8	2
4	6	2	7	10	7

$$D_{\text{Euc}} = \begin{pmatrix} 0.0000 & 7.8102 & 3.8730 & 8.1240 & 5.5678 \\ 7.8102 & 0.0000 & 8.8318 & 8.6603 & 8.3666 \\ 3.8730 & 8.8318 & 0.0000 & 6.8557 & 5.6569 \\ 8.1240 & 8.6603 & 6.8557 & 0.0000 & 8.4261 \\ 5.5678 & 8.3666 & 5.6569 & 8.4261 & 0.0000 \end{pmatrix}$$

其他表示相异性的距离可类似求解，这里不再列出具体结果。计算相似性系数与计算相异性距离类似，如使用夹角余弦系数，计算结果如下：

$$R_{\text{cos}} = \begin{pmatrix} 1.0000 & 0.8145 & 0.9323 & 0.9063 & 0.8592 \\ 0.8145 & 1.0000 & 0.7544 & 0.8504 & 0.7834 \\ 0.9323 & 0.7544 & 1.0000 & 0.9740 & 0.8476 \\ 0.9063 & 0.8504 & 0.9740 & 1.0000 & 0.9027 \\ 0.8592 & 0.7834 & 0.8476 & 0.9027 & 1.0000 \end{pmatrix}$$

其他相似系数的具体结果不再一一列出。

(二) 数量数据相似计算的 MATLAB 实现

根据上述 9 种相异性(相似性)的算法，笔者编写了专门的 Similarity 函数，上述例题的计算即由此函数完成，具体实现可参考函数说明中例 2 的格式。

```
function [dr]=Similarity(x,method)
%函数名称:Similarity.m
%实现功能:计算相似关系,这些方法适用于二元数据和数量数据.
%输入参数:函数共有2个输入参数,含义如下:
%        :(1),x,数据矩阵.设有m个物种,n个样方,则每行对应一个物种,每列对应一个样方,x为m*n矩阵.
%        :(2),method,计算方法名称字符串,包括以下9种:
%        :    (a).Euclid      =>   欧氏距离,也是缺省默认设置.
%        :    (b).Bray        =>   Bray-Curtis 距离
%        :    (c).Absolute    =>   绝对距离
%        :    (d).Orloci      =>   Orloci距离
%        :    (e).Cosine      =>   夹角余弦系数
%        :    (f).Relate      =>   相关系数
%        :    (g).VarCov      =>   方差协方差
%        :    (i).Ball        =>   Ball相似系数
%        :    (h).Percent     =>   百分比相似系数
%输出参数:函数默认1个输出参数,含义如下:
%        :(1),dr,计算得到的相似系数矩阵d,或者相异系数矩阵r.
```

```
%函数调用:实现函数功能不需要调用子函数.
%参考文献:实现函数算法,参阅了以下文献资料:
%        :(1),马寨璞,MATLAB语言编程[M],北京:电子工业出版社,2017.
%原始作者:马寨璞,wdwsjlxx@163.com.
%创建时间:2019.05.29,22:27:54.
%版权声明:未经作者许可,任何人不得以任何方式或理由对本代码进行网上传播、贩卖等.
%验证说明:本函数在MATLAB 2017b,2018b等版本运行通过.
%使用样例:常用以下两种格式,请参考准备数据格式等:
%        :例1,使用全参数格式:
%                x=[1,2;3,4]; Similarity(x,'bray');
%        :例2,使用所有方法计算一次:
%                m=5; n=6; x=randi([1,90],[m,n])
%                mthds={'Euclid','Bray','Absolute','Orloci','Cosine','Relate',....
%                    'VarCov','Ball','Percent'};
%                for ilp=1:length(mthds)
%                        Similarity(x,mthds{ilp});
%                end
%
%设置第2个输入参数的默认或缺省值
dStrs={'Euclid','Bray','Absolute','Orloci'};            % 距离名称
cStrs={'Cosine','Relate','VarCov','Ball','Percent'};    % 数名称
if nargin<2||isempty(method)
    method='Euclid';
else
    methodFixedParams={dStrs{:},cStrs{:}};            % 参数method的取值限定范围
    method=internal.stats.getParamVal(method,methodFixedParams,'Types');
end
n=size(x,2); %
dr=zeros(n); % 初始化存放计算结果的矩阵,d或者r均存放于此.
switch method
    case 'Euclid' %欧氏距离
        for j=1:n
            for k=1:n
                dr(j,k)=sqrt(sum((x(:,j)-x(:,k)).^2));
            end
        end
    case 'Bray' %Bray-Curtis 距离
        for j=1:n
            for k=1:n
                fz=sum(abs(x(:,j)-x(:,k)));
                fm=sum(x(:,j)+x(:,k));
                dr(j,k)=fz/fm;
            end
        end
    case 'Absolute' %绝对距离
```

```
    for j=1:n
        for k=1:n
            dr(j,k)=sum(abs(x(:,j)-x(:,k)));
        end
    end
case 'Orloci' %Orloci距离
    for j=1:n
        for k=1:n
            qh1=x(:,j)/sqrt(sum(x(:,j).^2));
            qh2=x(:,k)/sqrt(sum(x(:,k).^2));
            dr(j,k)=sqrt(sum((qh1-qh2).^2));
        end
    end
case 'Cosine' %夹角余弦系数
    for j=1:n
        for k=1:n
            fz=sum(x(:,j).*x(:,k));
            fm=sqrt(sum(x(:,j).^2)*sum(x(:,k).^2));
            dr(j,k)=fz/fm;
        end
    end
case 'Relate' %相关系数
    for j=1:n
        for k=1:n
            fz=sum((x(:,j)-mean(x(:,j))).*(x(:,k)-mean(x(:,k))));
            fm=sqrt(sum((x(:,j)-mean(x(:,j))).^2)*sum((x(:,k)-mean(x(:,k))).^2));
            dr(j,k)=fz/fm;
        end
    end
case 'VarCov' %方差协方差系数
    for j=1:n
        for k=1:n
            dr(j,k)=sum((x(:,j)-mean(x(:,j))).*(x(:,k)-mean(x(:,k))))/(n-1);
        end
    end
case 'Ball' % Ball相似系数
    for j=1:n
        for k=1:n
            fz=sum(x(:,j).*x(:,k));
            fm=sum(x(:,j).^2)+sum(x(:,k).^2)-fz;
            dr(j,k)=fz/fm;
        end
    end
case 'Percent' %百分比相似系数
    for j=1:n
```

```
        for k=1:n
            fz=sum(min(x(:,j),x(:,k)));
            fm=sum(x(:,j))+sum(x(:,k));
            dr(j,k)=200*fz/fm;
        end
    end
end
%输出结果,生成返回值.
if ismember(method,dStrs)
    fprintf('本次计算相似性,使用了%s距离,计算结果如下:\n',method);
elseif ismember(method,cStrs)
    fprintf('本次计算相异性,使用了%s系数,计算结果如下:\n',method);
end
disp(dr);
```

第二节　等级聚类法

等级聚类法基于多元统计，是经典的分类方法，本节学习它的基本方法与实现。

一、等级聚类方法的步骤

等级聚类方法一般包括以下 4 步。

第一步，计算样方间的相异系数，建立相异系数矩阵。在这一步骤中，可以选用不同的计算距离的公式，即选用不同的聚合策略，这些方法包括最近邻体法、最远邻体法、中值法、形心法、组平均法、离差平方和法、可变聚合法。

第二步，在距离矩阵中，选定距离最小的两个样方，如样方 A 和样方 B，将 A，B 合并成一组，记为 G_1。

第三步，重新构建新的距离矩阵。在上一步合并得到新组 G_1 后，需要重新构建新的距离矩阵，构建新矩阵中除包括 G_1 外，还包括除 A、B 之外的其他所有样方。当计算 G_1 到其他样方的距离时，使用距离模型

$$D_{CG_1} = \alpha_A D_{CA} + \alpha_B D_{CB} + \beta D_{AB} + \gamma \left| D_{CA} - D_{CB} \right| \tag{7-36}$$

其中，D_{CG_1} 为 G_1 和样方 C 之间的距离；D_{AB}、D_{CA} 和 D_{CB} 分别为样方 A 和 B，C 和 A 及 C 和 B 之间的距离系数；α_A、α_B、β 和 γ 均为常数。

第四步，返回第二步，在新距离矩阵基础上，继续找出距离最小的两个样方，或者距离最小的某样方与已有合并组，或距离最小的两个已有合并组，将它们合并，并记为 G_2…重复上述的计算过程，直到所有的样方合并为一组。

下面以一个例子来具体说明运算步骤，已知 6 样方两两之间的距离矩阵已经得到，如表 7-5 所示，在进行聚类前，每个样方当作一个独立的类，以 $G_1,G_2,\cdots,G_6$ 标注。

该距离矩阵是对称矩阵，只考虑下三角矩阵即可。根据聚类的基本思想，首先把各个样方当作一个单独的类，查找该距离矩阵，找出最小值对应的行列。在这里，自身到自身物种之间的距离为 0，不予考虑，只考虑不同类之间的最小距离。在表 7-5 中，最小的距离为 1.6，由该值对应的行列号可知 G_1 和 G_2 之间最小，如表 7-6 所示，即 $d_{1,2}=1.6$。把 G_1 和 G_2 合并

成一类，按序号排为 G_7，简记为 $G_7=\{G_1,\ G_2\}$。

表 7-5　不同物种之间的距离矩阵

物种	G_1	G_2	G_3	G_4	G_5	G_6
G_1	0.0	1.6	2.1	3.1	5.1	5.8
G_2	1.6	0.0	3.3	3.6	5.2	6.1
G_3	2.1	3.3	0.0	2.4	5.2	6.0
G_4	3.1	3.6	2.4	0.0	4.8	5.0
G_5	5.1	5.2	5.2	4.8	0.0	3.5
G_6	5.8	6.1	6.0	5.0	3.5	0.0

表 7-6　聚类分析第 1 步的最小距离

物种	G_1	G_2	G_3	G_4	G_5	G_6
G_1	0.0					
G_2	1.6	0.0				
G_3	2.1	3.3	0.0			
G_4	3.1	3.6	2.4	0.0		
G_5	5.1	5.2	5.2	4.8	0.0	
G_6	5.8	6.1	6.0	5.0	3.5	0.0

重新计算距离矩阵，除了 G_1 和 G_2 合并成 G_7 外，其他各类之间的距离未变，故新距离矩阵中，只需要计算 G_7 与原有 $G_3 \sim G_6$ 各类之间的距离。在计算距离时，可选用不同计算方法，本例以最近邻体法为具体方法，着重说明如何归类。计算可知，

$$d_{7,3} = \min\{d_{1,3}, d_{2,3}\} = \min\{2.1, 3.3\} = 2.1$$

$$d_{7,4} = \min\{d_{1,4}, d_{2,4}\} = \min\{3.1, 3.6\} = 3.1$$

$$d_{7,5} = \min\{d_{1,5}, d_{2,5}\} = \min\{5.1, 5.2\} = 5.1$$

$$d_{7,6} = \min\{d_{1,6}, d_{2,6}\} = \min\{5.8, 6.1\} = 5.8$$

删除已经合并的类 G_1 和 G_2，增添新出现的类 G_7，则新的距离矩阵为表 7-7。需要说明的是，这里计算新的距离矩阵时，并未使用式(7-36)，而是根据最近邻体法的本质含义，直接得到了距离矩阵。实际上，也可以按照式(7-36)进行计算，对于最近邻体法，式(7-36)的系数为

$$\alpha_A = \frac{1}{2}, \alpha_B = \frac{1}{2}, \beta = 0, \gamma = -\frac{1}{2}$$

表 7-7　聚类分析第 2 步的最小距离

物种	G_3	G_4	G_5	G_6	G_7
G_3	0.0				
G_4	2.4	0.0			
G_5	5.2	4.8	0.0		
G_6	6.0	5.0	3.5	0.0	
G_7	2.1	3.1	5.1	5.8	0.0

当将 G_1、G_2 合并为 G_7 后，需要重新计算 G_7 和 G_3、G_4、G_5、G_6 之间的距离。令样方 1 为 A，样方 2 为 B，则 G_7 与样方 3(看作 C)之间的距离

$$D_{3(1+2)} = \frac{1}{2}D_{31} + \frac{1}{2}D_{32} - \frac{1}{2}\left|D_{31} - D_{32}\right| = \frac{1}{2} \times 2.1 + \frac{1}{2} \times 3.3 - \frac{1}{2} \times |2.1 - 3.3| = 2.1$$

同样地，可计算 G_7 与样方 4 的距离

$$D_{4(1+2)} = \frac{1}{2}D_{41} + \frac{1}{2}D_{42} - \frac{1}{2}\left|D_{41} - D_{42}\right| = \frac{1}{2} \times 3.1 + \frac{1}{2} \times 3.6 - \frac{1}{2} \times |3.1 - 3.6| = 3.1$$

其余类似，略去。

继续按照最近归为一类，可知在表 7-7 中，最小的数据为 $d_{7,3} = 2.1$，则把 G_3 与 G_7 合并成新的 G_8，则得到 $G_8=\{G_3,\ G_7\}$，重新计算 G_8 到 $G_4 \sim G_6$ 的距离，得

$$d_{8,4} = \min\{G_{7,4}, G_{3,4}\} = \min\{3.1, 2.4\} = 2.4$$

$$d_{8,5} = \min\{G_{7,5}, G_{3,5}\} = \min\{5.1, 5.2\} = 5.1$$

$$d_{8,6} = \min\{G_{7,6}, G_{3,6}\} = \min\{5.8, 6.0\} = 5.8$$

删除已经合并的类 G_3 和 G_7，增添新出现的类 G_8，则新的距离矩阵为表 7-8 所示。

表 7-8　聚类分析第 3 步的最小距离

物种	G_4	G_5	G_6	G_8
G_4	0.0			
G_5	4.8	0.0		
G_6	5.0	3.5	0.0	
G_8	2.4	5.1	5.8	0.0

再次重复上述做法，得到最小的数据为 $d_{8,4} = 2.4$，则把 G_4 与 G_8 合并成新的 G_9，则有 $G_9=\{G_4, G_8\}$，重新计算 G_9 到 $G_5 \sim G_6$ 的距离，得

$$d_{9,5} = \min\{G_{4,5}, G_{8,5}\} = \min\{4.8, 5.1\} = 4.8$$

$$d_{9,6} = \min\{G_{4,6}, G_{8,6}\} = \min\{5.0, 5.8\} = 5.0$$

删除已经合并的类 G_3 和 G_7，增添新出现的类 G_9，则新的距离矩阵为表 7-9 所示。

表 7-9　聚类分析第 4 步的最小距离

物种	G_5	G_6	G_9
G_5	0.0		
G_6	3.5	0.0	
G_9	4.8	5.0	0.0

继续重复上述做法，得到最小数据 $d_{5,6} = 3.5$，则把 G_5 与 G_6 合并成新的 G_{10}，则有 $G_{10}=\{G_5, G_6\}$，重新计算 G_{10} 到 G_9 的距离，得

$$d_{10,9} = \min\{G_{5,9}, G_{6,9}\} = \min\{4.8, 5.0\} = 4.8$$

删除已经合并的类 G_5 和 G_6，增添新出现的类 G_{10}，则新的距离矩阵为表 7-10 所示。

最后将二者合并，得到整个归类，其谱系图如图 7-2 所示。

表 7-10　聚类分析第 5 步的最小距离

物种	G_9	G_{10}
G_9	0.0	
G_{10}	4.8	0.0

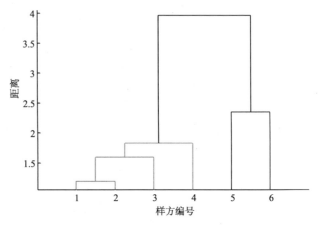

图 7-2　6 个样方最近邻体法的聚合冰柱图

二、几种常用的聚合策略

在上述实例中，形成新距离矩阵时，采用了最近邻体法的策略，除此之外，还可以采用其他的聚合策略。

(一) 最近邻体法

最近邻体法(nearest neighbor)，顾名思义，是将一个样方和一个样方组间的距离定义为该样方与这组中最近的一个样方间的距离，即最小距离。这一聚合策略相当于距离模型(7-36)中的系数取值为

$$\alpha_A = \frac{1}{2}, \alpha_B = \frac{1}{2}, \beta = 0, \gamma = -\frac{1}{2}$$

(二) 最远邻体法

最远邻体法(furthest neighbor)与最近邻体法相反，它将某一样方与一个样方组间的距离定义为该样方与样方组中最远的一个样方间的距离，即最大距离。这一聚合策略相当于距离模型(7-36)中的系数取值为

$$\alpha_A = \frac{1}{2}, \alpha_B = \frac{1}{2}, \beta = 0, \gamma = \frac{1}{2}$$

(三) 中值法

中值法(mid-value clustering)也称中线法(median)，当两个样方合并时，将新形成的组置于两个样方的中间(中点)，并把这个新组当作一个新样方，重复此过程即可。该方法每一步实际上都是在合并两个样方，因此结果较为合理。这一聚合策略相当于距离模型(7-36)中的系数取值为

$$\alpha_A = \frac{1}{2}, \alpha_B = \frac{1}{2}, \beta = -\frac{1}{4}, \gamma = 0$$

(四) 形心法

形心法(centroid)也称重心法，是将两个样方组间的距离定义为两个组形心间的距离。组

形心指组内所有样方间距离的平均。该方法的系数与执行合并的两个样方组所含的样方数有关，即距离模型(7-36)中的系数取值为

$$\alpha_A = \frac{n_A}{n_A + n_B}, \quad \alpha_B = \frac{n_B}{n_A + n_B}, \quad \beta = -\frac{n_A n_B}{(n_A + n_B)^2}, \quad \gamma = 0 \tag{7-37}$$

其中，n_A 和 n_B 分别为样方组 A 与 B 所含的样方数。

(五) 组平均法

组平均法(group averaging)也称平均连线法，两个样方组间的距离取两个组间所有可能样方成对距离的平均值。这一聚合策略相当于距离模型(7-36)中的系数取值为

$$\alpha_A = \frac{n_A}{n_A + n_B}, \quad \alpha_B = \frac{n_B}{n_A + n_B}, \quad \beta = 0, \quad \gamma = 0 \tag{7-38}$$

(六) 离差平方和法

离差平方和法(incremental sum of square)也称 Ward 法，它将两个样方组间的距离定义为这两个组合并后所带来的离差平方和的增加量。这一聚合策略相当于距离模型(7-36)中的系数取值为

$$\alpha_A = \frac{n_C + n_A}{n_C + n_A + n_B}, \quad \alpha_B = \frac{n_C + n_B}{n_C + n_A + n_B}, \quad \beta = \frac{n_C}{n_A + n_B + n_C}, \quad \gamma = 0 \tag{7-39}$$

其中，n_A、n_B 和 n_C 分别为样方组 A、B、C 所含的样方数。

(七) 可变聚合法

可变聚合法(flexible clustering)没有自己固定的聚合策略，它认为距离模型(7-36)中的系数取值是可变的，并具有如下的关系：

$$\alpha_A = \alpha_B, \quad \beta < 1, \quad \alpha_A + \alpha_B + \beta = 1, \quad \gamma = 0 \tag{7-40}$$

上述 7 种策略的系数归纳如表 7-11 所示。

表 7-11　聚合策略的系数

聚合策略	系数				英文代号
	α_A	α_B	β	γ	
最近邻体法	$\frac{1}{2}$	$\frac{1}{2}$	0	$-\frac{1}{2}$	single
最远邻体法	$\frac{1}{2}$	$\frac{1}{2}$	0	$\frac{1}{2}$	complete
中值法	$\frac{1}{2}$	$\frac{1}{2}$	$\frac{1}{4}$	0	median
形心法	$\frac{n_A}{n_A + n_B}$	$\frac{n_B}{n_A + n_B}$	$-\frac{n_A n_B}{(n_A + n_B)^2}$	0	centroid
组平均法	$\frac{n_A}{n_A + n_B}$	$\frac{n_B}{n_A + n_B}$	0	0	average
离差平方和法	$\frac{n_C + n_A}{n_C + n_A + n_B}$	$\frac{n_C + n_B}{n_C + n_A + n_B}$	$\frac{n_C}{n_A + n_B + n_C}$	0	ward
可变聚合法	$\alpha_A = \alpha_B$	$\alpha_A = \alpha_B$	$\beta < 1$	0	weighted
	$\alpha_A + \alpha_B + \beta = 1$				

三、等级聚类分析的 MATLAB 实现

　　进行聚类分析需要大量的计算，这就需要使用专门的分析软件，为方便学习与使用，笔者根据聚类分析的原理，编写了如下的 PheneticClassify 函数，函数的说明部分有详细的使用指南与样例，供读者模仿使用。需要注意的是，原始数据的标准化方法、样方的相似性度量方法及类间距离计算方法都对聚类结果有影响，选用的方法不同，得到的聚类结果也会有所差异。

```
function PheneticClassify(x,rc,tramed,inGroup,exGroup)
%函数名称:PheneticClassify.m
%实现功能:读入数据矩阵,并对行数据进行聚类分析.
%输入参数:函数共有5个输入参数,含义如下:
%          :(1),x,原始数据矩阵.
%          :(2),rc,行列转换指示,取'r'对行数据进行聚类;取'c'对列数据进行聚类.
%          :(3),tramed,字符串变量,用来指定原始数据的标准化方法.选用下述方法之一:
%          :     (a). 'centralized'        =>   中心化变换.
%          :     (b). 'standard'           =>   标准化变换.
%          :     (c). 'rangeStandard'      =>   极差标准化变换.
%          :     (d). 'rangeRegularized'   =>   极差正规化变换.
%          :     (e). 'logarithm'          =>   对数变换.
%          :     (f). 'zscore'             =>   MATLAB自带zscore选项,缺省默认设置.
%          :     (g). 'none'               =>   不进行标准化,在样方聚类中,不一定进行标准化.
%          :(4),inGroup,字符串变量,用来指定样品/样方的相似性度量类型方法.选用下述方法之一:
%          :     (a). 'chebychev'          =>   切比雪夫距离
%          :     (b). 'cityblock'          =>   布洛克距离
%          :     (c). 'correlation'        =>   皮尔逊相关系数
%          :     (d). 'cosine'             =>   夹角余弦系数
%          :     (e). 'euclidean'          =>   欧氏距离,缺省默认设置.
%          :     (f). 'hamming',           =>   汉明距离
%          :     (g). 'jaccard'            =>   Jac系数
%          :     (h). ,'mahalanobis'       =>   马氏距离
%          :     (i). ,'minkowski'         =>   明可夫斯基距离
%          :     (j). 'seuclidean'         =>   标准化欧氏距离
%          :     (k). 'spearman'           =>   斯皮尔曼相关系数
%          :(5),exGroup,字符串变量,用来指定类间距离计算方法.选用下述方法之一:
%          :     (a). 'single'             =>   最近邻体法,缺省默认设置.
%          :     (b). 'complete'           =>   最远邻体法.
%          :     (c). 'median'             =>   中值法.
%          :     (d). 'centroid'           =>   形心法.
%          :     (e). 'average'            =>   组平均法.
%          :     (f). 'ward'               =>   离差平方和法(平方和递增法).
%          :     (g). 'weighted'           =>   可变聚合法.
%输出参数:函数默认无输出参数.
%函数调用:实现函数功能不需要调用子函数.
%参考文献:实现函数算法,参阅了以下文献资料:
```

```
%              :(1),马寨璞,MATLAB语言编程[M],北京:电子工业出版社,2017.
%原始作者:马寨璞,wdwsjlxx@163.com.
%创建时间:2019.05.30,17:49:26.
%当前版本:1.1
%版权声明:未经作者许可,任何单位及个人不得以任何方式或理由网上传播、贩卖本代码!
%验证说明:本函数在MATLAB2017b,2018b等版本运行通过.
%使用样例:常用以下格式,请参考数据格式并准备.
%       例1: clear;close all;clc;
%              x=randi([10,30],[10,18])
%              PheneticClassify(x)
%       例2: 全参数设置
%              x=randi([10,30],[10,18])
%              tramed='standard';
%              inGroup='cosine';
%              exGroup='complete';
%              PheneticClassify(x,'c',tramed,inGroup,exGroup)
%
%设置数据标准化参数
if nargin<2||isempty(rc)
    rc='r'; %  按行聚类
else
    rc=internal.stats.getParamVal(rc,{'r','c'},'TYPE'); %  按列聚类
end
if nargin<3||isempty(tramed)
    tramed= 'zscore';
elseif ischar(tramed)
    FirstLibrary={'centralized','standard','rangeStandard','rangeRegularized',....
        'logarithm','zscore','none'};
    tramed=internal.stats.getParamVal(tramed,FirstLibrary,'TYPE');
else
    error('数据标准化方法: 参数输入错误! ')
end
%设置样本点之间的距离参数
if nargin<4||isempty(inGroup)
    inGroup='euclidean';
elseif ischar(inGroup)
    SecondLibrary={'chebychev','cityblock','correlation','cosine','euclidean',....
        'hamming','jaccard','mahalanobis','minkowski','seuclidean','spearman'};
    inGroup=internal.stats.getParamVal(inGroup,SecondLibrary,'TYPE');
else
    error('计算样本之间距离参数输入错误! ')
end
%设置类间距离参数
if nargin<5||isempty(exGroup)
    exGroup='single';
```

```
    elseif ischar(exGroup)
        ThirdLibrary={'average','centroid','complete','median','single','ward','weighted'};
        exGroup=internal.stats.getParamVal(exGroup,ThirdLibrary,'TYPE');
    else
        error('计算两类之间距离参数输入错误！')
    end
    if strcmpi(rc,'c'),x=x';end
    %去除原始数据的NaN数据
    [nRs,～]=find(isnan(x)==1);
    if ～isempty(nRs), x(nRs,:)=[]; end
    %数据标准化
    [～,nCols]=size(x);
    cMean=mean(x,1);                          % 列的均值
    switch tramed
        case 'centralized'
            for jc=1:nCols
                x(:,jc)=x(:,jc)-cMean(jc);
            end
        case 'standard'
            cSigmas=std(x,0,1); % 列的标准差
            for jc=1:nCols
                x(:,jc)=(x(:,jc)-cMean(jc))/cSigmas(jc);
            end
        case 'rangeStandard'
            cRanges=range(x,1);% 列的极差
            for jc=1:nCols
                x(:,jc)=(x(:,jc)-cMean(jc))/cRanges(jc);
            end
        case 'rangeRegularized'
            cMin=min(x,[],1);   % 列的极小
            for jc=1:nCols
                x(:,jc)=(x(:,jc)-cMean(jc))/cMin(jc);
            end
        case 'logarithm'
            [nRs,～]=find(x<0);
            if ～isempty(nRs)
                error('负数不能使用对数变换！');
            else
                x=arrayfun(@log,x);
            end
        case 'zscore'
            x=zscore(x);
        case 'none'
            fprintf('本次计算选定了不进行数据标准化!\n' );
    end
```

```
% 计算距离函数
Y=pdist(x,inGroup);S=squareform(Y);
fprintf('\n计算得到%s距离\n',inGroup);disp(S);
% 创建系统聚类树
Z=linkage(Y,exGroup);
disp('系统聚类树,数据值如下');disp(Z);fprintf('\n');
% 绘制冰柱图
[H,～]=dendrogram(Z,0,'Orientation','top','ColorThreshold','default');
set(gcf,'color','w','Pos',[300,400,1500,400]);
set(H,'LineWidth',1.2);
set(gca,'fontsize',16,'linewidth',1.2,'Fontname','Times');
xlabel('Sample No.');ylabel(sprintf('Dist: %s',exGroup));
% 检验
C=cophenet(Z,Y);
fprintf('本次计算中:\n\t%s%s\n\t%s%s\n\t%s%s\n\t%s%7.4f',...
    '数据标准化方法：',tramed,...
    '类内相似类型：',inGroup,...
    '类间距离方法：',exGroup,...
    '协相关系数： C =',C);
fprintf('\n');
```

第三节 关联分析法

前面介绍了等级聚类方法，等级聚类自单一样方开始，由两个样方合并为一组开始，再将第三个合并进入(或新的两个样方合二为一)，整个过程是"由小到大"，逐渐将所有样方纳入到更大的类别中，最终所有的样方都归为一类。

与等级聚类相比，等级分划法(hierarchical divisive)的运作方向则与之相反，属于从"顶层"开始的分类过程。该类方法从样方总体开始，全部样方归为一组，然后逐步一分为二，二分为四(不能分划的子部则停止分划)，逐级分割，整个过程是"由大到小"，直到根据终止规则不能再细分为止，最终每一个样方都会被分划到不同的组中。

等级分划法又可分为单元分划法和多元分划法两种，单元分划法只适用于二元数据，每次分划的依据是单元中是否存在某个物种，常用的方法有：①关联分析法(association analysis)；②组分析法(group analysis)；③信息分划法(information division)等，其中关联分析法最为经典，本节学习该方法的具体使用。

一、原理与步骤

关联分析法以2×2的列联表为基础，计算种间的相关性，在分划时，选择一个与其他物种明显相关的标志种，根据该物种的存在与否，将样方分为两组，然后在新分得的两组基础上，重新实施上述过程，直到不满足分划条件终止。在选择标志种和确定终止原则时，常常使用χ^2系数进行评测。关联分析法的基本步骤如下。

第一步，计算种间关联，得到关联系数矩阵。具体地，按照表7-1的格式布置统计得到的数据，以式(7-25)或式(7-26)计算两个物种的关联程度，并使用 χ^2 检验对计算各值进行检验，不显著的关联程度按 0 记录，物种自相关按 0 记录，不予计算，由此得到对称的系数矩阵 C。

　　第二步，选定临界种，并依此对样方进行分划。对得到的关联矩阵 C，求矩阵各行(或列)元素之和，即

$$C_i = \sum_{j=1}^{P} c_{ij}, (i, j = 1, 2, \cdots, P) \tag{7-41}$$

其中，c_{ij} 为 C 中第 i 行第 j 列的元素；P 为物种的个数。计算得到的 C_i 表示在整个样方组中，物种 i 与其他物种的总关联，选择 C_i 最大的物种作为标志种(分组临界种)，根据标志种的存在与否，将样方组分为两个新组。

　　第三步，返回到第一步，对新得到的两个样方组进行再分划，再分划前需要重新计算关联矩阵。重复上述过程，直到新得到的样方组内种间关联系数全部为 0，此时这组样方具有同质性，不再进行细分，终止分划。在执行新分划时，上次使用过的标志种就不再使用，也无法使用，因为在关联系数矩阵中，它对应的值或者全部为 0，或者全部为 1，对分类已不起作用。

二、实例计算

　　例 3　表 7-12 给出了初始的含 18 个物种 22 个样方的模拟数据，试对此进行关联分析。

表 7-12　含 18 个物种 22 个样方的关联分析法示例模拟数据

物种	样方																					
	1	2	3	4	5	6	7	8	9	10	11	12	13	14	15	16	17	18	19	20	21	22
1	1	0	0	0	0	0	0	0	0	0	0	0	0	1	1	1	1	1	1	0	0	0
2	0	1	0	1	0	0	1	1	0	1	0	1	1	0	0	1	0	1	1	1	0	1
3	0	0	1	0	1	1	0	0	0	0	0	0	0	0	1	1	0	1	0	0	1	1
4	1	1	0	0	1	0	1	0	1	0	0	1	1	1	1	1	0	0	0	0	0	1
5	0	1	1	1	1	0	1	1	1	1	1	0	0	0	1	0	1	0	1	0	1	0
6	0	1	0	0	1	1	1	0	1	0	0	0	0	0	1	0	0	0	0	1	1	0
7	0	1	0	1	0	0	0	0	0	0	1	1	0	1	0	1	1	0	1	0	1	0
8	0	1	0	0	0	0	1	0	1	0	0	0	0	0	1	1	0	0	0	0	0	0
9	0	1	0	0	1	0	0	0	0	0	0	0	0	1	0	1	0	0	0	0	1	1
10	1	1	0	1	0	1	1	1	0	1	0	1	1	0	1	0	0	0	1	0	0	0
11	1	0	0	0	1	1	1	1	1	1	1	0	1	1	0	0	1	0	1	1	0	0
12	1	0	0	0	1	1	1	0	0	0	1	1	0	0	0	1	1	0	1	0	1	0
13	0	0	0	0	1	1	1	0	0	1	0	1	0	0	0	1	1	0	1	1	1	1
14	0	0	0	0	0	0	1	1	1	1	0	0	0	0	1	1	1	0	1	0	1	0
15	0	1	1	0	1	0	0	0	0	1	0	1	0	1	1	0	1	1	0	1	0	0
16	0	1	1	0	0	1	0	0	0	1	0	0	0	1	1	1	0	1	0	0	1	1
17	1	0	0	1	0	0	0	0	0	0	0	0	0	0	0	0	0	0	0	0	0	0
18	0	0	1	0	0	0	0	1	0	1	0	1	0	1	0	0	0	1	1	1	1	1

解：第一步，计算关联系数矩阵。在计算关联系数矩阵之前，首先需要建立两个物种之间的 2×2 列联表。以物种 1 和物种 2 为例，根据上述调查数据，可知：两个物种同时存在的样方 3 个，即 $a=3$；物种 1 不出现但物种 2 出现的 4 个，即 $b=4$；物种 1 出现但物种 2 不出现的 9 个，即 $c=9$；两个物种都不出现的样方 6 个，即 $d=6$。由此整理成 2×2 列联表，结果列于表 7-13。

表 7-13　物种 1 和物种 2 的列联表

		物种 1		合计
		出现	不出现	
物种 2	出现	3	4	7
	不出现	9	6	15
合计		12	10	22

在此基础上，通过式(7-25)或式(7-26)计算 χ^2 系数或均匀系数 V^2，这里选用 V^2，则

$$V^2 = \frac{(ad-bc)^2}{(a+b)(a+c)(d+b)(d+c)} = \frac{(3\times6-4\times9)^2}{(3+4)(3+9)(4+6)(6+9)} = 0.0257$$

查取检验临界值，得到显著性水平 $\alpha=0.05$ 时的临界值为 0.1746，显然 V^2 小于该临界值，表明物种 1 和物种 2 之间的关联不显著，其均匀系数记为 0。这个过程包含了 4 个小步骤：①统计产生 a，b，c，d；②计算两个物种之间的 V^2；③检验 V^2 显著性；④根据检验结果记为 0 或保留原值。重复上述这 4 个小步骤，遍历所有两两物种之间的关系，得到关联系数矩阵 C。

$$C = \begin{bmatrix}
0 & 0 & 0 & 0 & 0 & 0 & 0 & 0 & 0.2480 & 0.1798 & 0 & 0 & 0 & 0 & 0 & 0 & 0 & 0 \\
0 & 0 & 0.2012 & 0 & 0 & 0 & 0 & 0 & 0 & 0 & 0 & 0 & 0 & 0 & 0 & 0 & 0 & 0 \\
0 & 0.2012 & 0 & 0 & 0 & 0 & 0 & 0 & 0 & 0 & 0.2480 & 0 & 0 & 0 & 0 & 0 & 0 & 0 \\
0 & 0 & 0 & 0 & 0 & 0 & 0 & 0 & 0 & 0 & 0 & 0 & 0 & 0 & 0 & 0 & 0 & 0 \\
0 & 0 & 0 & 0 & 0 & 0 & 0 & 0 & 0 & 0 & 0 & 0.3214 & 0 & 0 & 0 & 0 & 0 & 0 \\
0 & 0 & 0 & 0 & 0 & 0 & 0 & 0 & 0.1908 & 0 & 0 & 0 & 0 & 0 & 0 & 0 & 0 & 0 \\
0 & 0 & 0 & 0 & 0 & 0 & 0 & 0 & 0 & 0 & 0 & 0 & 0 & 0 & 0 & 0 & 0 & 0 \\
0 & 0 & 0 & 0 & 0 & 0 & 0 & 0 & 0 & 0 & 0 & 0 & 0 & 0 & 0 & 0 & 0.2503 & 0 \\
0.2480 & 0 & 0 & 0 & 0 & 0.1908 & 0 & 0 & 0 & 0 & 0 & 0 & 0 & 0 & 0 & 0 & 0 & 0 \\
0.1798 & 0 & 0 & 0 & 0 & 0 & 0 & 0 & 0 & 0 & 0 & 0 & 0 & 0 & 0 & 0 & 0 & 0 \\
0 & 0 & 0.2480 & 0 & 0 & 0 & 0 & 0 & 0 & 0 & 0 & 0 & 0 & 0 & 0 & 0 & 0 & 0 \\
0 & 0 & 0 & 0 & 0.3214 & 0 & 0 & 0 & 0 & 0 & 0 & 0 & 0 & 0 & 0 & 0 & 0 & 0 \\
0 & 0 & 0 & 0 & 0 & 0 & 0 & 0 & 0 & 0 & 0 & 0 & 0 & 0 & 0 & 0 & 0 & 0 \\
0 & 0 & 0 & 0 & 0 & 0 & 0 & 0 & 0 & 0 & 0 & 0 & 0 & 0 & 0 & 0 & 0 & 0 \\
0 & 0 & 0 & 0 & 0 & 0 & 0 & 0 & 0 & 0 & 0 & 0 & 0 & 0 & 0 & 0 & 0 & 0 \\
0 & 0 & 0 & 0 & 0 & 0 & 0 & 0 & 0 & 0 & 0 & 0 & 0 & 0 & 0 & 0 & 0.3293 & 0 \\
0 & 0 & 0 & 0 & 0 & 0 & 0 & 0.2503 & 0 & 0 & 0 & 0 & 0 & 0 & 0 & 0.3293 & 0 & 0 \\
0 & 0 & 0 & 0 & 0 & 0 & 0 & 0 & 0 & 0 & 0 & 0 & 0 & 0 & 0 & 0 & 0 & 0
\end{bmatrix}$$

第二步，选定临界种，并依此对样方进行分划。求矩阵 C 各行(或列)元素之和，这里按列求和，结果如下，0.4278，0.2012，0.4491，0，0.3214，0.1908，0，0.2503，0.4388，0.1798，0.2480，0.3214，0，0，0，0.3293，0.5796，0，其中第 17 列的列和 0.5796 最大，故选择物种 17 为临界种。根据样方中是否存在物种 17，将原 22 个样方分划为 2 组，含临界种 17 的样方编号为(1，3，4，5，9，10，11，12，13，15，16，18)，不含临界种 17 的样方编号为(2，6，7，8，14，17，19，20，21，22)。具体分组结果(各样方编号，下同)如图 7-3 所示。

图 7-3　以物种 17 为临界种分划分组结果

其中左侧样方含临界种，右侧不含临界种(下同)，至此，第一轮计算已经完成。这里再次重点强调，图 7-3 中的分组数字是样方编号，不是物种的编号，但(17)是分类种的编号，不要混淆。

第一轮计算结束后，原样方被分成了两组，下面对新得到的两个分组实施第二轮分划过程。对图 7-3 中左侧编号为(1，3，4，5，9，10，11，12，13，15，16，18)的样方分组进行计算，主要步骤结果如下。

(1)处理样方编号(1，3，4，5，9，10，11，12，13，15，16，18)得到关联矩阵 C，对 C 的各列求和，确定临界种。各列求和如下，0.4318，0.3333，<u>0.9333</u>，0，0.4318，0.7890，0.7890，0.5102，0.7143，0，0.6000，0，0，0，0，0，0，0.5102，其中第三列和最大。

(2)根据列和得临界种 3。分划后，含临界种 3 的样方为(3，5，15)，不含临界种 3 的样方为(1，4，9，10，11，12，13，16，18)。

(3)样方编号分组如图 7-4 所示。

图 7-4　以物种 3 为临界种分划分组结果　　　图 7-5　以物种 5 为临界种分划分组结果

第三轮处理样方编号(3，5，15)，关联矩阵元素全部为 0，种间关联不显著，这一分支不再继续分组，递归结束。

继续第四轮计算，本轮计算处理样方编号(1，4，9，10，11，12，13，16，18)，得临界种 5，分划后，含临界种 5 的样方为(4，9，10，11)，不含临界种 5 的样方为(1，12，13，16，18)，样方编号分组如图 7-5 所示。

第五轮递归计算，处理样方编号(4，9，10，11)，得临界种 2，分划后，含临界种 2 的样方为(4，10)，不含临界种 2 的样方为(9，11)，样方编号分组如图 7-6 所示。

图 7-6　以物种 2 为临界种分划分组结果　　　图 7-7　以物种 6 为临界种分划分组结果

第六轮递归计算，处理样方编号(1，12，13，16，18)，得临界种 6，分划后，含临界种 6 的样方为(12，16)，不含临界种 6 的样方为(1，13，18)，样方编号分组如图 7-7 所示。

第七轮递归计算，处理样方编号(1，13，18)，关联矩阵全 0，关联不显著，这一分支不再继续分组。

第八轮递归计算，处理第一次分组的另一分支，样方编号（2，6，7，8，14，17，19，20，21，22），得临界种 5，分划后，含临界种 5 的样方为(2，7，8，14，17，19，21)，不含临界种 5 的样方为(6，20，22)，样方编号分组如图 7-8 所示。

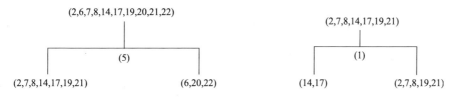

图 7-8 以物种 5 为临界种分划分组结果　　　图 7-9 以物种 1 为临界种分划分组结果

第九轮递归计算，处理样方编号(2，7，8，14，17，19，21)，得临界种 1，分划后，含临界种 1 的样方为(14，17)，不含临界种 1 的样方为(2，7，8，19，21)，样方编号分组如图 7-9 所示。

第十轮递归计算，处理样方编号(2，7，8，19，21)，得临界种 2，分划后，含临界种 2 的样方为(2，7，8，19)，不含临界种 2 的样方为(21)，样方编号分组如图 7-10 所示。

图 7-10 以物种 2 为临界种分划分组结果　　　图 7-11 以物种 4 为临界种分划分组结果

第十一轮递归计算，处理样方编号(2，7，8，19)，得临界种 4，分划后，含临界种 4 的样方为(2，7)，不含临界种 4 的样方为(8，19)，样方编号分组如图 7-11 所示。

第十二轮递归计算，处理样方编号(6，20，22)，关联矩阵全 0，关联不显著，这一分支不再继续分组。至此所有递归计算结束。样方的总分划图如图 7-12 所示。

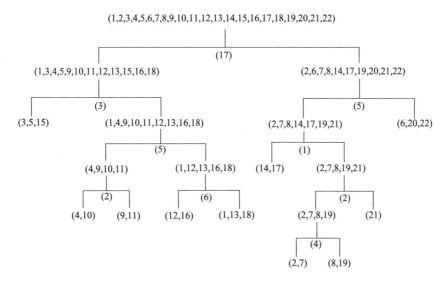

图 7-12 总分划分组结果

三、关联分析法的 MATLAB 实现

(一) 实例计算的实现

关联分析法的计算稍显复杂,为了便于读者理解分划计算的每一个步骤,笔者编写了计算关联分析的一组函数,包括①AssociateAnalysis;②Make2x2Table;③ChiSqu;④PrintRelation 4 个函数,每个函数的注释部分都详细介绍了函数的用法,并给出了运行样例,4 个函数中,AssociateAnalysis 为主函数。前述例题的具体实现如下:

```
clear; close all; clc;
X=[
    1,0,0,0,0,0,0,0,0,0,0,0,1,1,1,1,1,1,0,0,0,0; 0,1,0,1,0,0,1,1,0,1,0,1,1,0,0,1,0,1,1,1,0,1;
    0,0,1,0,1,1,0,0,0,0,0,0,1,1,0,1,0,0,1,0,1; 1,1,0,0,1,0,1,0,1,0,0,1,0,1,1,1,1,0,0,0,0,1;
    0,1,1,1,1,0,1,1,1,1,1,0,0,1,1,0,1,0,1,0,1,0; 0,1,0,0,1,1,1,0,1,0,1,0,1,1,0,0,0,1,0,0,0,0,1,0;
    0,1,1,0,1,0,0,0,0,0,1,1,0,1,0,1,1,0,1,0,0,0,1,1,1,1,1,0,1,1,1,1;
    0,1,1,0,1,0,0,1,1,1,1,0,0,1,1,0,0,1,1,1,1; 1,1,1,0,1,1,1,1,1,0,1,1,0,1,0,0,0,0,1,0,0,1;
    1,0,0,1,1,1,1,1,1,1,1,1,1,1,0,1,0,1,1,0,0,0; 1,0,1,0,1,1,1,0,0,0,0,1,1,0,0,0,1,1,0,1,0,1;
    0,0,0,0,1,1,0,0,1,1,0,0,1,0,0,1,1,0,1,1,1,1; 0,0,0,0,0,1,1,1,1,1,0,0,0,0,0,1,1,1,1,1,0,1,0;
    0,1,1,0,1,1,1,1,0,0,0,1,1,1,1,0,1,1,1,0,0; 0,1,1,0,1,0,1,0,0,0,0,1,1,0,1,1,0,1,1,0,1,1,1,1;
    1,0,1,1,1,0,0,0,1,1,1,1,1,0,1,1,0,1,0,0,0,0; 0,0,1,0,0,0,1,0,1,0,1,0,1,1,0,0,0,1,1,1,1,1;
    ];
z=AssociateAnalysis(X,[],0.05);
```

(二) 函数源码

1. 主函数 AssociateAnalysis

```
function [zu]=AssociateAnalysis(A,R,p)
%函数名称:AssociateAnalysis.m
%实现功能:关联分析法,只适用于二元数据.
%输入参数:函数共有3个输入参数,含义如下:
%         :(1),A,原始样方与物种的二元数据矩阵,默认每行对应一个物种,每列对应一个样方.
%         :(2),R,要分组的样方编号,初次运算为1到列号.
%         :(3),p,显著性水平,缺省默认0.05.
%输出参数:函数默认1个输出参数,含义如下:
%         :(1),zu,存放样方分组结果的cell数组,结构为1*4维,四部分分别为:
%         :  1)原始样方编号;2)分组依据物种号;3)含分类依据的分组;4)不含分类依据的分组.
%函数调用:实现函数功能需要调用3个子函数,说明如下:
%         :(1),make2x2Table,根据给出的物种和样方数据,形成两物种的二维列联表.
%         :(2),ChiSqu,计算二维列联表的卡方值.
%         :(3),PrintRelation,用来输出文本格式的分组示意图.
%参考文献:实现函数算法,参阅了以下文献资料:
%         :(1),马寨璞,MATLAB语言编程[M],北京:电子工业出版社,2017.
%         :(2),张金屯,数量生态学(第二版)[M],北京:科学出版社,2011.
%原始作者:马寨璞,wdwsjlxx@163.com.
%创建时间:2018.11.08,21:03:24.
%版权声明:未经作者许可,任何人不得以任何方式或理由对本代码进行网上传播、贩卖等.
%验证说明:本函数在MATLAB 2017a,2108b等版本运行通过.
```

```
%使用样例:常用以下两种格式,请参考准备数据格式等:
%          :例1,使用全参数格式:
%               A=[1,1,1,0,0,1,1;1,0,0,0,1,1,0;0,1,0,1,1,0,0;1,1,1,1,0,1,1;
%                  0,0,0,1,1,1,0;1,0,0,1,1,1,0];
%               p=0.10; R=1:size(A,2);
%               AssociateAnalysis(A,R,p);
%          :例2,使用缺省参数格式:
%               A=randi([0,1],[7,10]) %  随机数据不一定合适,仅供参考格式
%               z=AssociateAnalysis(A);cellplot(z)
%
%  设置第1个输入参数
if nargin<1||isempty(A)
    error('No input!');
else
    [row,col]=size(A);
end
%  设置第2个输入参数
if nargin<2||isempty(R),R=1:col;end
%  设置第3个输入参数
if nargin<3||isempty(p)
    p=0.05;%  缺省默认值
else
    ps=[0.10,0.05,0.025,0.01,0.001]; %参数p的取值限定范围
    if  ～ismember(p,ps),error('检验水平不符合习惯!');end
end
zu=cell(1,4);fprintf('\n\n新一轮递归计算:\n');
fprintf('处理样方编号:');fprintf('%d,',R);
%  计算关联矩阵
asan=zeros(row);   %  关联矩阵初始化  asan=Associate Analysis
for ir=1:row
    x=A(ir,:);
    for jr=1:row
        y=A(jr,:);
        if ir～=jr %  计算关联矩阵
            tb2x2= Make2x2Table(x,y);
            types='v2';
            asan(ir,jr)=ChiSqu(tb2x2,types,p);
        end
    end
end
%  disp('关联矩阵如下：');disp(asan);
%  选择临界种
cs=sum(asan,2); %  求行和
%  disp('关联矩阵列求和：');disp(cs)
ljz=find(cs==max(cs)); %  保存临界种ljz的编号
```

```
if length(ljz)>1          %  处理两个以上相同最大值,以第一个为准
    ljz=ljz(1);
end
fprintf('得临界种:%d,', ljz);
%  根据临界种将样方分组
Gis=find(A(ljz,:)==1);      % gis <= Group Include Species
Ges=find(A(ljz,:)==0);      % ges <= Group Exclude Species
Gis0=R(Gis);%  必须返回原始样方编号
fprintf('分划后,含临界种%d的样方为:',ljz);fprintf('%d,',Gis0);
Ges0=R(Ges);fprintf('不含临界种%d的样方为:',ljz);
fprintf('%d,',Ges0);fprintf('\b\n');
%  保存
zu{1,1}=R;        %  原始样方号
zu{1,2}=ljz;      %  分组依据物种
zu{1,3}=Gis0;         %  含据组
zu{1,4}=Ges0;         %  不含据组
fprintf('样方编号分组如下(左侧样方含临界种,右侧不含):\n');PrintRelation(zu);
%  停止递归
if  ~any(asan)
    fprintf('关联矩阵全0,关联不显著,这一分支不再继续分组,递归结束,本次分划无意义! \n');
    return;
end
if isempty(Gis)||isempty(Ges)
    fprintf('计算表明,某一分支为空,分支递归结束! \n');return;
end
%  准备递归
B=A;
if length(Gis)>2
    B(:,Ges)=[]; %  删除含据组
    NewZu=AssociateAnalysis(B,Gis0,p);
    zu=[zu;NewZu];
end
C=A;
if length(Ges)>2
    C(:,Gis)=[];   %  删除不含分组物种的组
    NewZu=AssociateAnalysis(C,Ges0,p);
    zu=[zu;NewZu];
end
```

2. 子函数 PrintRelation

```
function PrintRelation(C)
%函数名称:PrintRelation.m
%实现功能:输出文本格式的分组示意图.
%输入参数:函数共有1个输入参数,含义如下:
%          :(1),C,Cell类型1*4数组,分别存放(1)原始样方号,(2)分组依据物种,(3)含据组,
%          :    (4)不含据组.这里的(不)含据组是指(不)含分类依据物种的分组.例如:
```

```
%                :        C={[1,2,3,4,5,6,7,8,9,10],5,[1,2,4,5,6,9],[3,7,8,10]};
%输出参数:函数默认无输出参数.
%函数调用:实现函数功能不需要调用子函数.
%参考文献:实现函数算法,参阅了以下文献资料:
%        :(1),马寨璞,MATLAB语言编程[M],北京:电子工业出版社,2017.
%原始作者:马寨璞,wdwsjlxx@163.com.
%创建时间:2019.02.14,02:10:14.
%版权声明:未经作者许可,任何人不得以任何方式或理由对本代码进行网上传播、贩卖等.
%验证说明:本函数在MATLAB 2018b等版本运行通过.
%使用样例:常用以下格式,请参考准备数据格式等:
%                PrintRelation(C)
%
%设置第1个输入参数的默认或缺省值
if  ~iscell(C)
    error('请输入cell类型的数据！');
elseif length(C)~=4
    error('输入的cell维数不对,需要1*4的cell！');
else
    Origin=C{1};Basic=C{2};Gis=C{3};Ges=C{4};
end
nOri=length(Origin);
nGis=length(Gis);
nStart=fix(2*nOri/3);   % 源串起始位置
nControl=nGis+1;            % 左侧控制1
% 输出原始编号串
for i=1:nStart+nControl, fprintf('%s',' '); end
fprintf('(');fprintf('%d,',Origin);fprintf('\b)\n');
% 输出分类物种竖线
for i=1:(nStart+nOri+nControl), fprintf('%s',' ');end
fprintf('%s','|'); fprintf('\n');
% 输出横画线
for i=1:nControl, fprintf('%s',' '); end
for i=1:2*(nStart+nOri), fprintf('%s','-');end
fprintf('\n');
% 输出分类物种
for i=1:nControl, fprintf('%s',' ');end
fprintf('%s','|');
for i=1:(nStart+nOri-2), fprintf('%s',' ');end
fprintf('(%d)',Basic);
for i=1:(nStart+nOri-2), fprintf('%s',' ');end
fprintf('%s','|');fprintf('\n');
% 输出含据分组
if isempty(Gis)
    fprintf('%s','(X)');
else
```

```
        fprintf('('); fprintf('%d,',Gis); fprintf('\b)');
end
```

% 输出不含据分组

```
if isempty(Ges)
        for i=1:(nOri+nControl-2), fprintf('%s',' '); end
        fprintf('%s\n','(X)')
else
        for i=1:(nStart+nOri+nControl), fprintf('%s',' '); end
        fprintf('('); fprintf('%d,',Ges); fprintf('\b)\n');
end
```

3.子函数 ChiSqu

```
function chi2=ChiSqu(x,xType,p)
%函数名称:ChiSqu.m
%实现功能:计算二维列联表的卡方值.
%输入参数:函数共有3个输入参数,含义如下:
%            :(1),x,要进行计算的二维列联表矩阵
%            :(2),xType,关联系数类型指示字符串,只有'X2'和'V2'两种,'X2'表示使用卡方系数,
%            :    'V2'表示使用均方系数,缺省默认使用卡方系数.
%            :(3),p,显著性检验水平,默认0.05.
%输出参数:函数默认1个输出参数,含义如下:chi2,卡方值.
%函数调用:实现函数功能不需要调用子函数.
%参考文献:实现函数算法,参阅了以下文献资料:
%            :(1),马寨璞,MATLAB语言编程[M],北京:电子工业出版社,2017.
%            :(2),马寨璞,基础生物统计学[M],北京:科学出版社,2018.
%            :(3),张金屯,数量生态学(第二版)[M],北京:科学出版社,2011.
%原始作者:马寨璞,wdwsjlxx@163.com.
%创建时间:2018.11.08,22:12:08.
%版权声明:未经作者许可,任何人不得以任何方式或理由对本代码进行网上传播、贩卖等.
%验证说明:本函数在MATLAB2017a,2018b等版本运行通过.
%使用样例:常用以下两种格式,请参考准备数据格式等:
%            :例1,使用2参数格式:
%                    x=[2,3;1,1];    chi2=ChiSqu(x,'V2',0.10)
%            :例2,使用缺省参数格式:
%                    x=[2,3;1,1];    chi2=ChiSqu(x)
%
% 检测第1个输入参数
[row,col]=size(x);
if row~=2 ||col~=2
        error('必须输入二元数据列联表!')
elseif sum((x(:))<0)>0
        error('数据中不能出现负值!');
end
% 设置第2个输入参数的默认或缺省值
if nargin<2||isempty(xType)
        xType='X2';
```

else
    tParams={'X2','V2'};xType=internal.stats.getParamVal(xType,tParams,'Types');
end
% 设置第3个输入参数的默认或缺省值
if nargin<3||isempty(p)
    p=0.05;
else
    sigs=[0.10,0.05,0.025,0.01,0.001];%参数sigLevel的取值限定范围
    if ～ismember(p,sigs), error('检验水平不符合习惯!'); end
end
% 计算卡方
a=x(1,1);   b=x(1,2); c=x(2,1);   d=x(2,2); N=sum(x(:));
tp=(a+b)*(c+d)*(a+c)*(b+d);
if abs(tp)<eps, tp=0.001;end
chi2=(a*d-b*c)^2*N/tp;
if strcmpi(xType,'V2')
    chi2=chi2/sum(x(:)); CutOff=chi2inv(1-p,1)/N;
else
    CutOff=chi2inv(1-p,1);
end
if chi2<CutOff,   chi2=0; end

4. 子函数 Make2x2Table

function [tab]=Make2x2Table(x,y)
%函数名称:Make2x2Table.m
%实现功能:根据给出的物种和样方数据,形成两物种的二维列联表.
%输入参数:函数共有2个输入参数,含义如下:
%   :(1),x,物种1的在各样方中存在与否的向量,元素1表示存在,0表示不存在.
%   :(2),y,物种2的在各样方中存在与否的向量,元素1表示存在,0表示不存在.
%输出参数:函数默认1个输出参数,含义如下:
%   :(1),tab,计算得到的二维矩阵.结构如下,
%   :   [a, b]
%   :   [c, d]
%   :其中,元素a表示物种1和物种2都存在的样方数;
%   :   元素b表示物种1存在而物种2不存在的样方数;
%   :   元素c表示物种1不存在而物种2存在的样方数;
%   :   元素d表示物种1和物种2都不存在的样方数;
%函数调用:实现函数功能不需要调用子函数.
%参考文献:实现函数算法,参阅了以下文献资料:
%   :(1),马寨璞,MATLAB语言编程[M],北京:电子工业出版社,2017.
%   :(2),马寨璞,基础生物统计学[M],北京:科学出版社,2018.
%   :(3),张金屯,数量生态学(第二版)[M],北京:科学出版社,2011.
%原始作者:马寨璞,wdwsjlxx@163.com.
%创建时间:2018.11.08,21:54:53.
%版权声明:未经作者许可,任何人不得以任何方式或理由对本代码进行网上传播、贩卖等.
%验证说明:本函数在MATLAB 2017a等版本运行通过.

```
%使用样例:常用以下格式,请参考准备数据格式等:
%                x=[1,1,1,0,0,1,1]; y=[1,0,0,0,1,1,0]; A=Make2x2Table(x,y)
%
%设置第2个输入参数的默认或缺省值
if nargin<2||isempty(y),error('输入参数不够,输入数据不能为空');end
if length(x)~=length(y),error('输入数据个数不匹配!');end
%实施计算
a=sum(and(x,y));tmp=x-y;tmp(tmp==-1)=[];
b=sum(tmp);tmp=y-x;tmp(tmp==-1)=[];
c=sum(tmp);d=sum(and(not(x),not(y)));nSamp=length(x);
if nSamp~=(a+b+c+d)
    error('计算有误!');
else
    tab=[a,b;c,d];
end
```

第四节　双向指示种分析法

与单元分划法相对应的分析方法是多元分划法，多元分划法以整个数据矩阵为基础进行分析，其分析结果要优于单元分划法。多元分划法包括平方和减量法、双向指标种分析法和排序轴分类法等，在这些方法中，双向指示种分析法最重要，也最常用。本节学习它的使用。

一、原理与步骤

双向指示种分析法首先对数据进行对应分析排序，同时得到样方和物种的第一排序轴，再以排序轴为基础进行分类，该法可对样方和物种同时进行分类，下面以样方分类为例，具体说明分析步骤。

第一步，以排序轴为基础进行预分组，求出坐标轴形心，即平均值。

$$\bar{y} = \frac{1}{N}\sum_{j=1}^{N} y_j \tag{7-42}$$

其中，y_j 为第 j 个样方的排序坐标值；N 为样方数。以排序轴的形心为界，将样方分为正、负两组，当 $y_j \leqslant \bar{y}$ 时为负组，以 A_1 标记，当 $y_j > \bar{y}$ 时为正组，以 A_2 标记。

第二步，选取指示种。指示种(indicator species)是对分类有重要意义的物种，一般分布于排序轴的两端。某个物种的指示意义通常以指示值(indicator values)$D(i)$ 表示其大小。

$$D(i) = \left| \frac{n_1(i)}{N_1} - \frac{n_2(i)}{N_2} \right|, (i = 1, 2, \cdots, P) \tag{7-43}$$

其中，P 为物种数；N_1 为 A_1 组的样方数；N_2 为 A_2 组的样方数；$n_1(i)$ 为物种 i 在 A_1 组中出现的样方数；$n_2(i)$ 为物种 i 在 A_2 组中出现的样方数。$D(i)$ 为指示种 i 的指示值，当 $D(i)=1$ 时，物种 i 为完全指示种；当 $D(i)=0$ 时，物种 i 没有指示意义；使用时，选取 $D(i)$ 最大的几个物种(一般选取 5 个)作为指示种。

第三步，计算样方的指示分。对选出的指示种，根据其在正组、负组中出现的情况，分别称为负指示种和正指示种。具体地，当 $\dfrac{n_1(i)}{N_1} > \dfrac{n_2(i)}{N_2}$ 时，物种 i 为负指示种；当 $\dfrac{n_1(i)}{N_1} < \dfrac{n_2(i)}{N_2}$ 时，物种 i 为正指示种。在样方中，根据含有指示种的情况给予计分，样方中每含一个正指示种，则得+1 分，每含一个负指示种，则得–1 分，将所有分数相加，即得到该样方的指示分，记作 Z_i。

第四步，按指示分将样方分组。选择一个合适的指示阈值，根据指示分值的大小，将样方分为正负两组，并使所分的两组与排序坐标轴所分的两组的吻合程度最高。

第五步，调整预分组。如果两次所分的组不一致，则需要进行调整。具体地，就是以排序轴形心为中心，向两侧扩展，分划出一个较窄的中心带，处于中心带内的错误的分类，可进行人工调整。调整后，得到第一次分划的结果，明确负组中包括哪些样方，正组中包括哪些样方，可以图示标明。

第六步，再次或多次分划。再次重复上述的过程，直到组内样方数下降到规定的数值(终止分划)时为止，在进行再分划时，需要重新计算被分划组的排序坐标。

第七步，用与样方分类相同的方法进行物种分类，同样可得到物种等级分类。分类结果可以使用树图表示，也可以将样方分类与物种分类的结果排在一个矩阵中联合表示，这样的矩阵称作双向分类矩阵(two way classification matrix)。

二、实例计算

例 4　表 7-14 给出了含 7 个物种 18 个样方的虚拟二元数据，试以双向指示种分析法进行分析。

解：根据双向指示种的计算要求，分步计算如下。

第一步，用对应分析法 CA/RA 对原始数据进行排序，得到样方的排序坐标，

Z=(35，56，30，10，25，35，59，30，100，8，28，18，35，25，14，15，0，59)

计算坐标轴的形心，

表 7-14　含 7 个物种 18 个样方的二元数据

物种	样方																	
	1	2	3	4	5	6	7	8	9	10	11	12	13	14	15	16	17	18
1	0	0	1	1	1	0	1	1	0	0	0	1	0	1	0	0	0	1
2	1	0	1	1	0	1	0	1	0	0	1	1	1	0	0	0	1	0
3	1	0	1	1	1	0	0	0	0	1	1	1	0	1	1	0	1	0
4	1	1	1	0	1	0	1	1	0	1	1	1	1	1	1	1	0	1
5	1	1	1	0	0	0	0	0	0	0	1	1	1	1	1	0	0	0
6	1	1	1	0	1	0	1	1	0	1	0	1	0	0	0	0	0	1
7	0	0	1	1	0	1	0	0	0	1	1	1	0	1	1	1	1	0

$$\bar{Z} = \frac{35+56+30+\cdots+15+0+59}{18} = 33.284$$

据此，18 个样方被分为两组，其中，负组(A_1)含有样方：{3，4，5，8，10，11，12，14，15，16，17}；正组(A_2)含有样方：{1，2，6，7，9，13，18}。相应的原始数据矩阵分为两部分，A_1 对应的负组部分和 A_2 对应的正组部分，分别列于表 7-15 和表 7-16。

表 7-15　归类到负组部分的样方

物种	样方										
	3	4	5	8	10	11	12	14	15	16	17
1	1	1	1	1	0	0	1	1	0	0	0
2	1	1	0	1	0	1	1	0	0	0	1
3	1	1	1	0	1	1	1	1	1	0	1
4	1	0	1	1	1	1	1	1	1	1	0
5	1	0	1	0	0	1	1	1	1	0	0
6	1	0	0	0	0	1	0	0	0	0	0
7	1	1	0	0	1	1	1	0	1	1	1

表 7-16　归类到正组部分的样方

物种	样方						
	1	2	6	7	9	13	18
1	0	0	0	1	0	0	1
2	1	0	1	0	0	1	0
3	1	0	0	0	0	0	0
4	1	1	0	1	0	1	1
5	1	1	0	0	0	1	0
6	1	1	1	1	1	1	1
7	0	0	1	0	0	1	0

第二步，计算每个物种的指示值 $D(i)$。以物种 1 为例，$n_1(1)$ 指属于 A_1 的样方中，包含物种 1 的样方个数，由表 7-15 可以看出，包含物种 1 的样方有 3，4，5，8，12，14，故 $n_1(1) = 6$。N_1 为负组 A_1 中包含的样方总个数，由表 7-15 可以看出，A_1 中含有 11 个样方，则 $N_1 = 11$。类似地，可得到 $n_2(1) = 2$，$N_2 = 7$，代入式(7-43)，

$$D(1) = \left| \frac{n_1(1)}{N_1} - \frac{n_2(1)}{N_2} \right| = \left| \frac{6}{11} - \frac{2}{7} \right| = 0.260$$

类似地，可分别计算其他 7 个物种的指示值，则 8 个物种的指示值为

$$D = \{0.260, 0.117, 0.675, 0.104, 0.117, 0.818, 0.442\}$$

本例中，样方数较多，根据得到的指示值，选取最大的 5 个物种为作为指示种，则确定的指示种为{6，3，7，1，2}。

第三步，计算各样方的指示分 Z_j。根据选定的指示种属于正组还是负组，可计算得到样方的指示分，以样方 1 为例，就选出的 5 个指示种，计算理论上的贡献分。

对于物种 1，由于 $\frac{n_1(1)}{N_1} = \frac{6}{11} > \frac{n_2(1)}{N_2} = \frac{2}{7}$，所以物种 1 属于负指示种，物种 1 对样方 1 的贡献

为 –1 分。

对于物种 2，由于 $\dfrac{n_1(2)}{N_1}=\dfrac{6}{11}>\dfrac{n_2(2)}{N_2}=\dfrac{3}{7}$，所以物种 2 属于负指示种，物种 2 对样方 1 的贡献

为 –1 分。

对于物种 3，由于 $\dfrac{n_1(3)}{N_1}=\dfrac{9}{11}>\dfrac{n_2(3)}{N_2}=\dfrac{1}{7}$，所以物种 3 属于负指示种，物种 3 对样方 1 的贡献

为 –1 分。

对于物种 6，由于 $\dfrac{n_1(6)}{N_1}=\dfrac{2}{11}<\dfrac{n_2(6)}{N_2}=\dfrac{7}{7}$，所以物种 6 属于正指示种，物种 6 对样方 1 的贡献

为 +1 分。

对于物种 7，由于 $\dfrac{n_1(7)}{N_1}=\dfrac{8}{11}>\dfrac{n_2(7)}{N_2}=\dfrac{2}{7}$，所以物种 7 属于正指示种，物种 7 对样方 1 的贡献

为 +1 分。

但实际上，样方 1 中只含有{2，3，4，5，6}5 个物种，即选出的 5 个指示种{1，2，3，6，7}中，其中的物种{1，7}并不在样方 1 中，它们的贡献分实际为 0，即样方 1 的指示分实际上只由 2，3，6 三个指示种的得分计算，即(–1)+(–1)+(+1)= –1。采用同样的过程计算各样方的指示分，则 20 个样方的指示分为

$$Z_j=\{-1,+1,-3,-4,-2,-1,\ 0,-2,+1,-2,-2,-4,-1,-2,-2,-1,-3,\ 0\}$$

第四步，绘制分组图。根据指示分和排序轴，样方数据被分组为图 7-13 所示的结果。

第五步，微调。可以发现，两种分组方法中，只有样方 16 分划不一致，且它位于形心附近，通过调整形心，会影响其他样方的分划，根据指示分与距离，将其归到第 1 组中。经过微调，样方分组如图 7-13 所示。

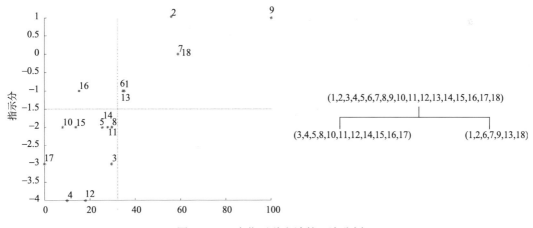

图 7-13 双向指示种方法第一次分划

第六步，继续分划子部。对于分支{3，4，5，8，10，11，12，14，15，17，16}，采用相同的方法继续分划，直至不能分划，或者组内样方数≤3 个。计算结果如下。

(1)z 的坐标值：50，40，100，82，22，31，60，100，47，0，11；

(2)数据经 CA/RA 排序，得到形心 49.30；

(3)据此分组得到负组 A_1：4，10，11，15，17，16，正组 A_2：3，5，8，12，14；

(4)继续计算指示值 D={0.833，0.100，0.033，0.333，0.467，0.033，0.600}，根据指示值，确定的指示种为：1，7，5，4，2；

(5)计算各样方的指示分：Z_j={3，1，3，3，0，2，3，3，1，0，0}；

(6)根据指示分和排序轴，样方数据被分组为图 7-14 所示的结果。

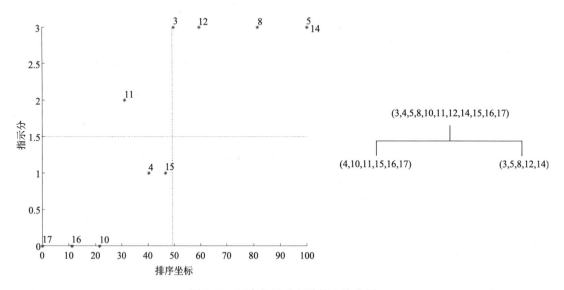

图 7-14　双向指示种方法第 2 次分划

再次对分支{4，10，15，17，16，11}进行分划，经计算，得到图 7-15。

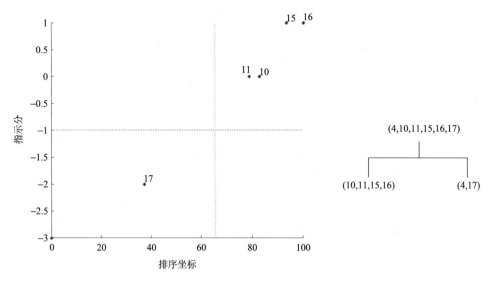

图 7-15　双向指示种方法第 3 次分划

对另一分支{3，5，8，12，14}进行分划，结果如图 7-16 所示。

至此，左侧分支分组完毕。采用同样的计算，则右侧分支{1，2，6，7，9，13，18}及子支的分组如图 7-17 所示。

子分支{2，7，9，18}经计算不能再细分，至此，样方的分划全部完成，如图 7-18 所示。

双向分类矩阵也能够很好地表现双向指示种的分类结果，从结构上看，双向分类矩阵通常以物种对应着行，以列对应着样方。矩阵上边是样方编号(如表 7-17 中 A 区)，下面是所分的类型(B 区)，其中 0 代表一次分划所得的一个组，1 代表另一个组。矩阵左侧是物种名或物种号(C 区)，右侧是物种的分类类型(D 区)，矩阵中心是每个物种在样方中的观测值(E 区)，其中的 1 代表存在，0 代表不存在。在排列时，要使物种的观测值集中分布在矩阵的对角线及其附近，使矩阵从左到右从上到下反应一定的环境梯度。

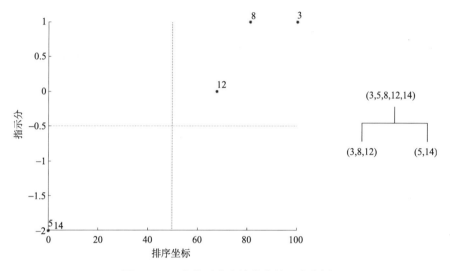

图 7-16　双向指示种方法分支第 4 次分划

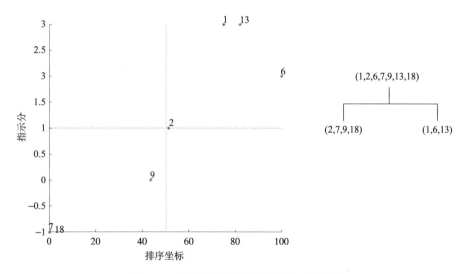

图 7-17　双向指示种方法分支第 5 次分划

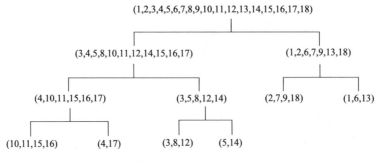

图 7-18　样方的全部分划

表 7-17　含 7 个物种 18 个样方双向指标种分类结果

物种	样方 A																		物种分类结果
	10	11	15	16	4	17	5	14	3	8	12	2	7	9	18	1	6	13	
1	0	0	0	0	1	0	1	1	1	1	1	0	1	0	1	0	0	0	0
4	1	1	1	1	0	0	1	1	1	1	1	1	1	0	1	1	0	1	0
5	0	1	1	0	0	0	1	1	1	0	1	1	0	0	0	1	0	1	0
6	0	1	0	0	0	0	0	0	1	0 (E)	0	1	1	1	1	1	1	1	0
2	1	1	1	1	0	0	1	1	1	1	1	1	1	0	1	1	0	1	1
3	0	1	1	0	0	0	1	1	1	0	1	1	0	0	0	1	0	1	1
7	1	1	1	1	1	1	0	0	1	0	1	0	0	0	0	0	1	1	1
样方	0	0	0	0	0	0	0	0	0	0	0	1	1	1	1	1	1	1	
分类	0	0	0	0	0	0	1	1	1	1	1	0	0	0	0	1	1	1	
结果	0	0	0	0	1	1	0	0	1	1	1								

（图中标注：左侧为 C，右侧为 D，中部为 E，底部为 B）

三、双向指示种分析法的 MATLAB 实现

与关联分析法类似，双向指示种分析法计算也需要使用软件计算才可以实现，下面是根据其实现原理给出的一组函数，包括①UseTwinspan；②twinspan；③ShowTwinspanResult；④PrintLine；⑤PrintRelation；⑥LocalPrint；⑦TimeStamp；⑧CorAnaRecAna；⑨Iterate 等，其中⑧、⑨参第六章相关章节。各函数如下：

1. 主函数 UseTwinspan

```
function UseTwinspan(A)
%函数名称:UseTwinspan.m
%实现功能:使用双向指示种分析法进行分析.
%输入参数:函数共有1个输入参数,含义如下:
%          :(1),A,样方与物种的数据矩阵,以二元数据为例,每行对应一个物种,每列对应一个样方.
%输出参数:函数默认无输出参数.
%函数调用:实现函数功能需要调用3个子函数,说明如下:
%          :(1),twinspan,双向指示种分析法计算主过程.
%          :(2),ShowTwinspanResult,以矩阵的形式显示[双向指示种分析法]的计算分类结果.
%          :(3),PrintLine,根据给定的参数输出特定长度的分割横线.
%参考文献:实现函数算法,参阅了以下文献资料:
```

```
%          :(1),马寨璞,MATLAB语言编程[M],北京:电子工业出版社,2017.
%原始作者:马寨璞,wdwsjlxx@163.com.
%创建时间:2019.03.02,20:43:45.
%版权声明:未经作者许可,任何人不得以任何方式或理由对本代码进行网上传播、贩卖等.
%验证说明:本函数在MATLAB2018a,2018b等版本运行通过.
%使用样例:常用以下格式,请参考准备数据格式等:
%          close all;clear; clc;
%          A=randi([0,1],[25,68]);   % 伪随机数据
%          UseTwinspan(A)
%
%设置第1个输入参数的默认或缺省值
if nargin<1||isempty(A), error('请输入原始样方物种数据!');end
% 计算样方和物种分组
[aRows,aCols]=size(A);ugSample=twinspan(A);
[sampNum,sampCate]=ShowTwinspanResult(A,ugSample);
speArr=A';ugSpecies=twinspan(speArr);
[specNum,specCate]=ShowTwinspanResult(speArr,ugSpecies);
% 按照样方和物种分组调整原始观测数据
newArr=zeros(aRows,aCols);
for jc=1:aCols, newArr(:,jc)=A(:,sampNum(jc));end
for ir=1:aRows, newArr(ir,:)=newArr(specNum(ir),:);end
% 以文本格式输出结果到屏幕
fprintf('\n\n\n下面是对输入数据的最终分析结果\n');fprintf('%s',blanks(6));
fmt='%3d'; fprintf(fmt,sampNum); fprintf('\n');
specNum=specNum';specCate=specCate';supplyWidth=size(specCate,2);
PrintLine(aCols+supplyWidth+3,3);
for ir=1:aRows
fprintf('(%2d) |',specNum(ir)); fprintf(fmt,newArr(ir,:));
fprintf('%s',blanks(2));fprintf('|');
    for jc=1:size(specCate,2)
        if ～isnan(specCate(ir,jc))
            fprintf(fmt,specCate(ir,jc));
        else
            fprintf('%s',blanks(3));
        end
    end
    fprintf('\n');
end
PrintLine(aCols+supplyWidth+3,3);
for ir=1:size(sampCate,1)
    fprintf('%s',blanks(6));
    for jc=1:aCols
        if ～isnan(sampCate(ir,jc))
            fprintf(fmt,sampCate(ir,jc));
        else
```

```
            fprintf('%s',blanks(3))
        end
    end
    fprintf('\n');
end
```

2. 子函数 ShowTwinspanResult

function [quadrat,category]=ShowTwinspanResult(A,C)
%函数名称:ShowTwinspanResult.m
%实现功能:以矩阵的形式显示[双向指示种分析法]的计算分类结果.
%输入参数:函数共有2个输入参数,含义如下:
%   :(1),A,要分类的原始样方物种矩阵.
%   :(2),C,twinspan函数返回的分类结果,以Cell数组类型表示.
%输出参数:函数默认2个输出参数,含义如下:
%   :(1),quadrat,分组后的样方(物种)编号顺序.
%   :(2),category,分组类别,即各样方(物种)的0-1分类结果.
%函数调用:实现函数功能需要调用1个子函数,说明如下:
%   :(1),PrintLine,根据给定的参数输出特定长度的分割横线.
%参考文献:实现函数算法,参阅了以下文献资料:
%   :(1),马寨璞,MATLAB语言编程[M],北京:电子工业出版社,2017.
%原始作者:马寨璞,wdwsjlxx@163.com.
%创建时间:2019.03.02,15:27:04.
%版权声明:未经作者许可,任何人不得以任何方式或理由对本代码进行网上传播、贩卖等.
%验证说明:本函数在MATLAB2018a,2018b等版本运行通过.
%使用样例:常用以下两种格式,请参考准备数据格式等:
%   :例1,使用中间过程数据格式:
%   % 设原始样方数据如下:
%   A=[0,0,1,1,1,0,1,1,0,0,0,1,0,1,0,0,0,1; 1,0,1,1,0,1,0,1,0,0,1,1,1,0,0,0,1,0;
%   1,0,1,1,1,0,0,0,0,1,1,1,0,1,1,0,1,0; 1,1,1,0,1,0,1,1,0,1,1,1,1,1,1,1,1,0,1;
%   1,1,1,0,1,0,0,0,0,0,1,1,1,1,1,0,0,0; 1,1,1,0,0,1,1,0,1,0,1,0,1,0,0,0,0,1;
%   0,0,1,1,0,1,0,0,0,1,1,1,1,0,1,1,1,0];
%   % 设分类计算返回结果如下:
%   C ={[1,2,3,4,5,6,7,8,9,10,11,12,13,14,15,16,17,18],[1,2,6,7,9,13,18],...
%   [3,4,5,8,10,11,12,14,15,17,16];
%   [1,2,6,7,9,13,18],[1,2,6,13],[7,9,18];
%   [3,4,5,8,10,11,12,14,15,16,17],[4,10,11,15,16,17],[3,5,8,12,14];
%   [4,10,11,15,16,17],[10,11,15,16],[4,17];
%   [1,2,6,13],[1,2,13],6;
%   [3,5,8,12,14],[3,8,12],[5,14]};
%   % 调用函数,输出结果
%   ShowTwinspanResult(A,C)
%
%   :例2,使用返回代入格式:
%   A=randi([0,1],[15,48]);C=twinspan(A);ShowTwinspanResult(A,C)
%
%检测第2个输入参数

```
[cRows,cCols]=size(C); %输出结果
if cCols～=3, error('数据格式不对！'); end
beCut=zeros(cRows,1);
for ir=1:cRows
    if isempty(C{ir,1}), beCut(ir)=1; end
end
C(beCut==1,:)=[]; cRows=size(C,1); [aRows,aCols]=size(A);
quadrat= nan(cRows,aCols);        % 样方编号矩阵初始化
category= nan(cRows,aCols);        % 分类编号矩阵初始化
for ilp=1:cRows
    undivided=C{ilp,1};szu=length(undivided);zeroCateGroup=C{ilp,2};
    sz0=length(zeroCateGroup);onesCateGroup=C{ilp,3};sz1=length(onesCateGroup);
    % 新编号排序
    newCategory=[zeroCateGroup,onesCateGroup];
    leftPart=zeros(1,sz0);rightPart=ones(1,sz1);newFlag=[leftPart,rightPart];
    if ilp==1 % 特殊处理
        quadrat(ilp,:)=newCategory; category(ilp,:)=newFlag;
    else
        seat=zeros(1,szu);row=0; % 定位行号
        for rlp=1:ilp
            if ismember(undivided,quadrat(rlp,:))
                row=rlp; % row loop
            end
        end
        workVect=quadrat(row,:); % working vector
        for klp=1:szu
            seat(klp)=find(workVect==undivided(klp));
        end
        pMin=min(seat);pMax=max(seat);
        quadrat(ilp,pMin:pMax)=newCategory; category(ilp,pMin:pMax)=newFlag;
    end
end
% 最终的样方顺序
for ir=2:cRows
    for jc=1:aCols
        if isnan(quadrat(ir,jc))
            continue;
        else
            quadrat(1,jc)=quadrat(ir,jc);
        end
    end
end
quadrat(2:end,:)=[];    % 去除无用的计算中间值
% 最终分类编号
for ir=2:cRows-1
```

```
        for jc=1:aCols
            if isnan(category(ir,jc))
                for k=ir+1:cRows
                    if ～isnan(category(k,jc))
                        category(ir,jc)=category(k,jc);category(k,jc)=nan;break;
                    else
                        continue;
                    end
                end
            else
                continue;
            end
        end
    end
category(sum(isnan(category),2)==aCols,:)=[];    %  删除全nan行
%  输出最终结果
if aCols<10
    charWidth=2;
elseif aCols<100
    charWidth=3;
else
    charWidth=4;
end
fmtA=sprintf('%%%dd',charWidth);
%  样方编号
fprintf(fmtA,quadrat); fprintf('\n');
PrintLine(aCols,charWidth)
%  重排样方
B=zeros(aRows,aCols);
for jc=1:aCols, B(:,jc)=A(:,quadrat(jc)); end
for ir=1:aRows,        fprintf(fmtA,B(ir,:)); fprintf('\n'); end
PrintLine(aCols,charWidth)
%  样方分类
for ir=1:size(category,1)
    for jc=1:aCols
        if ～isnan(category(ir,jc))
            fprintf(fmtA,category(ir,jc));
        else
            fprintf('%s',blanks(charWidth))
        end
    end
    fprintf('\n');
end
```

3. 子函数 twinspan

```
function [uGroup]=twinspan(A,R)
```

%函数名称:twinspan.m

%实现功能:双向指示种分析法.

%输入参数:函数共有1个输入参数,含义如下:

%　　　　:(1),A,样方与物种的数据矩阵,以二元数据为例,每行对应一个物种,每列对应一个样方.

%　　　　:(2),R,要分组的样方编号,初次运算为1到列号.

%输出参数:函数默认1个输出参数,含义如下:

%　　　　:(1),uGroup,二维Cell型数据,每行包含要分组的数据(样方)编号,各分组含有的数据(样方)编号.

%　　　　:　　即每行分为三部分：{原始,分组A,分组B}.

%函数调用:实现函数功能需要调用4个子函数,说明如下:

%　　　　:(1),CorAnaRecAna,对应分析法的排序.

%　　　　:(2),TimeStamp,以当前时刻为内容,创建不具重复性的时间字符串.

%　　　　:(3),PrintRelation,用来输出文本格式的分组示意图.

%　　　　:(4),LocalPrint,按照指定格式输出数据,方便阅读中间计算过程.

%参考文献:实现函数算法,参阅了以下文献资料:

%　　　　:(1),马寨璞,MATLAB语言编程[M],北京:电子工业出版社,2017.

%　　　　:(2),张金屯,数量生态学(第二版)[M],北京:科学出版社,2011.

%原始作者:马寨璞,wdwsjlxx@163.com.

%创建时间:2019.02.18,17:43:46.

%原始版本:1.0

%版权声明:未经作者许可,任何人不得以任何方式或理由对本代码进行网上传播、贩卖等.

%验证说明:本函数在MATLAB 2018b等版本运行通过.

%使用样例:常用以下两种格式,请参考准备数据格式等:

%　　　　:例1,使用全参数格式:

%　　　　　　　　A=[0,0,1,1,1,0,1,1,0,0,0,1,0,1,0,0,0,1; 1,0,1,1,0,1,0,1,0,0,1,1,1,0,0,0,1,0;

%　　　　　　　　1,0,1,1,1,0,0,0,0,1,1,1,0,1,1,0,1,0; 1,1,1,0,1,0,1,1,0,1,1,1,1,1,1,1,1,0,1;

%　　　　　　　　1,1,1,0,1,0,0,0,0,0,1,1,1,1,1,0,0,0; 1,1,1,0,0,1,1,0,1,0,1,0,1,0,0,0,0,1;

%　　　　　　　　0,0,1,1,0,1,0,0,0,1,1,1,1,0,1,1,1,0;

%　　　　　　　　];

%　　　　　　　　R=1:size(A,2); ug=twinspan(A,R)

%　　　　:例2,使用缺省参数格式:

%　　　　　　　　A=randi([0,1],[8,18]); ug=twinspan(A)

%　　　　:附参考文献2的样例校核数据:6个物种8个样方

%　　　　　　　　A=[1,0,0,1,1,0,0,1; 0,1,1,0,0,1,0,1; 1,1,0,0,0,1,1,0;

%　　　　　　　　1,1,1,1,1,0,0,1; 1,1,0,1,0,0,0,1; 1,0,0,0,1,0,0,0];

%　　　　　　　　ug=twinspan(A,1:8)

%

%设置第1个输入参数的默认或缺省值

if nargin<1||isempty(A)

　　error('未输入数据矩阵!');

else

　　[rows,cols]=size(A);

end

%设置第2个输入参数的默认或缺省值

if nargin<2||isempty(R), R=1:cols; end

uGroup=cell(1,3); % 初始化cell型返回数组

```
% 第一步,用对应分析法排序,得到排序坐标zba
fprintf('\n 递归迭代汇报如下：\n');[~,~,zba,~]=CorAnaRecAna(A);close(gcf);zlg=isnan(zba);
if sum(zlg)>0, return; end
tmpGroup=[zba;1:cols];yCore=mean(zba);fprintf('数据经CA/RA排序,得到形心%.2f',yCore);
A1=tmpGroup(2,zba<yCore);%  小于形心的归为组1
A1R=R(A1);%  回到原始编号
fprintf('据此分组得到负组A1:');fprintf('%d',A1R)
A2=tmpGroup(2,zba>yCore);A2R=R(A2);
fprintf('正组A2:');fprintf('%d',A2R);fprintf('\b\n');
%第二步,计算指示值,选择指示种
N1=length(A1); N2=length(A2); tmpN1=A(:,A1); tmpN2=A(:,A2);
iValue=zeros(1,rows); tmpScore=zeros(rows,1);
for ir=1:rows
    d=sum(tmpN1(ir,:))/N1-sum(tmpN2(ir,:))/N2;
    if d<0
        tmpScore(ir)=1;
    else
        tmpScore(ir)=-1;
    end
    iValue(ir)=abs(d);fprintf('物种%d的指示值:D(%d)=%.3f\n',ir,ir,iValue(ir));
end
[~,Index]=sort(iValue,2,'descend');
if cols>=5 && rows>=5      % 样方较多时,一般选取5个物种
    iSpec=Index(1:5);
elseif rows<5 || cols<5      % 若物种少于5,则全部物种均选定为指示种
    iSpec=Index(1:rows);
end
fprintf('根据指示值,确定的指示种为:');LocalPrint(iSpec,'int');
%第三步,计算列数据的指示分
tmpVect=zeros(rows,1);tmpVect(iSpec)=1;indZ=zeros(1,cols);
for j=1:cols
    zj=A(:,j).*tmpVect.*tmpScore;indZ(j)=sum(zj);
end
fprintf('计算得到的指示分：'); LocalPrint(indZ,'int');
% 第四步,按照指示分分组并图示
gc=[indZ;1:cols];B1=gc(2,indZ<0);B1R=R(B1);
if ~isempty(B1R)
    fprintf('根据指示分划,第1组包括:'); LocalPrint(B1R,'int');
end
B2=gc(2,indZ>=0); B2R=R(B2);
if ~isempty(B2R)
    fprintf('根据指示分划,第2组包括:'); LocalPrint(B2R,'int');
end
%图示
figure('color','w');plot(zba,indZ,'r*');
```

```
for ir=1:cols
    dName=num2str(R(ir));
    text(zba(ir),indZ(ir)+0.1,dName,'FontSize',16,'FontName','Times'); hold on;
end
box off;zMax=max(indZ);zMin=min(indZ);
line([yCore,yCore],[zMin,zMax],'Color','black','LineStyle',':');hold on;
zMax=max(zba);zMin=min(zba);
yh=0.5*(max(indZ)+min(indZ));line([zMin,zMax],[yh,yh],'Color','black','LineStyle',':')
xlabel('图1 Twinspan分类图(横:排序;纵:指示分)','FontSize',16,'FontName','Times' )
set(gca,'FontSize',16,'FontName','Times');set(get(gca,'xlabel'),'fontname','宋体');
FigName=['Twinspan分类图',TimeStamp];print(FigName,'-dpng','-r0');
% 第五步  调整分组：按照做小距离法自动判断分组,不再需要人工调整
u1Group=zeros(1,cols);u2Group=zeros(1,cols);tmpGroup=zeros(1,cols);
for ilp=1:cols
    hzb=zba(ilp);vzb=indZ(ilp);
    if hzb<=yCore && vzb<=yh
        u1Group(ilp)=R(ilp);
    elseif hzb>yCore && vzb>yh
        u2Group(ilp)=R(ilp);
    else
        tmpGroup(ilp)=R(ilp);
    end
end
pos=u1Group==0; u1Group(pos)=[]; pos=u2Group==0;
u2Group(pos)=[]; pos=tmpGroup==0; tmpGroup(pos)=[];
% 调整
if  ~isempty(tmpGroup)
    fprintf('\n需要调整:');fprintf('%d,',tmpGroup);fprintf('\b\n');
    Dist=pdist([zba',indZ']);pDistArr = squareform(Dist);sz3g=length(tmpGroup);
    su1=zeros(1,sz3g);su2=zeros(1,sz3g);
    for ilp=1:sz3g
        tc=tmpGroup(ilp);pos=find(R==tc);
        v0=pDistArr(:,pos);     %#ok<FNDSB>
        v=v0;    % 取出该号对应的列值
        for jlp=sz3g:-1:1    % 去除待定组元素本身
            tc=tmpGroup(jlp);pos=find(R==tc);
            v(pos)=[]; %#ok<FNDSB>
        end
        dMin=min(v);pr=find(v0==dMin);
        if length(pr)>1, pr=pr(1); end
        pr=R(pr); %  返回原始编号
        if ismember(pr,u1Group)
            su1(ilp)=tmpGroup(ilp);
        else
            su2(ilp)=tmpGroup(ilp);
```

```
            end
        end
        su1(su1==0)=[];su2(su2==0)=[];
        u1Group=[u1Group,su1];u1Group=sort(u1Group);
        u2Group=[u2Group,su2];u2Group=sort(u2Group);
    end
fprintf('分组如下：\n');C=[{R},{0},{u1Group},{u2Group}];PrintRelation(C);
%  第六步，继续细化分组
ori=[u1Group,u2Group];ori=sort(ori);uGroup={ori,u1Group,u2Group};
%  设定递归停止条件
if length(u1Group)<=3, return;   end
if length(u2Group)<=3, return;   end
%  准备递归调用分支1
sz1g=length(u1Group); newA=zeros(rows,sz1g);
for ilp=1:sz1g
    tcol=u1Group(ilp);ptc=find(R==tcol);
    newA(:,ilp)=A(:,ptc); %#ok<FNDSB>
end
if length(u1Group)>3   %  多余3个继续分划
    fprintf('\n本次递归处理的A分组包括：');fprintf('%d,',u1Group); fprintf('\b');
    ug=twinspan(newA,u1Group);uGroup=[uGroup;ug];
end
%  分支2递归  NewB
sz2g=length(u2Group);newB=zeros(rows,sz2g);
for ilp=1:sz2g
    tcol=u2Group(ilp); ptc=find(R==tcol);
    newB(:,ilp)=A(:,ptc); %#ok<FNDSB>
end
if length(u2Group)>3
    fprintf('\n本次递归处理的B分组包括：'); fprintf('%d,',u2Group); fprintf('\b');
    ug=twinspan(newB,u2Group); uGroup=[uGroup;ug];
end
```

4. 子函数 PrintLine

```
function PrintLine(n,w)
%函数名称:PrintLine.m
%实现功能:根据给定的参数输出特定长度的分割横线.
%输入参数:函数共有2个输入参数,含义如下:(1),n,数据个数.
%          :(2),w,每个数据输出格式占据的位宽,默认设定2位.
%输出参数:函数默认无输出参数.
%函数调用:实现函数功能不需要调用子函数.
%参考文献:实现函数算法,参阅了以下文献资料:
%          :(1),马寨璞,MATLAB语言编程[M],北京:电子工业出版社,2017.
%原始作者:马寨璞,wdwsjlxx@163.com.
%创建时间:2019.03.02,15:00:40.
%版权声明:未经作者许可,任何人不得以任何方式或理由对本代码进行网上传播、贩卖等.
```

%验证说明:本函数在MATLAB 2016a,2016b,2017a,2017b,2018a,2018b等版本运行通过.
%使用样例:常用以下格式,请参考:
%　　　　　PrintLine(22,4); PrintLine;
%
%设置输入参数的默认或缺省值
if nargin<1||isempty(n), n=50; end
if nargin<2||isempty(w)
　　w=2; % 默认设定4位
elseif w<1
　　error('最小宽度不能小于1');
else
　　w=fix(w); % 非整数取整
end
total=n*w;
for iLoop=1:total, fprintf('%s','-'); end
fprintf('\n')

5. 子函数 PrintRelation

function PrintRelation(C)
%函数名称:PrintRelation.m
%实现功能:输出文本格式的分组示意图.
%输入参数:函数共有1个输入参数,含义如下:
%　　　　　:(1),C,Cell类型1*4数组,分别存放(1)原始样方号,(2)分组依据物种,(3)含据组,(4)不含据组.
%　　　　　:　这里的(不)含据组是指(不)含分类依据物种的分组.例如:
%　　　　　:　C={[1,2,3,4,5,6,7,8,9,10],5,[1,2,4,5,6,9],[3,7,8,10]};
%输出参数:函数默认无输出参数.
%函数调用:实现函数功能不需要调用子函数.
%参考文献:实现函数算法,参阅了以下文献资料:
%　　　　　:(1),马寨璞,MATLAB语言编程[M],北京:电子工业出版社,2017.
%原始作者:马寨璞,wdwsjlxx@163.com.
%创建时间:2019.02.14,00:10:14.
%版权声明:未经作者许可,任何人不得以任何方式或理由对本代码进行网上传播、贩卖等.
%验证说明:本函数在MATLAB 2018b等版本运行通过.
%使用样例:常用以下格式,请参考准备数据格式等:
%　　　　　PrintRelation(C)
%
%设置第1个输入参数的默认或缺省值
if ~iscell(C)
　　error('请输入cell类型的数据！');
elseif length(C)~=4
　　error('输入的cell维数不对,需要1*4的cell！');
else
　　Origin=C{1};Basic=C{2};Gis=C{3};Ges=C{4};
end
nOri=length(Origin);nGis=length(Gis);nStart=fix(2*nOri/3);nControl=nGis+1;
% 输出原始编号串
for i=1:nStart+nControl, fprintf('%s',' '); end

```
fprintf('(');fprintf('%d,',Origin);fprintf('\b)\n');
% 输出分类种竖线
for i=1:(nStart+nOri+nControl),    fprintf('%s',' '); end
fprintf('%s','|'); fprintf('\n');
% 输出横画线
for i=1:nControl, fprintf('%s',' '); end
for i=1:2*(nStart+nOri), fprintf('%s','-'); end
fprintf('\n');
% 输出分类种
for i=1:nControl, fprintf('%s',' '); end
fprintf('%s','|');
for i=1:(nStart+nOri-2), fprintf('%s',' '); end
fprintf('(%d)',Basic);
for i=1:(nStart+nOri-2), fprintf('%s',' '); end
fprintf('%s','|');fprintf('\n');
% 输出含据分组
if isempty(Gis)
    fprintf('%s','(X)');
else
    fprintf('('); fprintf('%d,',Gis); fprintf('\b)');
end
% 输出不含据分组
if isempty(Ges)
    for i=1:(nOri+nControl-2), fprintf('%s',' '); end
    fprintf('%s','(X)')
else
    for i=1:(nStart+nOri+nControl), fprintf('%s',' '); end
    fprintf('('); fprintf('%d,',Ges); fprintf('\b)\n');
end
```

6. 子函数 LocalPrint

```
function LocalPrint(val,type)
```
%函数名称:LocalPrint.m
%实现功能:按照指定格式输出数据,方便阅读中间计算过程.
%输入参数:函数共有2个输入参数,含义如下:(1),val,要输出的数据,矩阵或向量.
%   :(2),type,数据类型,分为整数,小数,分别以'int','float'标记.
%输出参数:函数默认无输出参数.
%函数调用:实现函数功能不需要调用子函数.
%参考文献:实现函数算法,参阅了以下文献资料:
%   :(1),马寨璞,MATLAB语言编程[M],北京:电子工业出版社,2017.
%原始作者:马寨璞,wdwsjlxx@163.com.
%创建时间:2019.03.02,17:06:59.
%版权声明:未经作者许可,任何人不得以任何方式或理由对本代码进行网上传播、贩卖等.
%验证说明:本函数在MATLAB2018a,2018b等版本运行通过.
%使用样例:常用以下格式,请参考准备数据格式等:
%   A=-rand([3,8]) *100;
%   LocalPrint(A)
%

```
%设置第1个输入参数的默认或缺省值
if nargin<1||isempty(val)
    warning('Are you kidding? No inputs!');
elseif ～isnumeric(val)
    error('本输出不处理整数和小数以外的数据类型！');
end
%设置第2个输入参数的默认或缺省值
if nargin<2||isempty(type)
    type='float';
else
    typeFixedParams={'int','float'};%参数type的取值限定范围
    type=internal.stats.getParamVal(type,typeFixedParams,'Types');
end
% 输出
rows=size(val,1);
biggest=max(abs(val(:)));
if biggest>1
    biggest=fix(biggest);
    width=floor(log10(biggest))+1;
else
    width=2;
end
switch lower(type)
    case 'float'
        if width<4
            tw=width+6;fmt=sprintf('%%%d.%df,',tw,4);
        elseif  width<8
            tw=width+5;fmt=sprintf('%%%d.%df,',tw,2);
        elseif  width>=8
            tw=width+4;fmt=sprintf('%%%d.%df,',tw,1);
        end
    case 'int'
        fmt=sprintf('%%%dd,',width+1); % 考虑负号占位,加1
end
for ilp=1:rows
    fprintf(fmt,val(ilp,:));fprintf('\b;\n');
end
```

7. 子函数 TimeStamp

```
function tStr=TimeStamp()
% 功能:以当前时刻为内容,创建时间字符串,可用于文件名等,不具重复性.
creattime=datestr(now,'yyyy.mm.dd,HH:MM:SS:FFF');
tStr=sprintf('%4s_%2s_%2s_%2s_%2s_%2s_%3s',...
    creattime(1:4),...      % 年份
    creattime(6:7),...      % 月
    creattime(9:10),...     % 日
    creattime(12:13),...    % 时
    creattime(15:16),...    % 分
    creattime(18:19),...    % 秒
    creattime(21:23));      % 毫秒
```

主要参考文献

陈圣宾, 欧阳志云, 徐卫华, 等. 2010. Beta 多样性研究进展[J]. 生物多样性, 18(4): 323-335.

戴小华, 余世孝, 练琚蒨. 2003. 海南岛霸王岭热带雨林的种间分离[J]. 植物生态学报, 27(3): 380-387.

郭水良, 于晶, 陈国奇. 2015. 生态学数据分析——方法、程序与软件[M]. 北京: 科学出版社.

刘洋, 胡刚, 梁士楚, 等. 2007. 沱沱河地区紫花针茅群落种间联结性分析[J]. 广西植物, (5): 720-724.

马克平, 刘玉明. 1994. 生物群落多样性的测度方法 I, α 多样性的测度方法(上)[J]. 生物多样性, 2(3): 162-168.

马克平, 刘玉明. 1994. 生物群落多样性的测度方法 I, α 多样性的测度方法(下)[J]. 生物多样性, 2(4): 231-239.

马克平, 刘灿然, 刘玉明. 1995. 生物群落多样性的测度方法 II, β 多样性的测度方法[J]. 生物多样性, 3(1): 38-43.

马寨璞, 石长灿. 2018. 基础生物统计学[M]. 北京: 科学出版社.

马寨璞. 2016. 高级生物统计学[M]. 北京: 科学出版社.

马寨璞. 2017. MATLAB 语言编程[M]. 北京: 电子工业出版社.

牛翠娟, 娄安如, 孙儒泳, 等. 2015. 基础生态学[M]. 第 3 版. 北京: 高等教育出版社.

徐克学. 1999. 生物数学[M]. 北京: 科学出版社.

余世孝, 奥罗西 L. 1993. 生态位分离的含义与测度[J]. 植物生态学与地植物学学报, 17(3): 253-263.

张金屯. 2011. 数量生态学[M]. 第 2 版. 北京: 科学出版社.

张殷波, 张峰. 2006. 翅果油树群落的种间分离[J]. 生态学报, 26(3): 737-742.

Agnew A D Q. 1961. The ecology of *Juncus effusus* L. in North Wales[J]. Journal of Ecology, 49: 83-102.

Bawa K S, Opler P A. 1977. Spatial relationship between staminate and pistillate plants of dioecious tropic forest trees[J]. Evolution, 31: 64-68.

Borcard D, Gillet F, Legendre P. 2014. 数量生态学——R 语言的应用[M]. 赖江山, 译. 北京：高等教育出版社

Dai X H, Yu S X, Lian J Y. 2003. Interspecific segregation in a tropical rain forest at Bawangling Nature Reserve, Hainan Island[J]. Acta Phytoecologica Sinica, 27: 380-387.

Daroczy Z. 1970. Generalized information functions[J]. Information and Control, 16: 36-51.

Hamill D N, Wright S J. 1986. Testing the dispersion of juveniles relative to adults: a new analytic method[J]. Ecology, 67: 952-957.

Legendre P, Caceres M De. 2013. Beta diversity as the variance of community data: dissimilarity coefficients and partitioning[J]. Ecology Letters, 16: 951-963.

Magurran A E. 2011. 生物多样性测度[M]. 张峰, 译. 北京: 科学出版社

Whittaker R H. 1972. Evolution and measurement of species diversity[J]. Taxon, 21(2/3): 213-251.